数学模型在生态学的应用及研究(43)

The Application and Research of Mathematical Model in Ecology(43)

杨东方　陶文亮　编著

海洋出版社

2019 年 · 北京

内 容 提 要

通过阐述数学模型在生态学的应用和研究,定量化地展示生态系统中环境因子和生物因子的变化过程,揭示生态系统的规律和机制以及其稳定性、连续性的变化,使生态数学模型在生态系统中发挥巨大作用。在科学技术迅猛发展的今天,通过该书的学习,可以帮助读者了解生态数学模型的应用、发展和研究的过程;分析不同领域、不同学科的各种各样生态数学模型;探索采取何种数学模型应用于何种生态领域的研究;掌握建立数学模型的方法和技巧。此外,该书还有助于加深对生态系统的量化理解,培养定量化研究生态系统的思维。

本书主要内容为:介绍各种各样的数学模型在生态学不同领域的应用,如在地理、地貌、水文和水动力以及环境变化、生物变化和生态变化等领域的应用。详细阐述了数学模型建立的背景、数学模型的组成和结构以及其数学模型应用的意义。

本书适合气象学、地质学、海洋学、环境学、生物学、生物地球化学、生态学、陆地生态学、海洋生态学和海湾生态学等有关领域的科学工作者和相关学科的专家参阅,也适合高等院校师生作为教学和科研的参考。

图书在版编目(CIP)数据

数学模型在生态学的应用及研究. 43/杨东方,陶文亮编著. —北京:海洋出版社,2018.12

ISBN 978-7-5210-0287-4

Ⅰ.①数… Ⅱ.①杨… ②陶… Ⅲ.①数学模型-应用-生态学-研究 Ⅳ.①Q14

中国版本图书馆 CIP 数据核字(2018)第 277621 号

责任编辑:鹿 源
责任印制:赵麟苏

海洋出版社 出版发行

http://www.oceanpress.com.cn

北京市海淀区大慧寺路 8 号 邮编:100081

北京朝阳印刷厂有限责任公司印刷 新华书店北京发行所经销

2019 年 3 月第 1 版 2019 年 3 月第 1 次印刷

开本:787 mm×1092 mm 1/16 印张:20

字数:460 千字 定价:90.00 元

发行部:62132549 邮购部:68038093 总编室:62114335

海洋版图书印、装错误可随时退换

《数学模型在生态学的应用及研究(43)》编委会

数学是结果量化的工具

数学是思维方法的应用

数学是研究创新的钥匙

数学是科学发展的基础

杨东方

要想了解动态的生态系统的基本过程和动力学机制，尽可从建立数学模型为出发点，以数学为工具，以生物为基础，以物理、化学、地质为辅助，对生态现象、生态环境、生态过程进行探讨。

生态数学模型体现了在定性描述与定量处理之间的关系，使研究展现了许多妙不可言的启示，使研究进入更深的层次，开创了新的领域。

杨东方

摘自《生态数学模型及其在海洋生态学应用》

海洋科学(2000)，24(6):21-24.

前　言

细大尽力,莫敢怠荒,远迩辟隐,专务肃庄,端直敦忠,事业有常。

——《史记·秦始皇本纪》

数学模型研究可以分为两大方面:定性和定量的,要定性地研究,提出的问题是:"发生了什么或者发生了没有?",要定量地研究,提出的问题是"发生了多少或者它如何发生的?"。前者是对问题的动态周期、特征和趋势进行了定性的描述,而后者是对问题的机制、原理、起因进行了定量化的解释。然而,生物学中有许多实验问题与建立模型并不是直接有关的。于是,通过分析、比较、计算和应用各种数学方法,建立反映实际的且具有意义的仿真模型。

生态数学模型的特点为:(1)综合考虑各种生态因子的影响。(2)定量化描述生态过程,阐明生态机制和规律。(3)能够动态地模拟和预测自然发展状况。

生态数学模型的功能为:(1)建造模型的尝试常有助于精确判定所缺乏的知识和数据,对于生物和环境有进一步定量了解。(2)模型的建立过程能产生新的想法和实验方法,并缩减实验的数量,对选择假设有所取舍,完善实验设计。(3)与传统的方法相比,模型常能更好地使用越来越精确的数据,从生态的不同方面所取得材料集中在一起,得出统一的概念。

模型研究要特别注意:(1)模型的适用范围:时间尺度、空间距离、海域大小、参数范围。例如,不能用每月的个别发生的生态现象来检测1年跨度的调查数据所做的模型。又如用不常发生的赤潮模型来解释经常发生的一般生态现象。因此,模型的适用范围一定要清楚。(2)模型的形式是非常重要的,它揭示内在的性质、本质的规律,来解释生态现象的机制、生态环境的内在联系。因此,重要的是要研究模型的形式,而不是参数,参数只是说明尺度、大小、范围而已。(3)模型的可靠性,由于模型的参数一般是从实测数据得到的,它的可靠性非常重要,这是通过统计学来检测。只有可靠性得到保证,才能用模型说明实际的生态问题。(4)解决生态问题时,所提出的观点,不仅数学模型要支持这一观点,而且还要从生态现象、生态环境等各方面的事实来支持这一观点。

本书以生态数学模型的应用和发展为研究主题,介绍数学模型在生态学不同领域的应用,如在地理、地貌、气象、水文和水动力以及环境变化、生物变化和生态变化等领域的应用。详细阐述了数学模型建立的背景、数学模型的组成和结构以及其数学模型应用的意义。认真掌握生态数学模型的特点和功能以及注意事项。生态数学模型展示了生态系统的演化过程并预测了自然资源的可持续利用。通过本书的学习和研究,可促进自然资源、环境的开发与保护,推进生态经济的健康发展,加强生态保护和环境恢复。

本书获得西京学院的出版基金、陕西国际商贸学院的出版基金、贵州民族大学博点建设文库、"贵州喀斯特湿地资源及特征研究"(TZJF-2011 年-44 号)项目、"喀斯特湿地生态监测研究重点实验室"(黔教合 KY 字[2012]003 号)项目、贵州民族大学引进人才科研项目([2014]02)、土地利用和气候变化对乌江径流的影响研究(黔教合 KY 字[2014] 266 号)、威宁草海浮游植物功能群与环境因子关系(黔科合 LH 字[2014] 7376 号)、"铬胁迫下人工湿地植物多样性对生态系统功能的影响机制研究"(国家自然科学基金项目31560107)以及国家海洋局北海环境监测中心主任科研基金——长江口、胶州湾、浮山湾及其附近海域的生态变化过程(05EMC16)的共同资助下完成。

此书得以完成应该感谢北海环境监测中心主任姜锡仁研究员、上海海洋大学副校长李家乐教授、贵州民族大学校长陶文亮教授和西京学院校长任芳教授;还要感谢刘瑞玉院士、冯士筰院士、胡敦欣院士、唐启升院士、汪品先院士、丁德文院士和张经院士。诸位专家和领导给予的大力支持,提供的良好的研究环境,成为我们科研事业发展的动力引擎。在此书付梓之际,我们诚挚感谢给予许多热心指点和有益传授的其他老师和同仁。

本书内容新颖丰富,层次分明,由浅入深,结构清晰,布局合理,语言简练,实用性和指导性强。由于作者水平有限,书中难免有疏漏之处,望广大读者批评指正。

沧海桑田,日月穿梭。抬眼望,千里尽收,祖国在心间。

杨东方　陶文亮

2016 年 10 月 26 日

目　　次

滑坡的运动模型

1 背景

1983 年 3 月 7 日发生在甘肃省东乡县境内的洒勒山滑坡,是一起罕见的突发性高速巨型滑坡,属国内的一次重大山地灾害。该滑坡发生于旱季,没有明显的诱发因素,从直观上看,除非岩体强度极低,否则是难以滑动的。詹铮等[1]以野外调查结果为基础,从滑坡形态及结构特征出发,并利用了一些近年来在龙羊峡库岸高速滑坡所获得的研究(包括数学及物理模拟研究)结果,加以分析对比,据此探讨洒勒山滑坡的成因与预报。

2 公式

洒勒山滑坡的高速性已经得到公认,但其速度到底有多快,不同的研究者有不同的看法。根据现场勘查,以及目击者描述,并按 800 米滑距计算,滑坡前端部分的平均滑速应在 20~40 m/s 之间,但显然滑坡运动速度是随时间推移而逐渐降低的,因此起动后的最大滑速远大于平均值。故按谢德格(A.E.scheidegger)公式计算滑速:

$$V = \sqrt{2g(H - fl)}$$

洒勒山滑坡形成前,已经经历了漫长的历史过程,形成了现在的斜坡地貌,并且存在着一系列由差异性卸载回弹产生的“层间错动层”,由此加上近东西向的高倾角裂隙的存在,就构成了洒勒山滑坡发育的基本条件,从而开始了洒勒山滑坡的发育过程。后者可分为如图 1 的几个阶段。

根据访问调查的坡顶裂缝发展资料所绘出的裂缝宽度−时间曲线(图 2),明显地显示出破坏型蠕变的特性,表明按蠕变规律来进行预报是可能的。使用斋滕方法根据 ε-t 曲线推算了下滑时间(图 3),结果为农历 2 月(公历 3 月),与实际的下滑时间大体相符。

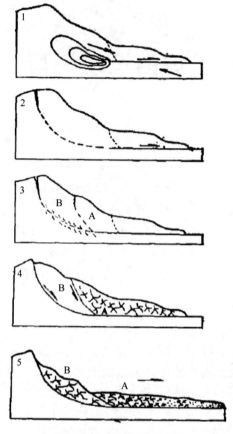

图1 洒勒山滑坡发育过程

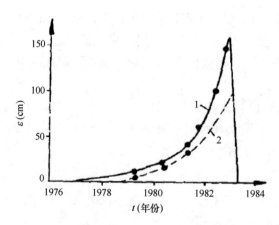

图2　坡顶裂缝宽度(ε)—时间(t)曲线

2

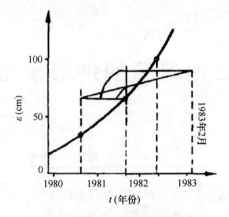

图 3　滑坡下滑时间预测图解

3　意义

根据这类滑坡特有的形态及结构特征,建立了滑坡的运动模型。并类比了龙羊峡库岸滑坡的有关资料,确定了这类滑坡运动特征、形成机制、可预报性等。根据滑坡运动模型的计算结果可知,运动中滑体各部分滑速是不相同的,因而笼统地讨论滑坡的滑速是没有意义的。突发性高速滑坡是可以预报的,在长期观测资料基础上,定量预报是极有希望的。特别是在洒勒山所在的那勒寺河沿岸,一些裂缝已发育到一定的危险程度,因此进行滑坡发生时间定量预报的研究,就更具有现实性及迫切性。

参考文献

[1]　詹铮,李曰国,黎克武. 洒勒山滑坡分析. 山地研究,1986,4(1):145-152.

山地遥感的地形模型

1 背景

山地地区自然环境复杂多变,山地遥感有着与平原遥感不同的特点。在遥感数字图像处理中结合辅助数据(特别是地理信息数据),以提高分类精度和开拓应用领域,这是目前遥感技术的一个十分重要的发展方向。但这方面的工作国内起步较晚,根据我国的实际情况,对此开展理论和实验研究,对于促进我国遥感技术的发展具有积极意义。黄雪樵[1]通过实验,应用数字地形模型来提高山地遥感数据的自动分类精度,并对此展开了分析。

2 公式

航空遥感 MSS 数据要与 DTM 匹配。对 MSS 数据精校正,选择足够的校正点,消除 MSS数据的几何畸变,变换后的 MSS 数据与 DTM 投影性质相同,其坐标的关系是线性的。用最小二乘法拟合出坐标线性变换式(复相关系数 $R = 0.9996$),实现了两种数据配准。经抽样检验,精度如表1,表中 σ_s 和 σ_S 分别为:

$$\sigma_s = (\sigma_x^2 + \sigma_y^2)^{1/2}$$
$$\sigma_S = (\sigma_X^2 + \sigma_Y^2)^{1/2}$$

表1 MSS 数据和 DTM 的配准精度

抽样点号	图上(像元)			地面(m)		
	σ_x	σ_y	σ_s	σ_X	σ_Y	σ_S
1	0.20	0.26	0.33	25.0	32.5	41.3
2	0.71	0.88	1.13	88.8	110.0	141.3
3	1.00	0.82	1.29	125.0	102.5	161.3
4	0.83	0.93	1.25	103.8	116.3	156.3
5	0.92	0.61	1.10	115.0	76.3	137.5
6	0.59	0.31	0.66	73.8	38.8	38.8

用两阶段的分类法对匹配数据分类,分类可用判断树表示。判决从树顶开始,下一级则分析其进入哪一个光谱,再结合该点的地形变量,来判断其土地类别。

4

设 $X=[X_1,X_2,\cdots,X_p]$ 为数据变量, p 为向量维数, G 为类别数, Y 的第 k 次观测值用 $Y^{(k)}=[y_1^k,y_2^k,\cdots,y_G^k]$ 表示,则有:

$$y_g^k=\begin{cases}1,\text{若第 } k \text{ 次观测属于 } g \text{ 类}\\0,\text{若第 } k \text{ 次观测不属于 } g \text{ 类}\end{cases}$$

式中, $g=1,2,\cdots,G$ 。

将数据向量 X 作为自变量,建立回归模型 $Y=\beta X$ 。用最小二乘法可求得判别系数矩阵 β 的估计值 $\hat{\beta}$,由此构造判决函数式:

$$\hat{Y}=\hat{\beta}X$$

对任一待分类的数据向量 X ,由上式可求出:

$$\hat{Y}=[\hat{y_1},\hat{y_2},\cdots,y_G]$$

然后根据以下判别准则进行判别, X 来自第 u 类总体,有:

$$|\hat{y_n}-1|=\min|\hat{y_g}-1|\qquad g=1,2,\cdots,G$$

对分类精度进行检验,得到总体精度的置信区间(置信度 0.95)的估计用式:

$$\frac{\|\bar{X}-\mu\|}{\mu(1-\mu)\sqrt{n}}<1.96$$

式中, n 为样本总数; $\bar{X}$ 为样本均值(样本精度); μ 为总体均值(总体精度)。

为了进行比较,对 MSS 数据做了贝叶斯最大似然率分类,并进一步从统计上证明两种分类结果差异的显著性,还进行了无重复试验的双因素方差分析。因素 A 为不同土地类型,因素 B 为不同分类方法,则方差分析数据值 a_{ij} 使用下式计算:

$$a_{ij}=Arcsin p_{ij}$$

式中, $i=1,2;j=1,2,\cdots,5$; p_{ij} 为因素 B 第 i 水平和因素 A 第 j 水平下的样本精度。

3 意义

根据山地遥感的地形模型,利用米易试验区土地覆盖自动分类试验的分析,计算可知 DTM 是山地遥感自动分类的一种有效辅助数据。分层分类法是一种适合于复合数据的分类方法,其分类精度显著高于单独用 MSS 数据的最大似然率分类的精度。由于分类结果已和 DTM 配准,采用山地遥感的地形模型,利用计算机可以快速、定量地分析土地覆盖分布规律,并且可以很方便地与地理信息系统的其他数据相结合,进行多种地学综合分析和评价。这对于山地研究是十分有益的。

参考文献

[1] 黄雪樵. 应用数字地形模型提高山地遥感数据自动分类精度. 山地研究,1986,4(1):96-103.

农业地域类型的划分模型

1 背景

农业地域类型是自然、经济、技术相互联系、相互作用的综合体。它反映各地区农业生产的本质特征，是分析、评价各地农业发展条件，因地制宜地布局农业生产的重要依据。因此科学地划分农业地域类型有着极为重要的意义。王建国[1]以四川省米易县安宁河流域为例，采用一种新方法，即通过对单项指标（也叫初始指标）的数据处理，构成一种综合指标，并根据该指标的数量变化规律，应用聚类、判别分析的数学方法来划分农业地域类型。

2 公式

2.1 农业经济指标综合分析法

假定有 M 个样本，每个样本有 N 个指标，这样所有样本的初始指标值 X_{ij} 构成的矩阵为：

$$X = \begin{bmatrix} X_{11} & X_{12} & \cdots & X_{1M} \\ X_{21} & X_{22} & \cdots & X_{2M} \\ \cdots & \cdots & \cdots & \cdots \\ X_{N1} & X_{N2} & \cdots & X_{NM} \end{bmatrix}$$

主分量分析的最终结果就是要找出一个系数矩阵：

$$C = \begin{bmatrix} C_{11} & C_{12} & \cdots & C_{1N} \\ C_{21} & C_{22} & \cdots & C_{2N} \\ \cdots & \cdots & \cdots & \cdots \\ C_{N1} & C_{N2} & \cdots & C_{NN} \end{bmatrix}$$

使得 $F = C \cdot X = (f_{ij})_{N \cdot M}$。

所有 f_{ij} 满足以下条件：

第一，f_{ij} 与 $f_{kj}(i \neq k, j = 1, \cdots M)$ 间无相关性；

第二，f_{ij} 与 f_{kj} 分别代表不同的变差，但 $f_{ij}(j = 1, \cdots, M)$ 反映的变差总和与初始指标变差总和相等。

以上的性质对农业地域类型的划分极为有利。

2.2 农业经济指标的综合

参考了国际地理学会农业类型委员会提出的世界农业类型划分的指标体系,并根据米易县安宁河流域的具体情况,确定了土地利用构成、农业经济结构、农业生产水平及农作物构成四个范畴的 28 个变量为类型划分的初始指标。现分别列表将各范畴的综合指标简介如下(表中系数是主分量分析之结果,资料系 1982 年统计)。

(1)土地利用构成(表 1)

表 1　综合指标之一——土地利用构成

综合指标	权　重　系　数						贡献率(%)
	耕地比重	水田比重	望天田比重	半保灌田比重	林地比重	水域比重	
F_{11}	0.51	0.51	0.31	0.38	−0.37	0.33	59.0
F_{12}	−0.11	−0.14	0.63	0.60	−0.02	0.46	27.2

(2)农业经济结构(表 2)

表 2　综合指标之二——农业经济结构

综合指标	权重系数				贡献率(%)
	种植业比重	林业比重	牧业比重	副业比重	
F_{21}	0.69	−0.23	−0.26	−0.64	50.0
F_{22}	−0.11	−0.62	0.75	−0.20	28.1

(3)农业生产水平(表 3)

表 3　综合指标之三——农业生产水平

综合指标	权重系数										贡献率(%)
	亩均劳力	亩均猪头数	亩均役畜	人均施肥	人均收入	人均粮食	水稻亩产	小麦亩产	玉米亩产	收入支出比	
F_{31}	0.25	0.25	−0.05	0.34	0.44	0.26	0.45	0.27	0.30	0.36	34
F_{32}	0.61	0.37	0.32	−0.16	−0.31	−0.45	0.26	0.14	0.13	0.09	15
F_{33}	−0.01	−0.05	−0.79	−0.24	−0.07	−0.32	−0.32	0.43	0.07	−0.06	11

(4)农作物构成(表 4)

表 4 综合指标之四——农作物构成

综合指标	权重系数								贡献率（%）
	小麦播种面积	水稻播种面积	玉米播种面积	经济作物播种面积	小麦亩产值	水稻亩产值	玉米亩产值	经作亩产值	
F_{42}	0.25	−0.43	0.34	−0.39	0.16	−0.24	0.43	−0.38	52.7
F_{41}	0.47	0.23	−0.23	−0.26	0.47	0.46	−0.25	−0.33	28.6

由此可见,各综合指标有一个共同特点,即农业生产各方面的特点以及相互关系可以通过数量形式来表现,以某种程度上使地理综合分析法具体化。

2.3 农业地域类型的划分

应用一定的划分原则,运用综合指标,采用聚类分析和判别分析等方法,相互补充,形成简单实用的聚类划别分析法,对农业地域进行划分。

3 意义

山区的自然环境既有水平差异,更有垂直分化,因而自然条件丰富多彩,农业利用多种多样。如何针对这一特点,科学地划分出综合的农业地域类型,这就需要应用农业地域类型的划分模型。通过该模型,提出了指标综合法。并应用于米易县安宁河流域农业地域类型的划分。由于建立综合指标的数学方法比较严密,故本方法具有一定程度的"唯一性"。根据农业地域类型的划分模型,计算结果会使农业地域类型的划分统一在一定的范围内。而且,本方法从数据整理、指标综合到类型划分都可建立相应的软件程序,便于推广。

参考文献

[1] 王建国. 指标综合法及山区农业地域类型划分. 山地研究,1986,4(1):84-91.

青藏高原西部地表的热状况模型

1 背景

近年来青藏高原地表热状况对天气、气候的影响,引起了国内外气象学者的极大兴趣。为进一步弄清当地地表热状况及其对大气的加热作用,季国良[1]以 1979 年 5—8 月青藏高原气象科学实验期间所得的高原西部狮泉河地区的观测资料,用经典的计算方法,求得了地表热量平衡的各个分量,进而讨论了当地夏季地表向大气输送的总热量,分析了 1979 年夏季青藏高原西部地表热状况。

2 公式

由以下公式计算得到青藏高原西部地表热状况:

拉氏法从气象要素的分布廓线符合综合指数律出发,设混合长度 l 与 Z 呈指数关系,即 $l = AZ^{1-\varepsilon}$,于是得拉氏模式中高度 1.0 m 处的湍流交换系数:

$$K_1 = \varepsilon \chi^2 Z_0^{2\varepsilon} u_{1.0} / (1 - \varepsilon)^2 (1 - Z_0^{\varepsilon})$$

式中, ε 为由温度层结决定的参数,稳定情况下 $\varepsilon > 0$,不稳定情况下 $\varepsilon < 0$,中性情况下 $\varepsilon = 0$; χ^2 为卡门常数; Z_0 为地面粗糙度; $u_{1.0}$ 为高度 1.0 m 处风速。

由此得:

$$K = K_L Z^{1-\varepsilon}$$

根据湍流热通量 P 的定义,得

$$P = -\rho C_p K (\delta\theta/\delta Z)$$

简化上式,把比湿 q 换成绝对湿度 e,用 $(\delta T/\delta Z)$ 代替 $(\delta\theta/\delta Z)$,夏季气压取为 600 毫巴,于是得湍流热通量 P 公式和蒸发耗热 LE 公式:

$$P = mu_{1.0}(T_{0.5} - T_{2.0})$$
$$LE = 2.59 mu_{1.0}(e_{0.5} - e_{2.0})$$

式中, $m = 0.307 \times 10^{-3} \varepsilon^2 Z_0^{2\varepsilon} / (1 - \varepsilon)^2 (1 - Z_0^{\varepsilon})(2.0^{\varepsilon} - 0.5^{\varepsilon})$; $T_{0.5}, T_{2.0}$ 分别为高度 0.5 m,2.0 m 处气温; $e_{0.5}, e_{2.0}$ 分别是高度 0.5 m,2.0 m 处绝对湿度。

至于土壤热通量 H,因无法测得地表的数据,故用下式订正到地表,得所需的地表土壤热通量值为:

$$\overline{H_0} = \overline{H_Z}(\Delta T_0 \diagup \overline{\Delta T_Z})$$

式中,$\overline{H_0}$ 为地表土壤热通量的平均日总量;$\overline{H_Z}$ 为深度 Z 处实测的土壤热通量的平均日总量;$\overline{H_0}$,ΔT_Z 分别为地表及深度 Z 处平均温度年振幅。

水分平衡方程为:

$$r = E + f$$

式中,r 为降水量;E 为地表蒸发速度;f 为地表径流量和地下径流量之和。青藏高原西部由于降水稀少,且强度不大,径流量就不大,故取 $f = 0$,于是有:

$$r = E$$

3 意义

根据地表的热状况模型,通过计算可得 1979 年夏季青藏高原西部地表热状况特征,其大致可归纳为几点:①当地气候干燥,降水稀少。这样,在地表热量平衡方程中湍流热通量 P 值始终起主导作用,占到达地表的净辐射 B 值的 50% 以上,蒸发耗热 LE 值则是次要的。②P 值的日变化明显,P 值日变化趋势与地表气象要素变化趋势一致。③土壤热通量 H 值日变化过程与地温 T_0 值日变化过程亦一致。P 值、LE 值和 H 值的季节变化明显,P 值与 H 值随到达地表的 B 值不同而变化,LE 值则与降水量的关系密切。

参考文献

[1] 季国良. 1979 年夏季青藏高原西部地表热状况. 山地研究,1986,4(4):301-307.

枯水径流的预报模型

1 背景

滇西地区主要受来自印度洋的西南季风影响,干湿季节分明,每年11月至翌年4月为干季,此时,正是区内河川径流的枯水期,也是农业旱情的发生期。本区河川径流天然状况保持较好,水利资源开发少,是枯水流量的计算分析和应用研究较薄弱的地区。研究滇西地区枯水径流,对于开发当地水利资源、发展经济、开展枯季径流预报和旱情预测,均有着特别重要的意义。李秀云[1]通过实验分析了滇西地区枯水径流与水资源的开发利用。

2 公式

对滇西地区影响枯水期径流特征的主要因素以及特征值进行分析后,在此采用耿贝尔曲线进行分析。

耿贝尔曲线是根据极值分布律来进行水文分析计算的方法之一,此型曲线由耿贝尔推荐获名。这种曲线,其极值分布规律按负指数律递减分布,而河川枯水退水规律恰恰与这一分布相一致。所以,枯水水文分析中应用耿贝尔曲线是可行的。而耿贝尔曲线的计算,通过求出 χ , λ 或 α , μ 参数即可求得 X_p 值。参数公式为:

$$\sigma = 1/0.77972$$

$$\bar{x} = \mu + 0.45005\sigma$$

$$C_V = 1/[0.7797\alpha(\mu + 0.45005\sigma)]$$

求解 X_p 值:

$$X_p = (\Phi C_V + 1)\bar{X}$$

$$X_p = 最小流量(指定频率)$$

该曲线是直线形分布,均值是固定在 ρ 为42.96%的位置。因此,作图时,只要求得一点即可求解,无任意性。在绘制频率曲线时,可采用包伟尔所推荐的几率格纸。本线型计算简单,应用方便。实例见图1。

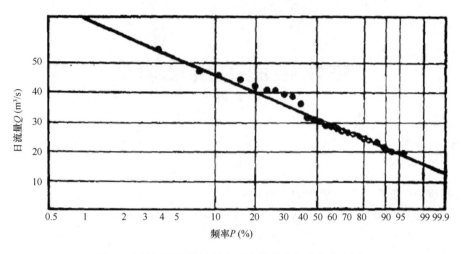

图1　大盈江下拉线站最小日流量耿贝尔曲线分布图

3　意义

　　根据枯水径流的预报模型,计算可知枯水径流的大小是决定取水工程的必备数据,无论是城市供水取水,或是修建水利工程的取水等,都应根据枯水径流来决策。随着工农业的不断发展,对枯水径流的研究,尤其是干旱地区,对水资源的合理开发和利用具有重要的意义,会对生态经济产生积极的效益。枯水径流与人类改造自然环境有密切的关系,充分应用枯水径流的预报模型,譬如在农田灌溉、工业供用、水利工程、水电实施、航运交通和环境保护等方面,使水资源得到充分的利用。

参考文献

[1]　李秀云. 滇西地区枯水径流与水资源的开发利用. 山地研究,1987,5(2):108-114.

坡地的遥感图像模型

1 背景

山间盆地与河谷地带是山区居民聚集的主要场所,因而成为山地经济开发研究的核心。汤明宝[1]通过兰州黄河谷地(或盆地)遥感图像信息的分析和量算,研究山间盆地的局部地质构造环境、坡地分类、山地稳定性以及其分区开发利用,在保持山地自然环境与生态平衡的条件下,使山地与河谷盆地的开发达到最大经济效益,并为山地开发提供定量分析的一些计算方法。

2 公式

首先,利用遥感图像恢复研究区局部构造应力场。

设平均频率优势分布方位角 α_m,则:

$$\alpha_{mi} = \arccos\left[\,(KF')^{-1}FQ\,\right]^*$$

式中,矩阵 $K = (1、1、\cdots、1)$;频率矩阵 $F = (f_1\,f_2,\cdots\,f_n)$;矩阵 $Q = (\cos\alpha_1\cos\alpha_2\cdots\cos\alpha_n)'$。

按武汉地质学院等合编《构造地质学》的理论,主压应力方位角为:

$$\alpha_{\sigma_1} = (\alpha_{m2} - \alpha_{m1})/2 + \alpha_{m1}$$

主张应力方位角为:

$$\alpha_{\sigma_2} = \alpha_{\sigma_1} + 90°$$

确定坡地的分类,以便合理利用各类坡地。

使用航空相片测定坡地的倾角值。首先选择河谷盆地、谷地的横截面;其次立体量测出抽样点的高差和平距(经改正的)d;最后用正切公式计算倾角 α 值,也可直接用下式计算:

$$\mathrm{tg}\alpha = f\Delta p/\left[\,d(b + \Delta p)\,\right]$$

式中,f 是摄影机焦距;Δp 是横视差较;b 为像片上基线长;d 为坡面点间平距。

将表1各坡面倾角值进行两两配对,用下列公式计算各坡面之间的相关系数 γ:

$$\gamma = C/\sigma_i\sigma_j$$

式中,

$$\sigma_i = \left[\Sigma(\alpha_i - \bar{\alpha}_i)/(n - 1)\right]^{1/2}$$

$$\sigma_j = \left[\Sigma(\alpha_j - \bar{\alpha}_j)/(n - 1)\right]^{1/2}$$

13

$$C = \left[\Sigma\alpha_i\alpha_j - (\Sigma\alpha_i\Sigma\alpha_j/n) \right] (n-1)^{-1}$$

$$\bar{\alpha_i} = \Sigma\alpha_i/n \, \text{、} \, \bar{\alpha_j} = \Sigma\alpha_j/n$$

表 1 兰州黄河谷地坡面倾角

点号	东盆(E)		中盆(C)		西盆(W)	
	E_s	E_n	C_s	C_n	W_s	W_n
1	2.9	2.3	26.6	7.6	24.0	11.3
2	36.2	11.3	9.1	21.8	11.3	24.0
3	40.9	14.9	14.9	17.1	26.6	33.7
4	41.6	38.6	15.8	14.9	29.5	11.3
5	39.7	14.6	38.6	26.6	38.7	17.1
均值	32.3	16.3	21.0	17.6	26.0	19.5

计算出来的相关系数列于表 2。

表 2 兰州盆地坡地相关系数

点号	E		C		W	
	E_s	E_n	C_s	C_n	W_s	W_n
E_s	1					
E_n	0.65	1				
C_s	−0.23	−0.25	1			
C_n	0.73	0.11	0.21	1		
W_s	0.20	0.29	0.78	0.22	1	
W_n	0.46	−0.21	0.42	0.35	−0.27	1

利用表 2 相关系数进行计算分类,分类的结果与实际情况符合良好。

对山坡进行稳定性研究,这对山区开发具有重大定义。

根据这些因素并参考袁芝编译的《土壤力学与例题详解》,导出了斜坡开始滑动的临界高度 H_c:

$$H_c = N_{sc}\gamma^{-1}$$

式中, N_s 为稳定系数; c 为土壤黏着力; γ 为土壤单位体积重量。

其一般的数学模式为:

$$H_c = a_1 \cos^2\alpha + a_2$$

式中, a_1 , a_2 为待定系数,其值决定了上式函数与曲线图像的符合程度,因而采用最小二乘法拟合。

由上式拟合偏差 δ 方程：

$$\delta = H - Ca$$

式中,矩阵 $\delta = (\delta_1, \delta_2 \cdots \delta_n)'$, $H = (H_1, H_2 \cdots H_n)'$, $C = \begin{bmatrix} \cos^2\alpha_1 & \cos^2\alpha_2 & \cdots & \cos^2\alpha_n \\ 1 & 1 & \cdots & 1 \end{bmatrix}'$,

$a = \begin{bmatrix} a_1 \\ a_2 \end{bmatrix}$。

由此得到方程：

$$C'Ca = C'H$$

衡量山坡稳定程度,除倾角外,还与坡地的连续高度 H_1 有关。此处提出超高比 m 的概念,把倾角 α 与连续高度 H_1 两个主要因素结合起来考虑,令 $m = H_j/H_i$,于是有：

$$m_1 = H_j(22.2 \cos^2\alpha + 16.1)^{-1}$$
$$m_2 = H_j(19.5 \cos^2\alpha + 16.3)^{-1}$$

3 意义

通过坡地的遥感图像模型,展示了兰州盆地的特征,说明了山地开发的一些规律。应用坡地的遥感图像模型,可以确定山地开发和自然环境变化的关系,尤其在高山峻岭间,水力资源开发后的河谷坡地、黄土沟谷垦植地带、断陷盆地山坡。而且借助于坡地的遥感图像模型,还可进行坡地稳定性普查,并且划分出稳定区、危险区,以期采取措施。

参考文献

[1] 汤明宝. 山间盆地开发条件的遥感图像分析. 山地研究,1987,5(2):99-107.

山区的界限温度模型

1 背景

由于受山区地形影响,温度的分布不仅随海拔高度而变化,还受坡向和小地形等的支配。农业界限温度出现日期和持续日数是农业气候资源的重要指标,也是合理开发利用山区农业气候资源的重要依据。随着计算机技术在山区气候研究中的开发应用,为了满足计算机制图的需要,这就需要将界限温度出现日期和持续日数与其影响要素之间的关系函数化。卢其尧[1]提出了推算山区界限温度出现日期和持续日数的方法,并将其应用于福建省沙溪流域山区实际。

2 公式

微观地形因素包括局地海拔高度、坡地方位和小地形形态(高地、坡地、盆地、谷地等)。其函数关系为:

$$\overline{D} = f(\lambda, \varphi, h, g, m) \tag{1}$$

式中,$\overline{D}$ 为某地实际的界限温度出现日期或持续日数;λ 为经度;φ 为纬度;h 为海拔;g 为除地理位置(经度和纬度)以外的其他宏观地理环境因素,主要是宏观地形;m 为除海拔以外的其他微观地形因素,主要是局部小地形。

式(1)的 $\overline{D}$ 可表示为下列各项对界限温度出现日期或持续日数的分量之和:

$$\overline{D} = \overline{D}_\lambda + \overline{D}_\varphi + \overline{D}_h + \overline{D}_g + \overline{D}_m \tag{2}$$

令 $\overline{D}^* = \overline{D}_\lambda + \overline{D}_h$,则

$$\overline{D}_g = \overline{D} - (\overline{D}^* - \overline{D}_m) \tag{3}$$

$$\overline{D}_m = \overline{D} - (\overline{D}^* + \overline{D}_g) \tag{4}$$

$\overline{D}^*$ 可用下列多元线性回归方程拟合:

$$\overline{D}^* = b_0 + b_1\lambda + b_2\varphi + b_3h \tag{5}$$

式中,b_0 为常数项;b_1,b_2,b_3 为偏回归系数。显然,$b_1 = \partial\overline{D}^*/\partial\lambda = \gamma\lambda$,为界限温度出现日期或持续日数随经度的变化率;$b_2 = \partial\overline{D}^*/\partial\varphi = \gamma\varphi$,为界限温度出现日期或持续日数随纬度

的变化率；$b_3 = \partial \overline{D}^* / \partial h = \gamma h$ ，为界限温度出现日期或持续日数随高度的变化率（即垂直递减率或直减率）。

将根据各气象站资料求出的 $\overline{D}_g$ 值绘制分布图，从图上即可读出该地区任一地点的 $\overline{D}_g$ 值。

由式（5）可见，如设 $h = 0$ 处的 $\overline{D}^* = \overline{D}_0^*$ ，则：

$$\overline{D}_0^* = b_0 + b_1 \lambda + b_2 \varphi \tag{6}$$

又令 $\overline{D}_0' = \overline{D}_0^* + \overline{D}_g$ ，则

$$\overline{D}_0' = b_0 + b_1 \lambda + b_2 \varphi + \overline{D}_g \tag{7}$$

这里的 $\overline{D}_0'$ 显然就是海平面上任一地点由宏观地理环境因素所决定的界限温度出现日期或持续日数，即海平面上的宏观界限温度出现日期或持续日数值。

3　意义

根据山区的界限温度模型，确定了界限温度的出现日期和持续日数。通过使用山区的界限温度模型计算可知，沙溪流域地区双季稻中迟熟品种组合要求 $D_{10-20} > 205$ d 和 $D_{10} > 260$ d，可在 400 m 以下种植，为双季稻高产主栽区；早熟品种组合要求 $D_{10-20} > 195$ d 和 $D_{10} > 260$ d，相当海拔高度 700 m 左右，这里已属双季稻种植上限，季节紧、风险大，实际经济效益不如单季稻。经过考察证实上述推算和实况是一致的，因此在相关地区可采用此模型。

参考文献

［1］　卢其尧. 山区界限温度出现日期和持续日数的推算方法. 山地研究, 1987, 5(2):83~92.

地震震动的滑坡模型

1 背景

川西南滇北接壤带位于中国南北地震带的中段,是古今地震活动较为频繁的地区之一。据地震目录统计,自公元625年以来,其发生5级以上的中强地震43次,其中6级以上地震15次,7级以上大震4次。由于该区深大断裂及区域性中小断裂纵横交错、相互切割,使之区内岩层十分破碎,加之造貌构造活动强烈致使金沙江水系下切形成高山陡坡。所以,构成地震滑坡的重灾区。乔建平和蒲晓虹[1]通过实验对川西南滇北接壤带地震滑坡进行了研究。

2 公式

地震滑坡可划分为瞬发型和继发型地震滑坡。

瞬发型地震即主震伴生型地震。它是以一次强震为主,同时伴随若干次弱前震和弱余震。瞬发型地震通过一次瞬间强烈的震动触发处于临界状态的斜坡形成滑坡,其主要震动参数如表1。

表1 主要破坏性地震参数

震级(震中烈度) \ 地震动特征	平均加速度 (g,重力加速度)	震中附近地震持续时间(s)	震中附近最大加速度震动周期(s)
5(Ⅵ)	0.06~0.130 g	3~6	~0.15
6(Ⅶ~Ⅷ)	0.25 g	11~15	~0.20
7(Ⅷ~Ⅸ)	0.50 g	20~30	~0.35
8(Ⅹ)	1.0 g	35~40	~0.50

继发性地震是在一个不长的时期、不大的范围内,中强度地震成串发生,但震级都不算很大。其是通过多次震动破坏的叠加能量对边坡进行破坏。

根据已有的研究资料,地震滑坡分布距震中的最大距离随地震震级的变化而变化。在有地震中长期预报的前提下,可粗略计算地震诱发的滑坡分布范围。

采用最小二乘法对研究区有资料的12次地震滑坡最大震中距的对数值与相应震级进

行回归直线分析(图1)。统计结果显示,该地区滑坡的最大震中距与相应地震震级呈正相关关系,回归方程为:

$$\lg L = (0.54 \pm 0.03) M_s - (2.25 \pm 0.21)$$

式中,L 为最大震中距,M_2 为地震震级,离差0.09,相关系数 $\gamma = 0.9825$,相关水平0.01。从图1中 $\lg L - M_s$ 关系外推结果,该区可能诱发地震滑坡的震级下限为 $M_s = 4.2$,此结论与该区实际情况基本符合。

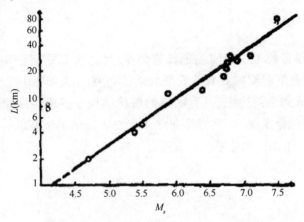

图1 川西南滇北接壤带的 $\lg L - M_s$ 关系图

3 意义

根据地震震动的滑坡模型,确定了地震震动的能量(震级)与地震滑坡分布的关系。应用地震震动的滑坡模型,通过地震震动的能量(震级),可以定量地分析地震滑坡分布的最大可能范围。这样,在一定程度上克服了只依靠地震宏观烈度划分滑坡危险区的不足。尤其是在只给出可能发生地震的震级和位置的情况下,借助于地震震动的滑坡模型,就可以预测地震触发滑坡的大致范围。而且通过计算可知,这些地区在没有大的动力条件下不可能在同一侵蚀基准时期产生大量的大型滑坡。

参考文献

[1] 乔建平,蒲晓虹.川西南滇北接壤带地震滑坡概述.山地研究,1987,5(3):181-188.

农业发展的战略系统模型

1 背景

浦城县位于福建省最北部,东北与浙江省交界,西北和江西省毗邻,是福建全省重要的商品粮基地。因此,开展对浦城县农业发展战略的研究,对福建山区的开发具有指导性意义。从浦城县境中部到东西边缘,具有明显的层状结构。各地貌层级的自然条件各不相同,利于农林牧副渔综合发展,这就为建立立体大农业提供了坚实的物质基础。程泽明[1]根据实验对浦城亚热带山区农业系统开发进行了探讨。

2 公式

利用现有的资料,对浦城县 17 个乡镇农业总产值(y_1)与企业产值(x_1),种植业产值(x_2),林业产值(x_3),牧业产值(x_4),副业产值(x_5)和渔业产值(x_6),进行多元回归分析,得回归方程(单位万元):

$$y = 1.015x_1 + 1.0823x_2 + 1.2871x_3 + 0.323x_4 + 0.859x_5 + 0.36x_6 + 12.5709$$

进一步求得各业的偏回归平方和及贡献率,得表 1,说明浦城县的农业经济占绝对优势,并形成以种植业为支柱的小农经济结构,形式单一,未能发挥地区适于多种经营的自然条件优势。

表 1　农业结构分析

项目	企业 (X_1)	农业 (X_2)	林业 (X_3)	牧业 (X_4)	副业 (X_5)	渔业 (X_6)
偏回归 平方和	5689.57	1186324.5	14809.15	192.05	5530.27	0.0671
贡献率	0.0327	0.8190	0.1022	0.0013	0.0382	0.0000

从浦城县自然资源和技术条件出发,考虑人力,物力,财力的限制,并考虑社会的需要以及农林牧副渔五业结构的协调,为建立一个良好的生态环境,针对浦城县亟须论证的问题,在此设计了农业发展战略系统分析模型(图 1)。

由于线性规划只能有一个目标,因此,我们将其他目标转化为约束条件,以经济效益最

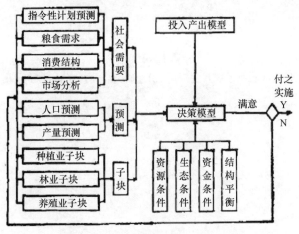

图 1　农业发展战略系统分析模型

高作为目标函数建立模型,即:

$$M_{\sigma x} \sum_{j=1}^{128} W_j X_j$$
$$X_j \geqslant 0 (j = 1, 2, \cdots, 128)$$

式中, X_j 为变量; W_j 为目标函数。

　　经过分析研究,讨论了一些必须遵循的自然和经济规律,在此得出了 13 个方面的 16 个约束函数,即:

$$\sum_{i=1}^{m} a_{ij} x_j \leqslant b \qquad (或 \geqslant b_i)$$
$$(i = 1, 2, \cdots, 116; j = 1, 2, \cdots, 128)$$

式中, x_j 为变量; a_{ij} 为资源消耗系数。

3　意义

　　在此建立了农业发展的战略系统模型,这是一个线性规划模型。根据农业发展的战略系统模型,将农业区划为三个区,并将分区共设置了 128 个决策变量。通过农业发展的战略系统模型,可以采取相关改良措施,在保证粮食单产稳步提高的基础上,粮食播种面积可逐年适当减少,经济作物的种植面积可有较大幅度的增加。从生态角度考虑,扩大了绿肥使用、油菜冬种等面积,有利于土地的养用结合。同时,考虑到畜牧业的发展,口粮和饲料的需求变化趋势,安排扩大玉米生产,运算结果也满足这一要求。为了充分发挥水源林、防护林涵养水源和防洪保土作用,维护生态环境,在此模型计算中提高了防护林比重。

参考文献

[1]　程泽明.浦城亚热带山区农业系统开发探讨.山地研究,1987,5(3):155-160.

山地逆温的预测公式

1 背景

我国南亚热带东部山地,冬季寒潮循此南下,天气多阴雨,并伴有大风天气,降温特点为平流型或以平流型为主的混合型,辐射逆温出现几率少。西部的北方低空冷平流受山脉屏障,迂迴曲折,不断变性,导致降温和缓;仅受高空冷平流影响,出现晴冷天气,降温特点以辐射型为主,山地丘陵普遍出现逆温现象。由于山地逆温的分布对山区开发和工农业布局具有重要作用,王菱等[1]通过调查对我国南亚热带山地的逆温情况进行了研究。

2 公式

探空逆温厚度 x 与山地逆温厚度 y 间成指数相关,经验公式可表示为:

$$y = ae^{-\frac{b}{x}}$$

式中, $a = 57.2170$; $b = 0.0037$; e 为自然对数的底;相关系数 $\gamma = 0.8239$ 。

由图1可见,当探空逆温厚度大于 500 m 时,山地逆温厚度稳定在 350 m 附近。

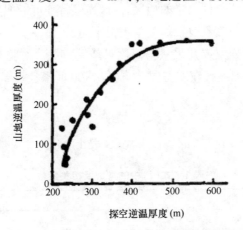

图 1　探空逆温厚度与山地逆温厚度间的关系

探空逆温差 x' ,即探空气球测得的逆温层顶部与底部间的温度差,与山地逆温差 y' 间成线性相关,经验公式可表示为:

$$y' = a'x' + b'$$

式中，$a' = 0.7018$；$b' = -0.4190$；相关系数 $\gamma = 0.9137$。

由图 2 中可见，相关直线不通过原点，而起于 1.5℃处，这是因为山地逆温受下垫面影响较甚的缘故。

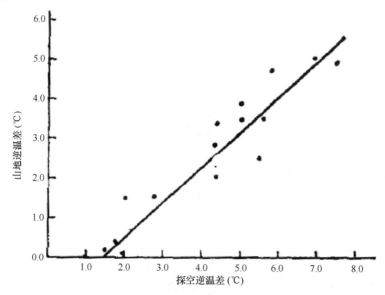

图 2　探空逆温差与山地逆温差间的关系

综上所述，探空逆温和山地逆温无论在逆温厚度、逆温差，还是逆温强度而言，都是密切相关的，因此在一些观测条件困难的地区，山区逆温特征可近似用探空逆温值替代。

因此，辐射逆温与地面气象要素的关系也很密切。

当风速很小时，辐射逆温差几乎只与温度日较差有关。对腾冲(1966—1970 年)、思茅(1980—1981 年)冬半年温度日较差与同日清晨 07:00 时探空逆温差间的关系做出计算后，得到一个经验公式：

$$y'' = a''e^{b''x''} \tag{1}$$

式中，y'' 为逆温差；x'' 为日较差；a''，b'' 为常数(表 1)。

表 1　式(1)中的常数及相关系数

月份	1			2			3			10			11			12		
系数	γ''	a''	b''	γ''	a''	b''	γ''	a''	b''	γ''	a''	b''	γ''	a''	b''	γ''	a''	b''
腾冲	0.83	0.1945	0.1846	0.86	0.2927	0.1588	0.81	0.090	0.2158	0.76	0.0230	0.3359	0.73	0.2637	0.1776	0.85	0.0592	0.2636
思茅	0.85	0.1822	0.2037	0.85	0.1197	0.2193	0.81	0.2876	0.1676	0.79	0.0154	0.3691	0.78	0.0116	0.4080	0.84	0.0893	0.2556

3　意义

根据山地逆温的预测公式,确定了辐射逆温的形成与地面气象要素关系密切。应用山地逆温的预测公式,找出了逆温与地面气象要素间的定量关系,便可用地面的气象资料来判断辐射逆温的强弱,这将给实际工作带来很大方便。同时,通过山地逆温的预测公式的计算,可知各地产生辐射逆温的共同物理基础是微风少云、温度日较差大的天气。从这一关系出发,可用较易取得的地面气象观测,来预告当地的逆温状况。

参考文献

[1]　王菱,江爱良,陈晓林. 我国南亚热带山地逆温浅析. 山地研究,1987,5(3):136-142.

泥石流的流态模型

1　背景

泥石流体由水体和土体所组成,是一种介于挟沙水体和塑性土体之间的过渡性流体。蒋家沟是一条规模巨大、暴发频繁、类型齐全、流态典型的暴雨型泥石流沟,为开展泥石流流态和流变的研究提供了良好的条件。吴积善[1]从讨论泥石流的流变特性着手,研究各类泥石流的流态性质,分析影响泥石流流态的诸因素,阐明泥石流流态的时空变化,为建立泥石流所特有的流动模式提供论据。

2　公式

图 1 为蒋家沟泥石流体的一组流变曲线,采用某型砂浆流变仪测得,其测高范围仅限于黏性泥石流,但稀性泥石流体,实质上是以稀性泥石流浆体作为搬运介质,因而浆体的流变曲线可以近似地反映流体的流变特性,流体的黏度 η 和屈服值 τ_B 可用浆体的黏度 η' 和屈服值 τ_B' 为基础进行近似计算,其算式引用下列公式:

$$\eta = \eta' \left(1 + K \frac{C_v}{C'_V} \right)^n$$

$$\tau_B = \tau_B' K \left(\frac{C_v}{C'_v} \right)^m = K\tau_B' \left(\frac{C_v}{C'_v} \right)^m$$

式中, C_v 为泥石流体的体积浓度; C'_v 为泥石流浆体的体积浓度; K 为修正系数; n、m 为指数,根据实验资料确定。

蒋家沟黏性泥石流体的流变曲线如图 1 所示,5 条曲线除 k_1k_2 段外,其他各段总的变化趋势大致相似,即 k_2k_3 段为直线, k_3k_4 段为上凸曲线、k_4k_5 段为下凹曲线、k_5k_6 段为垂直于横轴的直线,各段分别表示层动流,紊动流,滑动流和滑动。可以设想,如果没有石块的影响, k_2k_5 段可能是直线,即呈层流状态。

泥石流一般有以下几种流态类型。

(1)蠕动流是一种介于塞流和层动流之间的不完全层流,流变曲线呈下凹形,表观流变方程为:

$$\tau = \tau_0 + K \left(dv_c/dy \right)^n$$

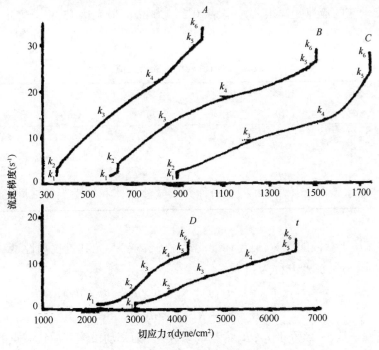

图 1　黏性泥石流体的流变曲线

式中,K 和 n 分别为稠度和流动指数,$n < 1$。

蒋家沟泥石流的蠕动流流速一般为 0.02~0.5 m/s,容重大部分大于 2.20 t/m³(表 1)。

表 1　泥石流蠕动流的特征值

序号	容重(t/m³)	比降(%)	沟宽(m)	泥深(m)	流速(m/s)	床面粗糙度
1	2.25*	5.8	40	0.56*	0.32	粗糙的沟床面
2	2.31	5.5	25	0.40	0.25*	粗糙的滩面
3	2.37	15.8	0.70	0.42	0.008	粗糙的沟床面
4	2.32	17.6	2.32	0.45	0.015	粗糙的斜坡面
5	2.19	15.8	0.70	0.46	0.03	平缓粗糙的小沟床
6	1.90	12.3	0.80	0.30*	0.12	平缓的残留层

注:*为目估值,后同。

(2)层动流是一种含有大量石块的似层流,流变曲线呈直线,流变方程为:

$$\tau = \tau_B + \eta(dv_c/dy)$$

式中,η 为刚性系数。

蒋家沟层动流的流速变幅很大,一般从 0.2~1.0 m/s,最大达 15 m/s,容重一般大于 1.8 t/m³(表 2)。

表 2 泥石流层动流的特征值

序号	容重 (t/m²)	比降 (%)	沟宽 (m)	泥深 (m)	流速 (m/s)	所在部位
1	2.17	6.2	28	1.78	6.85	阵性波的波身
2	2.16	8.2	23	8.65	5.61	阵性波的波尾
3	2.31	5.7	28	2.5	15.9	黏性连续流
4	2.08	18.0	0.95	0.40	0.524	支沟阵性波的波头

(3)紊动流属于紊流的范畴,但与标准的紊流差异甚大,尤其是扰动性紊动流。紊动流的流变曲线呈上凸形,流变方程为:

$$\tau = \tau_B + K_1(dv_c/dy_1) + K_2(dv_c/dy - dv_{c1}/dy)^n$$
$$\tau = \tau_r + K_2(dv_c/dy)^n$$

式中,K_1 为黏性系数,一般等于 η；K_2 为紊动系数；τ_r 为紊动段流变曲线起点的切线向下延伸与横轴交点处的切应力；dv_{c1}/dy 为开始出现移动或滑移时的流速梯度；n 为流动指数,$n>1$。当泥石流容重很小,黏滞应力的作用远不及雷诺应力的作用,则 τ_r 趋近于 0,可用一般挟沙水流的流变方程:

$$\tau = \rho_c l^2(dv_c/dy)^2$$

式中,ρ_c 为泥石流体密度,l 为混合长度。

(4)滑动流是一种层流和滑动之间的过渡性流态,其表面往往呈层动流或紊动流,呈蠕动流,其流变曲线呈下凹曲线,表观流变方程为:

$$\tau = \tau_B + K_1(dv_c/dy_1) + K_2(dv_c/dy - dv_{c1}/dy)^n$$
$$\tau = \tau_\rho + K_2(dv_c/dy)^n$$

式中,τ_ρ 为滑动流的流变曲线起点切线与横轴交点处的切应力；n 为流动指数,$n<1$。

3 意义

根据泥石流的流动模型,显示了蒋家沟泥石流在暴发过程中,泥石流的性质、规模和流动过程是不断改变的,而且泥石流流态也随之变化。通过泥石流流动模型的计算,可知泥石流流态的时空变化,不仅可以得到一次泥石流暴发过程中的流态变化,而且可以了解泥石流流态的沿程变化,为建立泥石流流动模型打下良好基础。

参考文献

［1］　吴积善. 蒋家沟泥石流流态. 山地研究,1987,5(4):237-246.

泥石流产生的运动模型

1 背景

泥石流为我国山区常见的一种自然灾害,是由水和泥沙组成的两相流体。它暴发突然,来势凶猛,运动快速,历时短暂,是介于块体滑动和水力运动之间的一种颗粒剪切流;其堆积形态多为岗状、岛状(舌状)和片状,其沉积物毫无分选、具有大小石块混杂的结构。泥石流堆积形态为山前泥石流堆积扇。国内外学者对泥石流运动力学的定义和研究内容尚无一致性结论,据泥石流产生运动的力源类型可分为两类,即水力类泥石流和重力类泥石流。康志成[1]仅对重力类泥石流产生的运动力学进行初步分析。

2 公式

根据土石体本身因降雨而引起的土石体含水量的变化,可将泥石流的产生分4种情况讨论(图1)。

(1)在泥石流形成地,能产生泥石流的土石混合体,在无雨情况,土壤含水量仅为天然含水量,这时土石体处于稳定状态,其情况见图1a。

$$F = \rho g H \sin\theta$$

$$F_c = \rho g H \cos\theta \mathrm{tg}\phi + \rho_m g d_{cp} \mathrm{tg}\phi$$

式中,ϕ 为沙石层静摩擦角。

根据图1a,$F < F_c$,而 $dF/dH < dF_c/dH$,所以有:

$$\mathrm{tg}\theta < \mathrm{tg}\phi + (\rho_m g d_{cp} \mathrm{tg}\phi)/(\rho g H \cos\theta)$$

上式右边第二项,实际上是非常小的,在此可令 $(\rho_m g d_{cp} \mathrm{tg}\phi)/(\rho g H \cos\theta) = 0$,则有:

$$\mathrm{tg}\theta < \mathrm{tg}\phi$$

(2)在小雨情况下,雨水渗入土石体,土石体含水量增加,并未饱和,但使湿润线以上的土石体物理力学性质减弱,尚处于稳定状态,由图1b得到,$F > F_c$,而 $dF_c/dH > dF/dH$,所以有:

$$\rho_1 g h \sin\theta < \rho_1 g h \cos\theta \mathrm{tg}\phi_1 + \rho_m g d_{cp} \mathrm{tg}\phi_1 , \quad \mathrm{tg}\theta < \mathrm{tg}\phi_1$$

式中,ρ_1 为含水土石体密度;ϕ_1 为含水土石体静摩擦角,它小于天然含水量土石体的 ϕ 值。

(3)随着雨量增大,土石体接近或达到饱和状态,这时土石体在饱和线以上处在极限平

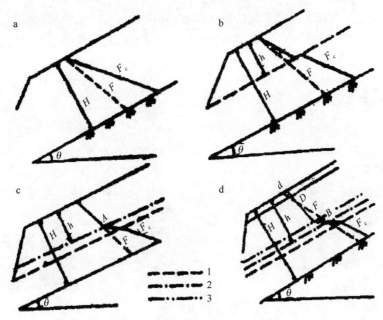

图1 土体稳定性应力分布图

衡状态(起动临界含水量),稍有震动或其他外力作用,就可崩滑于沟内而形成泥石流。根据图1c有:

$$\mathrm{d}F/h = \mathrm{d}F_c/h$$

$$\mathrm{d}F/d(H - h) < \mathrm{d}F_c/d(H - h)$$

$$\rho_2 gh\sin\theta \geqslant \rho_2 gh\cos\theta\mathrm{tg}\phi_2 + \rho_m gd_{cp}\mathrm{tg}\phi_2 , \ \mathrm{tg}\theta \geqslant \mathrm{tg}\phi_2$$

式中,ρ_2 为饱和含水量土石体密度;ϕ_2 为饱和含水量土石体静摩擦角。

(4)在暴雨的情况下,土石体达到饱和或过饱和状态,土石体的 ϕ 值进一步减小,如图1d所示。图中 $F_c < F$,所以有:

$$\mathrm{tg}\theta \geqslant \mathrm{tg}\phi_3$$

式中,ϕ_3 为饱和或过饱和土石体的静摩擦角。从图1可见,从 D 点以下的 B 点土石体深度上,由于 $\phi_3 < \theta$,故土石体失稳,开始形成泥石流进行滑动状态。

3 意义

根据泥石流产生的运动模型,不同土石体的内摩擦角都随含水量的增加而减少。采用泥石流产生的运动模型和大量的野外调查,可知泥石流源地的松散上石体的坡度一般都在25°~30°之间,绘制其与含水量的关系图,与不同土石体关系线的交点为极限平衡状态下的含水率,纵坡线以上为各类土石体在相应含水状态下处于稳定状态,而此线以下在不稳时的崩滑过程,也是泥石流大规模形成阶段。因此,利用泥石流产生的运动模型,揭示了固体物质、水和坡度条件三者之间的变化关系,这能够说明泥石流形成的条件情况,且具有普遍的适用性。

参考文献

[1] 康志成. 泥石流产生的力学分析. 山地研究,1987,5(4):225-230.

泥石流的静力模型

1　背景

泥石流静力学是研究泥石流静止状态下某些特征和一些规律的学科。准确测定泥石流及其浆体的特征值,对揭示泥石流的形成和运动机理将起着十分重要的作用。王裕宜和刁惠芳[1]在野外开展观测试验,通过引进石油钻井泥浆、土力学、土壤学和水化学等学科的某些试验方法,结合前人的工作经验,初步总结出泥石流及其浆体的组成、流变、结构和化学特性等参数的测试方法,并在此基础上探讨了泥石流静力学特征值的测试方法。

2　公式

2.1　泥石流的容重

泥石流的容重值取决于粒度和测样容积,在一定粒径和容积范围内,它的精度随着测样容积的增大而增高。使用标定的大直筒(体积为 1.4×10^4 cm³)测定了泥石流的容重,公式为:

$$r_C = \frac{W_1 - W_2}{h \cdot V}$$

式中,W_1 为流体和筒重,W_2 为筒重,h 为流体在容积内的高度,V 为筒内每 1 cm 高度的体积。

2.2　泥石流固液含量

(1)泥石流固体物质重量的测定

样品重量宜取大于 50 g,计算公式如下:

$$P_S = \frac{W_3 - W_1}{W_2 - W_1} \times 100\%$$

式中,P_S 为固体物质重量,W_1 为铝盒恒重,W_2 为样品和盒重,W_3 烘干样品和盒重。

(2)固体物质重量换算

$$P_S = \frac{\gamma_H(\gamma_C - 1)}{\gamma_C(\gamma_H - 1)} \times 100\%$$

$$C_V = [(\gamma_C - 1)/(\gamma_H - 1)] \times 100\%$$

式中, C_V 为固体物质体积浓度, γ_H 为泥砂比重(蒋家沟泥砂比重为 2.7), γ_C 为泥石流体容量。

2.3 泥石流黏度

现仅以旋转黏度计为例,将仪表读数乘以仪器常数,并绘制流变曲线,可求得刚度系数和屈服应力。

由于泥浆在圆筒里流动点函数值为:

$$\Omega = \frac{1}{\eta}\left(\frac{M}{4\pi h}\right)\left(\frac{1}{R_b^2} - \frac{1}{R_c^2}\right) - \frac{\tau_B}{\eta}\ln\frac{R_c}{R_b}$$

式中, Ω 为角速度, η 为刚度系数, M 为扭矩, R_c 为外筒半径, R_b 为内筒半径, h 为内筒柱高。这里要对仪器常数进行修正:

$$K' = K(R_c^2 - R_b^2/2R_c^2\ln\frac{R_c}{R_b})$$

式中, K' 为经修正后的常数, K 为原仪器常数。

2.4 泥石流结构特征

(1)空隙率

一般情况空隙率为 44.3%~45.8%,其平行试验误差不得超过 10%,计算式为:

$$\varepsilon = 1 - [W/(\gamma_H \times V)]$$

式中, W 为砂重; γ_H 为砂比重; V 为测量体积。

(2)自由膨胀率

其测定方法按土工试验手册方法,但计算方法稍有差别,公式为:

$$F_S = \frac{V_2 - V_1}{V_1} \times 100\%$$

式中, F_S 为自由膨胀率; V_1, V_2 为膨胀前后体积。

3 意义

在此建立了泥石流的静力模型,计算可得泥石流的容重、泥石流固体物质重量以及泥浆在圆筒里流动点函数值等。通过泥石流的静力模型,确定了泥石流的容重值测定取决于粒度和测样容积。而且,在一定粒径、容积范围内,它的精度随着测样容积的增大而增高。由于泥石流体具有颗粒不均匀性和触变性等,故测定时注意样品的备制、搅拌和读数的精确以及流变曲线的绘制和常数的计算。

参考文献

[1] 王裕宜,刁惠芳. 泥石流静力学特征值的测试方法. 山地研究,1987,5(4):273-278.

泥石流的流速公式

1 背景

泥石流流速是泥石流动力学研究最重要的课题之一,也是泥石流防治工程设计不可缺少的计算依据。所以国内外的许多研究单位和生产部门都很重视这一工作。我国对这项课题的研究可分为两个阶段,即为引用国外研究成果阶段和建立地区性经验及半经验泥石流流速计算方法阶段。康志成[1]对我国关于泥石流流速研究与计算方法以及相关实验展开了探讨。

2 公式

2.1 早期引用阶段

为了满足勘测设计的要求,一开始引用苏联在这方面的研究成果,其中尤以引用泥石流流速的计算方法最为突出(表1)。表1的11种公式中,最为常用的是第1,第4和第9种。

表1 国外泥石流流速公式一览表

编号	公式形式	适用情况	推荐单位	作者及参考文献
1	$V_C = \dfrac{1}{\sqrt{Y_H \phi + 1}} V_B$ $\phi = \dfrac{\gamma_C - 1}{\gamma_H - \gamma_C}$	按清水动能与挟沙水流相等的概念出发,从稳定均匀流推导而来。适用于水石流和稀性泥石流		M.Φ斯里勃内依(苏联)
2	$V_C = \dfrac{6.5}{\sqrt{\gamma_H \phi + 1}} R^{2/3} I^{1/4}$	这里令 $V_B = 6.5 R^{2/3} I^{1/2}$ 而推导出动力平衡流速公式。计算值偏小,一般不采用	铁道部第一铁道设计院	M.Φ斯里勃内依(苏联)
3	$V_C = \dfrac{15.3}{\sqrt{\gamma_H \phi + 1}} R^{2/3} I^{3/8}$	经过改进的斯氏公式。适用于西北地区的泥石流		铁道部第一设计院改进的斯氏公式

续表

编号	公式形式	适用情况	推荐单位	作者及参考文献
4	$V_C = \dfrac{m_C}{\sqrt{\gamma_H\phi+1}}R^{2/3}I^{3/2}$	m_C 为泥石流糙率系数，可查Ⅱ.B.巴克诺夫斯基糙率系数表，适用于水石流和稀性流	铁道科学研究院西南研究所	斯氏改进公式
5	$V_C = \dfrac{M}{\sqrt{\gamma_H\phi+1}}R^{2/3}I^{1/6}$	此式采用东川地区的老干沟、法窝沟、西昌地区的赣农河的资料改进。适用于稀性流	铁二院研究所丁玉寿推荐，并建议 M 值由表3确定	斯氏改进公式
6	$V_C = \dfrac{m}{\sqrt{\gamma_H\phi+1}}R^{2/3}I^{1/10}$	适用于山区大比降水石流和挟沙水流	北京市市政设计院	斯氏改进公式
7	$V_C = \dfrac{\frac{1}{n}R^{2/3}I^{1/2}}{\sqrt{\dfrac{1-C_v}{1+C_V(\gamma_H-1)}}}$	适用于水石流和稀性流	铁道部科学研究院西南研究所	C. M. 弗列什曼
8	$V_C = K_B\sqrt{AgHI}$ $A = 1 - 0.825\dfrac{\overline{P}_H}{I} + 1.65\overline{P}_H$	适用于非黏性泥石流。K_B 取值决定于河床相对糙度 H/Δ 的阻力系数，即 H/Δ 为 5，10，15；K_B 为 5.0，7.1，8.2	铁道部科学研究院西南研究所	M. A. 莫斯特柯夫
9	$V_C = K_C\sqrt{gH(I-I_e)}$ $K_C = \dfrac{2}{\sqrt{3}e}\sqrt{\dfrac{(1-e)^3}{1-\dfrac{e}{z}}}$ $e = D/H$	适用于黏性泥石流	中国科学院兰州冰川冻土所	
10	$V_C = \alpha V_B$ $a = 1 - 0.1\gamma C^{3/2}\sqrt{\eta-\eta_0}$	适用于黏性泥石流，α 为流速减少系数	铁道部科学研究院西南研究所	C. M. 弗列什曼
11	$V_C = \dfrac{\rho gIH^2}{2\eta}$	适用于黏性泥石流	中国科学院兰州冰川冻土所	R. P. 夏普

2.2 建立地区性泥石流流速相关公式

许多研究单位,结合某些高倾率泥石流的防治工作,开展了以泥石流运动要素为主的观测研究,积累了大量的资料,经过分析,提出了一批符合我国不同地区、不同泥石流类型和性质的经验和半经验流速计算方法(表 2)。

表 2　我国泥石流流速公式一览表

编号	进行泥石流观测的沟名	观测年份及资料系列	公式形式	适用情况	作者
(1)	西藏波密古系沟	1964—1965 年;分别为 85 次和 10 次泥石观测资料	$V_C = \dfrac{1}{n_c} H^{3/4} \cdot I^{1/2}$ n_c 为泥石流糙率系数,一般黏性泥石流取 0.45,稀性泥石流取 0.25	适用于稀性泥石流和黏性泥石流,特别适合于含有大漂石的冰川泥石流	王文濬 章书成
(2)	云南东川蒋家沟	1965—1967 年 1973—1975 年 共 101 次泥石流, 3 000 多阵次	$V_C = \dfrac{1}{n_c} H^{2/3} \cdot I^{1/2}$ $\dfrac{1}{n_c} = 28.5 H^{0.34}$	适合于黏性阵性泥石流,特别是云南东川地区	康志成
(3)		1965—1967 年 1973—1975 年 共 101 次泥石流, 3 000 多阵次	$V_C = \dfrac{m_c}{a} H^{2/3} \cdot I^{1/2}$ $m_c = 75 H^{-0.425}$ $a = \sqrt{\gamma H \phi + 1}$	适合于黏性阵性泥石流,特别是云南东川地区	
(4)	甘肃武都火烧沟柳弯沟泥弯沟	1963—1965 年 1972—1973 年 共分析泥石流 113 阵次	$V_C = 65 k H^{1/4} \cdot I^{4/5}$ k 为断面平均流速换算系数,一般取 $k = 0.70$	适用于武都地区的黏性泥石流	杨针娘
(5)	甘肃武都火烧沟柳弯沟	共分析泥石流 113 阵次	$V_C = m_c H^{2/3} \cdot I^{1/2}$ m_c 为糙率系数	适用于武都地区的黏性泥石流	曾思伟等
(6)	云南大盈江浑水沟	1976—1978 年共观测 101 次泥石流资料	$V_C = \left(\dfrac{\gamma_b}{\gamma_c}\right) \cdot \left(\dfrac{\eta_{cb}}{\eta_c}\right) \cdot V_b$ γ_b:清水容重,$\gamma_b = 1.0$; η_{cb}:清水有效黏度(泊); η_c:泥石流浆体有效黏度(泊)	适用于紊动强烈的连续性泥石流	刘江 程尊兰

编号	进行泥石流观测的沟名	观测年份及资料系列	公式形式	适用情况	作者
(7)	四川西昌黑沙河马颈沟	1974—1976年马颈沟20余次小型泥石流	$V_C = 2.77\left(\dfrac{R}{d_{85}}\right)^{0.737}$ $\left(\dfrac{d_{85}}{\eta_e}\right)^{0.43}\sqrt{RI}$ d_{85}:占固体总重量85%的固体颗粒粒径;R:泥石流的水力半径	适用于流域小于1 km²以下的小型黏性泥石流	吴积善
(8)	四川西昌黑沙河马颈沟	1974—1976年马颈沟20余次小型泥石流	$V_C = 740\left(\dfrac{\gamma_c}{\eta_c}\right)^{1.4}$ $R^{1.6} \cdot I^{0.5}$	适用于结构蠕动流	
(9)	云南东川蒋家沟大白泥沟等	共163阵次资料	$V_C = kH^{2/3}I^{1/3}$ k为黏性泥石流流速系数	适用于黏性泥石流	陈光曦王继康
(10)	西藏古乡沟东川蒋家沟武都火烧沟	共采用199次泥石流,3 000多阵次资料	$V_C = \dfrac{1}{n_c}H^{2/3}I^{1/2}$ n_c为黏性泥石流糙率系数	适用于黏性泥石流	康志成章书成
(11)	云南东川蒋家沟	1974—1975年共53阵对应资料	$V_C = 25.38\left(\dfrac{d_{cp}}{H}\right)^{0.127}$ $\left(\dfrac{\eta}{\gamma c\sqrt{gH^3}}\right)^{0.0576}$ $\sqrt{gHI}$	适用于黏性泥石流	康志成
(12)	云南东川蒋家沟	1974—1975年共53阵对应资料	$V_C = 27.57\left(\dfrac{d_{cp}}{H}\right)^{0.245}$ $\sqrt{gHI}$	适用于黏性泥石流	

2.3 稀性泥石流流速研究及公式

(1)M.φ.斯里勃内依(1940年)

$$V_C = \frac{6.5}{a}H^{2/3}I^{1/4}$$

式中,

$$a = \sqrt{\phi r_H + 1}$$

(2)铁道部第一设计院根据我国西北情况建立的经验公式

$$V_C = \frac{15.3}{a} H^{2/3} I^{3/8}$$

(3)铁道部第三设计院,根据铁道部第一设计院的资料而建立的经验公式

$$V_C = \frac{15.5}{a} H^{2/3} I^{1/2}$$

而以上三个公式均没有反映泥石流容重的变化对泥石流流速影响的渐变过程,因此在一定的假定下[1],依据动能的表达 $\frac{1}{2} m V^2$,令:清水的体积为 W_B;泥石流的体积为 W_C;清水的容重为 γ_B;泥石流的容重为 γ_C;清水的质量 $m_B = \gamma_B W_B / g$;泥石流的质量为 $m_C = \gamma_C W_C / g$;清水的速度为 V_B;泥石流的速度为 V_C。根据动能平衡的假定,建立如下关系:

$$\frac{\gamma_B W_B}{2g} V_B{}^2 = \frac{\gamma_C W_C}{2g} V_C{}^2$$

并且可得:

$$\gamma_B W_B V_B{}^2 = \gamma_C W_C V_C{}^2$$

因为:

$$\gamma_C W_C = \gamma_H W_H + \gamma_B W_B$$

所以:

$$\gamma_B W_B V_B{}^2 = (\gamma_H W_H + \gamma_B W_B) V_C{}^2$$

即:

$$V_B{}^2 = \left(\frac{\gamma_H W_H + \gamma_B W_B}{\gamma_B W_B} \right) V_C{}^2$$

令:

$$\phi = W_H / W_B \ , \ V_B{}^2 = (\gamma_H \phi + 1) V_C{}^2$$

则有:

$$V_C = \frac{1}{[\gamma_H + 1]^{1/2}} V_B = \frac{1}{a} \frac{1}{n_B} H_B^{2/3} I^{1/2}$$

式中,n_B 为清水河床糙率系数;H_B 为清水水深。

清水断面(W_B)与泥石流断面(W_C)有如下关系:

$$W_B = \frac{1}{\gamma_C^{1/2} (1 + \phi)^{3/2}} W_C = \beta W_C$$

采用 R.A.拜格诺(英国)的颗粒流在强烈惯性范围内的膨胀体的运动方程所得到的流速计算公式为:

$$V_{cp} = \frac{2}{5d}\left\{\frac{g}{K}\left[C_d + \frac{\rho}{\rho_s}(1 - C_d)\right]\right\}^{1/2}\left[\left(\frac{C_{dm}^{1/3}}{C_d}\right) - 1\right]\left(\frac{\sin\theta}{\sin\alpha}\right)^{1/2}H^{3/2}$$

式中，K 为常数，一般取 $0.013 \sim 0.042$；ρ_s 为沙石体密度，d 为沙石平均粒，ρ 为水的密度；H 为流体深，θ 为沟床纵坡角；C_d 为水石流体积比浓度；C_{dm} 为泥石流体的极限体积比浓度，α 为动摩擦角。

3　意义

泥石流的流速公式是非常的重要，但几乎没有人直接观测到泥石流的流动过程和状态。所以对它的运动速率研究，仅能从它通过的沟床及停积形态加以推测，这样，只有通过泥石流的流速公式，才可以描述泥石流的流动过程和状态。应用泥石流的流速公式，计算可知，对于极限体积比浓度的确定，在均匀颗粒的情况下，可按照一定的排列取值，一般可取 $0.52 \sim 0.70$，但对于非均匀颗粒的泥石流体来说，不同的级配组成就有所不同。动摩擦角是颗粒碰撞时的一个综合作用下的剪切角，此值随颗粒组成状况和浓度在变化。流速计算公式必须合理而科学地解决上述参数的确定方法，才能使它在泥石流研究和防治工作中发挥作用。

参考文献

[1]　康志成. 我国泥石流流速研究与计算方法. 山地研究,1987,5(4):247-259.

鄂西山区旬气温的预测模型

1 背景

鄂西山区由于地形起伏,自山麓至山顶的气候、土壤、植被等均呈有规律的更替,形成各种垂直带,拥有大量的土地和多种的气候、植被和农业等资源,是湖北省的富饶山区。为了开发和利用鄂西山区的气候资源,科技工作者对鄂西山区的气温进行了各方面的研究。汪富明[1]采用二次回归方法,建立旬气温预测模型,将鄂西山区某地的纬度值和海拔值代入旬气温预测模型,然后再进行气温误差订正,以此来对鄂西山区旬气温进行预测。

2 公式

鄂西山区的气温,就一定地点而言,旬平均气温方程为:

$$T = T(\varphi, h, \lambda)$$

即旬平均气温 T 是纬度 φ、海拔 h 和经度 λ 的回归函数,其中海拔和纬度对气温有显著影响。

1957—1989 年各旬平均气温为 Y,纬度为 x_1,海拔为 x_2,选配二元线性回归方程为:

$$Y = B_0 + B_1 x_1 + B_2 x_2$$

设上述各点没有 1 月中旬和 7 月中旬的旬温资料,现将各验证点的纬度(x_1)和海拔(x_2)数值代入表 1 有关旬气温预测模型,即可求出各点的 1 月中旬和 7 月中旬的旬气温数值(表 2)。

表 1 鄂西山区 1 月和 7 月旬气温预测数学模型

月份	旬	旬气温预测数学模型	F	R
1	上	$Y = 31.4863 - 0.8382 x_1 - 0.0045 x_2$	9.7940	0.8426
	中	$Y = 32.8626 - 0.8897 x_1 - 0.0045 x_2$	8.3534	0.8223
	下	$Y = 44.2278 - 1.2433 x_1 - 0.0049 x_2$	6.7470	0.7923
7	上	$Y = 35.0775 - 0.2304 x_1 - 0.0048 x_2$	40.861	0.9544
	中	$Y = 31.1826 - 0.0727 x_1 - 0.0054 x_2$	61.544	0.9690
	下	$Y = 28.2674 + 0.0541 x_1 - 0.0055 x_2$	52.652	0.9641

表2　鄂西山区1月和7月中旬的 Y_a, Y, E 值比较

地区	县点名	x_1 (纬度)	x_2 (海拔,m)	1月中旬			7月中旬		
				$Y_a(℃)$	$Y(℃)$	$E(℃)$	$Y_a(℃)$	$Y(℃)$	$E(℃)$
神农架一线以北地区	十堰	32°39′	256.5	2.5	2.600	2.388	26.9	27.444	27.362
	均县	32°34′	133.2	3.0	3.366	3.003	27.7	28.113	28.307
	竹山	32°13′	307.0	1.7	2.772	2.497	27.5	27.189	26.994
	房县	32°02′	434.4	1.7	2.297	2.013	26.1	26.509	26.028
	神农架	32°45′	937.2	0.3	0.541	0.222	22.0	23.837	22.228
神农架一线以南地区	秭归	31°01′	150.0	6.5	4.598	6.569	28.7	28.119	28.373
	巴东	31°04′	295.6	6.0	3.916	5.314	28.2	27.331	27.502
	恩施	30°17′	437.2	4.8	4.053	4.894	26.9	26.630	26.721
	鹤峰	29°54′	539.8	4.4	4.152	4.590	25.7	26.122	26.155

利用国内外现有资料,并结合鄂西山区旬气温误差的规律性,找出特征,综合分析得旬气温误差订正的经验公式为:

$$E = Y \pm T_g$$

式中,E 为气温误差订正后的旬气温预测数值,Y 为旬气温预测数值,T_g 为气温误差订正值。

T_g 值的大小是神农架一线南北地区各县旬气温误差 $Y_a - Y$ 与海拔 x_2 之间的数量关系,可用一元线性回归方法表示它们之间的关系,即 T_g 方程为:

$$T_g = A + BX$$

3　意义

根据鄂西山区各旬气温的预测模型,计算求出全年各旬气温预测值,从而进一步计算出旬气温误差订正值。利用各旬气温的预测模型,计算可知该地可以推广恩单二号玉米良种,而下茬作物生育期因气温不足,不宜种植其他作物。所以,通过各旬气温的预测模型,预测鄂西山区旬气温,可为合理布局作物提供科学依据。因此,研究和推广鄂西山区旬气温预测模式,对发展山区农业生产具有普遍意义。

参考文献

[1]　汪富明.鄂西山区旬气温预测方法及其应用.山地研究,1988,6(1):38-41.

土地利用的网格模型

1 背景

铁凤山区是川东平行岭谷区的一个组成部分,本区属于亚热带湿润季风区,气候温和,雨量充沛,垂直分异相当明显。孙育秋[1]为分析铁凤山区土地开发和利用状况寻找了一种途径——网格法。通过1986年野外实地调查,了解研究区的自然环境和社会经济条件,并在室内遥感资料判读的基础上,对地形因子(高度、坡度)、土地利用在区内的分布特征及彼此间的关系进行了全面评价、分析。

2 公式

(1)高度分级数据的提取。将全区高度按200 m为一级加以划分,共分为5级。每个方格的高度值在方格中心取,将所取的高度值按五个高度级别整理归并,并分别统计出当地各高度级的面积值(表1)。

表1 各级高度的统计数据

级别	1级	2级	3级	4级	5级	全区
方格(个)	651	531	323	276	254	2035
面积(km²)	104.16	84.96	51.68	44.16	40.64	325.60
(%)	31.99	26.99	15.87	13.57	12.48	100.00

(2)坡度分级数据的提取。全区坡度按10°为一级加以划分,亦可分为五个级别:1级为小于5°,2级为5°~15°,3级为15°~25°,4级为25°~35°,5级为大于35°。

坡度α的求取公式是:

$$\tan\alpha = H(M - 1)/L$$

式中,H为等高线的间距,m;M为通过某一方格内切圆的等高线数;L为方格的边长,或方格内切圆的直径长,m。

将所求得的各个方格的坡度值按五个坡度级别整理归并,并分别统计出每个坡度级的面积值(表2)。

表 2　各级坡度的统计数据

级别	1 级	2 级	3 级	4 级	5 级	全区
方格(个)	123	891	700	313	8	2035
面积(km^2)	19.68	142.56	112.00	50.08	1.28	325.60
(%)	6.04	43.78	34.41	15.38	0.39	100.00

(3)土地利用分类资料的提取。

因土地利用现状图和进行方格计量的地形图的比例尺相同,故可以同一网格系统将两者匹配,并直接统计出区内的土地利用状况(表3)。

表 3　各类土地利用的统计数据

类别	1 级	2 级	3 级	4 级	5 级	6 级	全区
方格(个)	205	286	232	11	934	367	2035
面积(km^2)	32.80	45.76	37.12	1.76	149.44	58.72	325.60
(%)	10.07	14.05	11.40	0.54	45.90	18.04	100.00

根据区内高度、坡高以及土地的类型等因子,制作网格图,对土地使用的影响因素加以分析。

3　意义

根据对土地利用的网格模型的计算可知,铁凤山区土地开发失控,土地利用不尽合理。而且耕地面积比率过大,森林植被破坏严重,荒山草坡面积大,问题突出。铁凤山区的土地资源虽然十分丰富,但对其开发利用必定会受到区内各种自然因素的影响和制约。应用土地利用的网格模型,才能因地而异,合理布局产业,既要考虑到资源开发,又要考虑资源的持续利用。因此,要充分利用土地的网格模型,整治水土流失,将良好生态环境与保护土地资源的工作密切结合起来,以便使区内生产逐渐步入良性循环的状态。

参考文献

[1]　孙育秋.铁凤山区土地利用的网格法分析.山地研究,1988,6(2):73-80.

马尾松适宜带的划分模型

1 背景

    浙江山区地处亚热带季风区,气候一般属海洋性较强的湿润型山地气候,植被垂直分异明显。浙江山区自然环境除有垂直分异(即高度地带性)外,还因山地气候海洋性较强,而存在着水平分异。马松尾对迅速绿化荒山荒地,恢复森林生态平衡起着先锋作用。在浙江山区,马尾松垂直适宜带的划分应以定量为依据。这就需求算各个代表性山体上不同高度处的马尾松生长量。倪焱[1]通过相关公式,对浙江山区马尾松垂直适宜带的划分展开了探讨。

2 公式

    在浙江山区的各个代表性山体上,根据马尾松生长量的实地调查和林业生产经验,设马尾松生长量的垂直变化呈正态分布。这可用如下数学模型来表示:

$$y = y_0 \left[e^{-(x-a/b)^2} \right]$$

式中,x 为山体某点海拔,m;y 为山体某点海拔处马尾松生长量,m³;y_0 为马尾松最大生长量,m³;e 为自然对数的底;a 为马尾松最大生长量处海拔,m;b 为待定拟合参数。

    由于马尾松最大生长量处的海拔,随某个代表性山体最高海拔的不同而异,故再设马尾松最大生长量处海拔 a(m)与某个代表性山体的最高海拔 $x_{最高}$(m)呈线性相关。由此得数学模型:

$$a = cx_{最高} + d$$

式中,c,d 均为待定拟合参数。于是待定拟合参数 b 也与某个代表性山体的最高海拔 $x_{最高}$(m)呈线性相关。数学模型为:

$$b = fx_{最高} + g$$

式中,f,g 均为待定拟合参数。

    马尾松最大生长量 Y_0 受经度地带性和纬度地带性的影响。因此再设某个代表性山体的马尾松最大生长量 Y_n(m)与当地的经度值 Z_f、纬度值 Z_W 和经纬度交叉影响值 $Z_J Z_H$ 亦呈线性相关。对此可用如下数学模型来表示:

$$Y_n = K_1 Z_f + K_2 Z_W + K_3 Z_J Z_W + K_4$$

式中, K_1, K_2, K_3, K_4 均为待定拟合参数。

而山体某点海拔 $x(\text{m})$ 处马尾松生长量的综合数学模型为:

$$Y = e^{-[x-(cx_{最高}+d)/(fx_{最高}+g)]^2}$$

由此可得浙江山区马尾松生长量的垂直分异变化(表1)。

表1 四个代表性山体不同海拔处马尾松生长量理论值

海拔(m)	天台山		凤阳山		古田山		龙工山	
	$Y_V(\text{m}^3)$	$Y_H(\text{m})$	$Y_V(\text{m}^3)$	$Y_H(\text{m})$	$Y_V(\text{m}^3)$	$Y_H(\text{m})$	$Y_V(\text{m}^3)$	$Y_H(\text{m})$
100	0.40	0.36	—	—	—	—	—	—
200	0.66	0.53	0.73	0.54	0.68	0.53	0.60	0.49
300	0.75	0.58	0.94	0.64	0.82	0.61	0.77	0.58
400	0.58	0.40	1.07	0.70	0.74	0.56	0.82	0.61
500	0.31	0.31	1.07	0.70	0.49	0.43	0.72	0.56
600	0.11	0.15	0.94	0.64	0.24	0.26	0.53	0.45
700	0.03	0.06	0.73	0.41	0.09	0.13	0.32	0.32
800	0.01	0.02	0.50	0.29	0.02	0.05	0.16	0.20
900	—	0.01	0.30	0.18	0.01	0.02	0.07	0.11
1 000	—	—	0.16	0.11	—	0.01	0.02	0.05
1 100	—	—	0.07	0.06	—	—	0.01	0.02
1 200	—	—	0.03	0.04	—	—	—	0.01
1 300	—	—	0.01	0.02	—	—	—	—
1 400	—	—	—	0.01	—	—	—	—
1 500	—	—	—	—	—	—	—	—

根据马尾松生长量,将浙江山区马尾松划分为四个垂直带:最宜带、适宜带、较宜带和不宜带。

3 意义

在此建立了马尾松适宜带的划分模型,依据垂直分异变化的马尾松生长量,对浙江山区马尾松垂直适宜带进行了定量划分。根据马尾松适宜带的划分模型,马尾松最大生长量随经纬度递增而递减,马尾松垂直适宜带宽度随各个山体最高海拔的升高而加宽,马尾松最大生长量处海拔随各个山体最高海拔的升高而增高。通过马尾松适宜带的划分模型的计算结果表明,在浙江山区四个代表性山体上,马尾松生长的最宜带和适宜带,既是省内发展马尾松速生丰产林的基地,又是省内马尾松用材林基地的适宜高度;而较宜带和不宜带均不宜营造马尾松。

参考文献

[1]　倪焱. 浙江山区马尾松垂直适宜带的划分. 山地研究,1988,6(2):110-114.

主食竹开花的预测模型

1 背景

由于野外光谱测试方法可测得肉眼见不到的紫外波段与红外波段,而绿色植物的许多生理现象在红外波段反应较为敏感,因此该方法已用于估算草场生物量和水稻产量、了解树木病虫害及植物受污染程度等方面。本法的优点是快速有效,简便可靠。综上,为认识20世纪70年代以来川西山区大面积开花枯死的大熊猫主食竹生长发育状态,探索预测竹子开花的途径,兰立波等[1]在1986年和1987年,使用野外光谱测试方法,首次对大熊猫主食竹的光谱特性进行了探索性研究。

2 公式

测试时,在目标旁放置一已知反射率的标准板,测定目标和反射板的反射光,再经运算后得反射率。

设目标是理想的漫反射体,且目标和标准板的测试条件完全相同,用仪器所测得的目标反射率 R_r 为:

$$R_r = R_w \times 10 - (V_w - V_r)$$

式中,R_w 是标准板的反射率值(已知),V_r 和 V_w 分别是目标和标准板的测定值。

通过对目标光谱反射率曲线的分析,主食竹开花前后光谱变化明显:成年竹的光谱反射率较高,但成长为将开花竹后,光谱反射率开始降低。这使预测主食竹开花成为可能。以缺苞箭竹为例,用数学统计法检验成年竹和将开花竹光谱反射率差异的显著性,找出差异最显著的波段,作为预测主食竹开花的最佳波段。

t 检验法是评价两类样本均值差异显著性的常用方法。

统计量:

$$t = (\overline{X}_1 - \overline{X}_2) / (S_1^2/n_1 + S_2^2/n_2)^{0.6}$$

式中,$\overline{x}_1$ 和 $\overline{x}_2$ 分别为两类样本(即主食竹的两个样品)在某波长点的反射率值,S_1^2 和 S_2^2 分别为两类样本的反射率方差,n_1 和 n_2 分别为两类样本的采样个数。

t 值的自由度:

$$F = 1/[K^2/V_1 + (1 - K)^2/V_2]$$

其中，$K = (S_1^2/n_1)/(S_1^2/n_1 + S_2^2/n_2)$。

$$V_1 = n_1 - 1 , V_2 = n_2 - 1$$

按上述统计法,对缺苞箭竹的成年竹与将开花竹的光谱测试数据进行了计算,所得结果列于表1。

表1 缺苞箭竹的成年竹和将开花竹光谱反射率差异显著性检验表

波长（μm）	t	F	评价	波长（μm）	t	F	评价	波长（μm）	t	F	评价
0.40	1.52	6	/	0.60	3.35	5	++	0.80	2.30	6	+
0.41	1.75	6	/	0.61	3.04	6	++	0.81	2.24	6	+
0.42	2.10	6	+	0.62	2.83	6	++	0.82	2.13	6	+
0.43	2.53	6	++	0.63	2.96	6	++	0.83	2.15	6	+
0.44	2.19	5	+	0.64	2.72	6	++	0.84	2.09	6	+
0.45	2.51	5	+	0.65	2.32	5	+	0.85	2.10	6	+
0.46	2.61	5	++	0.66	2.19	4	+	0.86	2.00	6	+
0.47	2.81	5	++	0.67	2.14	4	+	0.87	1.98	6	+
0.48	2.72	5	++	0.68	2.13	4	/	0.88	1.91	6	/
0.49	2.90	6	++	0.69	2.13	6	+	0.89	1.95	6	+
0.50	2.70	5	++	0.70	1.88	3	/	0.90	1.85	6	/
0.51	3.14	5	++	0.71	2.25	4	+	0.91	1.88	6	/
0.52	2.63	6	++	0.72	2.53	6	++	0.92	1.75	6	/
0.53	2.92	6	++	0.73	2.63	6	++	0.93	1.86	6	/
0.54	3.24	6	++	0.74	2.54	6	++	0.94	1.96	6	+
0.55	3.33	6	++	0.75	2.44	6	+	0.95	1.86	6	/
0.56	3.20	5	++	0.76	2.37	6	+	0.96	1.84	6	/
0.57	3.07	5	++	0.77	2.27	6	+	0.97	1.79	6	/
0.58	3.36	5	++	0.78	2.31	6	+	0.98	1.83	6	/
0.59	3.65	5	++	0.79	2.22	6	+	0.99	1.92	6	/
								1.00	1.86	6	/

注:/表示 $t \geqslant 0.10$ 的置信水平;+表示 $t \geqslant 0.05$ 的置信水平;++表示 $t \geqslant 0.01$ 的置信水平。

3 意义

根据主食竹开花的预测模型,利用遥感技术的基础手段——野外光谱测试方法,在我国首次确定了川西山区若干大熊猫主食竹在不同生长发育期和不同季节的野外光谱反射率。通过主食竹开花的预测模型,计算结果得出主食竹在不同生长发育状态下的光谱特性及光谱变化规律。而且,应用主食竹开花的预测模型和主食竹开花前后的光谱变化,作为预测主食竹开花的一条途径。虽然此次川西山区大熊猫主食竹光谱特性的研究工作获得初步结果,但该模型仍存在着一些问题,如预测开花的定量判别和时间确定等,这些有待进一步的研究加以解决。

参考文献

[1] 兰立波,刘琼招,陈顺理. 川西山区大熊猫主食竹野外光谱特性. 山地研究,1988,6(3):175-182.

最大洪峰的预测模型

1 背景

目前,在玉龙喀什河修建山区水库尚不具备条件的情况下,准确预测洪水的规模及出现日期,将对和田绿洲的农业生产有举足轻重的作用。最大洪峰出现日期的预测,不仅有利于绿洲的防洪工作,而且将对农作物的布局产生一定的影响。汤奇成和周成虎[1]就玉龙喀什河同古孜洛克水文站最大洪峰出现日期,使用灰色系统理论进行超长期预测。

2 公式

最大洪峰出现日期的灰色预测以日为单位,以年区间的时间数据作变量数据。

记 $t_{1k(i)}$ 为第 i 时区、第 $K(i)$ 个时刻(日数)出现的洪峰,P 为原始数据集,则有:

$$P = \left\{ \begin{array}{ccccc} 1, & 2, & 3, & 4, & \cdots, & N \\ t_{1k(1)}, & t_{2k(2)}, & t_{3k(3)}, & t_{4k(4)}, & \cdots, & t_{Nk(N)} \end{array} \right\}$$

$$K(i) \in \{1,2,3,\cdots\}$$

$$i = 1,2,3,\cdots$$

以原始数据 P 为基础,按累加生成,建立 GM (1,1)模型,并通过模型求出平滑度,进而做相对误差检验,合格后再做预测。

以 1959—1981 年玉龙喀什河同古孜洛克水文站的历年最大洪峰出现日期为原始资料(表1),并使用 1982—1955 年的资料做检验。

表 1 历年最大洪峰出现日期

序号	1	2	3	4	5	6	7	8	9	10	11	12
年	1959	1960	1961	1962	1963	1964	1965	1966	1967	1968	1969	1970
月	7	8	8	7	8	8	7	7	8	7	8	7
日	31	9	10	25	7	11	16	23	5	20	12	9
序号	13	14	15	16	17	18	19	20	21	22	23	
年	1971	1972	1973	1974	1975	1976	1977	1978	1979	1980	1981	
月	7	8	7	8	8	7	7	7	8	8	8	
日	31	8	16	4	28	25	14	9	9	7	4	

由表1可见,最大洪峰出现日期最早为7月9日,最晚为8月20日,两者相差42天。从表1可得:

$$t_{1k(1)} = 7 月 31 日$$
$$t_{2k(2)} = 8 月 9 日$$
$$t_{3k(3)} = 8 月 10 日$$

以最大洪峰出现日期最早的7月9日为基数,记为t_0。

对其他各年最大洪峰出现日期做如下处理,即:

$$\overline{t_{1k(1)}} = t_{1k(1)} - t_0$$

现在,$t_0 = 7 月 9 日$,则$t_{1k(1)}$ 7月31日=7月9日+22,即:

$$t_{ik(i)} = 22$$

同样,$t_{2k(2)} = 8 月 9 日 = 7 月 9 日 + 31$,即:

$$\overline{t_{2k(2)}} = 31$$

$t_{3k(3)} = 8 月 10 日 = 7 月 9 日 + 32$,即

$$\overline{t_{3k(3)}} = 32$$

余类推(表2)。

表2　经换算后的 $t_{ik(i)}$ 值

序号	1	2	3	4	5	6	7	8	9	10	11	12
年	1959	1960	1961	1962	1983	1964	1965	1966	1967	1968	1969	1970
$t_{1k(i)}$	22	31	32	16	29	33	7	14	27	11	34	0

序号	13	14	15	16	17	18	19	20	21	22	23
年	1971	1972	1973	1974	1976	1977	1978	1979	1980	1981	
$t_{1k(i)}$	22	30	7	26	42	5	0	31	29	26	

现考虑到最大洪峰出现日期的平均情况及玉龙喀什河下游绿洲的具体情况,初步选定8月5日左右为灾变点。于是可将8月5日化作以7月9日为起点的时间间隔。

由于:

$$t_{1k(1)} = 8 月 5 日 = 7 月 9 日 + 27, \quad t_0 = 7 月 9 日$$

故:

$$\overline{t_{ik(i)}} = t_{ik(i)} - t_0$$

由表2可作成图1。

由图1可以得出,以 $\overline{t_{ik(i)}}$ 为阈值,建立灰色序列

$$P \otimes_{(i)} = \left\{ \begin{matrix} 1, & 2, & 3, & 4, & 5, & 6, & 7, & 8, & 9, & 10 \\ \otimes \ (20), & \otimes \ (30), & \otimes \ (50), & \otimes \ (80), & \otimes \ (90), \end{matrix} \right.$$

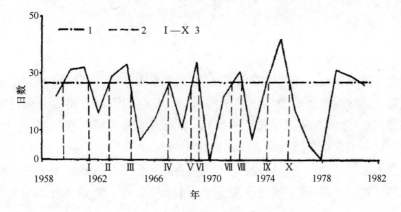

图 1　最大洪峰出现日期曲线

其中，$\otimes$ 为白数 (i) 邻域的数。按实际资料白化后，得白化集：

$$P_{(i)} = \begin{Bmatrix} 1, & 2, & 3, & 4, & 5, & 6, & 7, & 8, & 9, & 10 \\ 23, & 38, & 52, & 80, & 96, & 102, & 126, & 131, & 150, & 165 \end{Bmatrix}$$

以 $P_{(i)}$ 为建模序列，建立 GM(1,1) 模型。对 $P_{(i)}$ 进行累加则有：

$$X^{(1)}_{(K)} = \sum_{n-1}^{K} X^{(0)}_{(n)}$$

例如：

$$X^{(1)}_{(3)} = \sum_{n-1}^{3} X^{(0)}_{(n)} = X^{(0)}_{(1)} + X^{(0)}_{(2)} + X^{(0)}_{(3)}$$
$$= 23 + 38 + 52 = 113$$

视 $X^{(1)}_{(K)}$ 的一阶线性微分方程为：

$$\left[dX^{(1)}_{(t)} / dt \right] + aX^{(1)}_{(t)} = u$$

在此必须求出 a 和 u：

$$\hat{a} = \begin{bmatrix} a \\ u \end{bmatrix} = (B^T B)^{-1} B^T Y$$

$$B = \begin{bmatrix} -(1/2)\left[X^{(1)}_{(1)} + X^{(1)}_{(2)} \right] & 1 \\ -(1/2)\left[X^{(1)}_{(2)} + X^{(1)}_{(2)} \right] & 1 \\ \cdots & \cdots \\ -(1/2)\left[X^{(1)}_{(N-1)} + X^{(1)}_{(N)} \right] & 1 \end{bmatrix}$$

$$Y = \left[X^{(0)}_{(2)}, X^{(0)}_{(3)}, \cdots, X^{(0)}_{(N)} \right]^T$$

由此得预测模型：

$$\hat{X}_{(1)(t+1)} = 368.6900 e^{0.1421t} - 345.6900$$

3　意义

在此建立了最大洪峰的预测模型,这是以原始数据为基础,按累加生成的 GM(1,1)模型。并通过最大洪峰的预测模型求出平滑度,做相对误差检验,合格后再进行预测。根据最大洪峰的预测模型,以灰色系统理论为基础,来预测最大洪峰出现日期,经过检验,预测基本上符合实际。玉龙喀什河是昆仑山北坡最大的河流——和田河的主要支流,玉龙喀什河的古孜洛克水文站夏洪严重。因此,最大洪峰的预测模型对预测最大洪峰出现的日期是十分有意义的。然而,用灰色系统理论来预测最大洪峰出现日期,还处于探索阶段。

参考文献

[1]　汤奇成,周成虎.昆仑山玉龙喀什河最大洪峰出现日期的灰色预测.山地研究,1988,6(3):168-174.

山区热带作物的冬季避免寒害模型

1 背景

云开大山位于南亚热带南缘,背山临海,既属南亚热带气候,又在局部具有北热带气候特点,地形气候比较复杂,在发展热带作物以及种植亚热带作物中都有很大问题,其中最棘手的是热带作物的冬季寒害。多年实践证明,在云开大山避免或减轻冬季寒害的一项重要措施就是避寒环境的选择。为了合理利用环境气候、因地制宜发展农业多种经营,温福光[1]就云开大山作物越冬环境合理利用问题进行了分析。

2 公式

平流型寒害是由于冬季乌拉尔山上空有阻塞形势,较强冷空气源源不断南下,南部孟加拉湾有低槽存在,上空有水汽源源不断输入本地,形成长期的低温阴雨天气。云开大山对平流型寒害的削弱主要表现在两方面:

(1)减弱了风速

影响风速的要素可用下式表示:

$$V = \left| \frac{G\cos\theta}{\gamma} \right|$$

式中,V 为风速,G 为气压梯度力,θ 为偏向角,γ 为摩擦系数。

(2) 背风坡的增温效应

云开大山海拔多为 $600 \sim 800$ 米,从山顶到山脚高差较大,偏北风过山受阻继而沿山坡作上升运动,到达山顶后,一部分向南发生波伏运动,彼此摩擦相互抵消,另一部分沿着南坡下沉,从而在南坡形成增温效应。冷空气沿南坡下沉增温效应可表达为:

$$T = T_o + \frac{L}{C_p}(q_o - q)$$

式中,T, q 为气流在南坡下沉后的温度和比湿;C_p 为定压比热,L 为凝结潜热;T_o , q_o 为气流在北坡同高度的温度和比湿。地形高差越大,则 T 越大,在南坡的增温效应越大。

如果单独考虑低温受害,则用寒害临界温度减去当天日平均气温,求出逐日累加量,称为某段时间或某次过程的低温害积量。表达式:

$$T_D = \int_{i=1}^{n} (T_o - \overline{T}_i)\,\mathrm{d}t$$

式中,T_D 为低温害积量(℃),T_o 为作物寒害临界温度(℃),$\overline{T}$ 为平流型过程日平均气温(℃,$\overline{T} \leqslant T_o$);$i=1,2,3,\cdots,n$ 为平流型过程日序;n 为平流型过程连续天数。

为了加强温度的权重作用,用日照缓解的经验订正方法,根据经验,多数热带作物的日照缓解可以用下式订正:

$$\Delta S = 2.606478 e^{-\frac{0.071}{S}}$$

式中,ΔS 为日照时数缓解订正值(h);S 为实际日照时数(h)。

光温积量低于某一数值,则对热带作物有害,这就是热带作物生长的光温积量临界值。低于热带作物生长临界值的光温积量累加值,称为热带作物的光温害积量。光温害积量的表达式为:

$$T_s = \int_{i=1}^{n} (T_{so} - \overline{T}_i - \Delta S)\,\mathrm{d}t$$

式中,T_s 为光温害积量(度时),$\overline{T}$ 为平流型过程日平均气温(℃),ΔS 为日照缓解订正值(度时),$i=1,2,3,\cdots,n$;n 为平流型过程连续天数。

据日本吉野正敏研究,冷空气径流可用下式表示:

$$V = \sqrt{2gh\frac{(T'-T)}{T}}$$

式中,V 为冷径流的速度,g 为重力加速度,h 为冷径流流下的坡面高度差,T' 为环境气温(K),T 为冷径流气温(K)。

为了考虑持续时间的加重危害,最低气温不大于 3.5℃ 的连续天数(中间允许有 1~2 天间隔)的冻害程度可用下式表达:

$$T_m = 3.5 - 1.6\log N$$

式中,T_m 为冻害温度(℃);N 为最低气温不大于 3.5℃ 连续天数。虽然极端最低气温不很低,但多次出现也会造成较重的冻害。

云开大山地形复杂,形成许多小环境,气候差异大,寒害的影响差别也很大。如夹管形环境:中间为南北走向的河谷,两侧为低山,冬季平流期,由于气压梯度力作用,北风被迫通过夹管,北风通过夹管时,产生夹管效应,风速明显加大(图1)。

设管前 A 处风速为 V_1,横截面积为 ΔS_1;管内 B 处风速为 V_2,横截面积为 ΔS_2。则有:

$$V_1 \Delta S_1 = V_2 \Delta S_2$$

$$V_1 : V_2 = \Delta S_2 : \Delta S_1$$

由于 $\Delta S_1 > \Delta S_2$,所以 $V_2 > V_1$。

因此夹管地形增大风速,降低了温度。

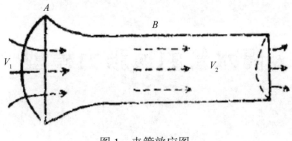

图 1　夹管效应图

3　意义

根据山地环境避寒原理,建立了热带作物的冬季寒害模型。鉴于云开大山种植热带作物常常不能安全越冬,为了合理利用地形环境,采用热带作物的冬季寒害模型,给出了平流型寒害的综合表达指标。应用热带作物的冬季寒害模型,根据不同地形环境,提出了作物合理种植的建议。通过热带作物的冬季寒害模型的计算表明,马蹄形环境情况下,平流期风速小,温度高;辐射期,冷径流厚度小,流速快,补偿气流温度高,冻害少而轻。云开大山作物种植要充分利用有利环境,发展经济价值高的热带作物。

参考文献

[1]　温福光. 云开大山冬季热量资源利用. 山地研究,1989,7(2):105-110.

隔水管的顶张力模型

1 背景

深水钻井隔水管是连接海底井口与钻井船的重要部件,其主要功能是提供井口防喷器与钻井船之间钻井液往返的通道,支撑辅助管线,引导钻具,作为下放与撤回井口防喷器组的载体等[1-2]。因此对于深水和超深水作业,确定隔水管顶张力是钻前设计的重要工作。在此研究三种隔水管系统顶张力确定的方法,分别是理论方法、基于隔水管系统底部残余张力方法和基于下放隔水管系统的最大钩载方法。鞠少栋等[3]认为,基于下放最大钩载的顶张力计算方法简单实用,推荐作为优选方法。

2 公式

2.1 理论算法

顶张力的设置要确保即使有部分张力器失效,也能保证隔水管底部会产生有效张力。最小顶张力 $T_{\min}$ 按如下公式确定:

$$T_{\min} = T_{SR\min} N / [R_f(N - n)] \tag{1}$$

式中,$T_{SR\min}$ 为滑环张力;N 为支撑隔水管的张力器数目;n 为出现突然失效的张力器数目;R_f 为用以计算倾角和机械效率的滑环处垂直张力与张力器设置之间的换算系数,通常为 0.90~0.95。

式(1)中滑环张力 $T_{SR\min}$ 计算公式为:

$$T_{SR\min} = W_s f_{wt} - B_n f_{bt} + A_i [d_m H_m - d_w H_w] \tag{2}$$

式中,W_s 为参考点之上的隔水管没水重量;f_{wt} 为没水重量公差系数(除精确测量外,一般取 1.05);B_n 为参考点之上的浮力块净浮力;f_{bt} 为因弹性压缩、长期吸水和制造容差引起的浮力损失容差系数(除精确测量外,一般取 0.96);A_i 为隔水管(包括节流、压井和辅助管线)内部横截面积;d_m 为钻井液密度;H_m 为至参考点的钻井液柱高度;d_w 为海水密度;H_w 为至参考点的海水柱高度。

隔水管没水重量:

$$W_s = \sum W_r N_r \tag{3}$$

式中:W_r 为隔水管单根没水重量,N_r 为隔水管单根数目。

隔水管净浮力：

$$B_n = \sum B_{buoy} N_{buoy} \tag{4}$$

式中，B_{buoy} 为隔水管单根净浮力，N_{buoy} 为隔水管单根数目。

隔水管内部钻井液横截面积：

$$A_i = A_{riser} + A_{kill} + A_{choke} + A_{booster} + A_{hydraulic} \tag{5}$$

式中，A_{riser} 为隔水管主管内部横截面积，A_{kill} 为压井管线内部横截面积，A_{choke} 为节流管线内部横截面积，$A_{booster}$ 为增压管线内部横截面积，$A_{hydraulic}$ 为液压管线内部横截面积。

2.2 基于底部残余张力的顶张力确定方法

隔水管顶张力 T_{top} 计算公式为：

$$T_{top} = \sum_{top}^{bottom} (W_{riser} + W_{mud}) + RTB \tag{6}$$

式中，W_{riser} 为隔水管表观重量，W_{mud} 为钻井液表观重量，RTB（residual tension at bottom，简称 RTB）为隔水管底部残余张力（一般等于或稍大于隔水管底部总成的表观重量）。

$$W_{riser} = W_{MP} + W_{PL} + W_B \tag{7}$$

式中，W_{MP}、W_{PL} 和 W_B 分别为隔水管主管、外围管线和浮力块的表观重量。

隔水管顶张力计算必须保证隔水管底部挠性接头处的残余张力等于或大于隔水管底部总成（lower marine riser package，简称 LMRP）的表观重量，以确保恶劣海况条件下启动紧急脱离程序时能够安全提升整个隔水管系统。

2.3 基于下放钩载的顶张力确定方法

隔水管张力器设置张力 T 计算公式为：

$$T = \eta W_{hook} \tag{8}$$

式中，η 为张力器张力所占最大下放重量的比例，W_{hook} 为大钩所承受的最大下放重量，也即 BOP 与海底高压井口即将连接时的最大钩载。

该方法的提出源于现场钻井作业经验，普遍适用于深水和超深水钻井隔水管顶张力的设置。

3 意义

在此建立了隔水管的顶张力模型，确定了钻井隔水管系统顶张力。对于深水和超深水钻井作业，利用隔水管的顶张力模型，计算钻井隔水管系统顶张力，这是钻前设计非常重要的工作。在此研究三种隔水管系统顶张力确定方法，分别是理论方法、基于隔水管系统底部残余张力方法和基于下放隔水管系统的最大钩载方法。通过隔水管的顶张力模型，计算的结果与超深水钻井实践对比表明，在相同的隔水管系统配置下，三种方法计算结果都接近于实际钻井作业时的顶张力设定值，而基于下放最大钩载的顶张力计算方法简单实用，推荐作为优选方法。

参考文献

［1］ 畅元江,陈国明,孙友义,等.深水钻井隔水管的准静态非线性分析.中国石油大学学报:自然科学版,
2008,32(3):114-118.

［2］ 畅元江.深水钻井隔水管设计方法及其应用研究.东营:中国石油大学,2008.

［3］ 鞠少栋,畅元江,陈国明,等.超深水钻井作业隔水管顶张力确定方法.海洋工程,2011,29(1):
100-104.

细长柔性立管的涡激振动模型

1 背景

涡激振动(vortex-induced vibration, VIV)是导致深海细长柔性立管发生疲劳破坏的重要因素。唐国强等[1]采用实验观测手段研究了长细比为1750的柔性立管多模态涡激振动特性。实验中,通过采用拖车拖拉立管模型在水池中匀速行进来模拟均匀流作用下的涡激振动响应。利用光纤光栅传感器测量立管模型在横流向(cross-flow, CF)和顺流向(in-line, IL)的应变,进而通过模态分解的方法,获得立管模型涡激振动的位移。

2 公式

2.1 实验装置

实验水池的尺寸为55 m×34 m×0.7 m(长×宽×深),立管模型的中心距离水面0.4 m。立管的模型采用钢管,长度为28.04 m,外径为0.016 m,长细比为1750。选取了表1中的三组张力作为初始的张力。图1与图2分别为实验装置的示意图和端部张力系统示意图。

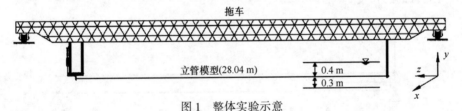

图 1　整体实验示意

表 1　立管的模型参数

模型参数	数值
模型长度(m)	28.04
外径(m)	0.016
壁厚(m)	0.000 5
杨氏模量(GPa)	210
模型密度(kg/m³)	7 930
质量比	1.0
预张力(N)	600,700,800
长细比	1 750

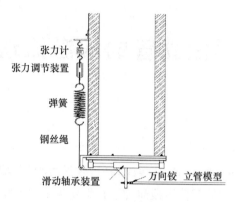

图 2　端部张力系统

2.2　数据处理

建立如图 3 所示的坐标系统,坐标原点位于立管模型的左端点,x 坐标轴指向拖车水平行进方向,对应 IL 的方向,y 坐标轴垂直向上,对应 CF 方向,z 方向为立管模型的轴向。

以 y 方向的振动为例,对于长度为 L 的立管振动问题,应用模态叠加方法可将立管振动位移 $y(z,\ t)$ 表示为[2]:

$$y(z,t) = \sum_{n=1}^{\infty} \omega_n(t)\varphi_n(z)\,, \quad z \in [0,L] \tag{1}$$

式中,z 为立管的轴向坐标,t 为时间,$\omega_n(t)$ 为权重函数,$\varphi_n(z)$ 为模态函数,n 为立管的振动模态,L 为立管的总长度。

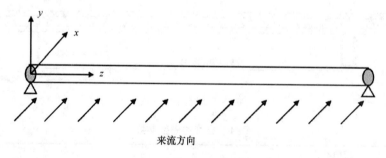

图 3　立管坐标系统示意

对于两端铰接的立管,其模态函数可以表示为:

$$\varphi_n(z) = \sin\frac{n\pi z}{L}, \quad z \in [0,L] \tag{2}$$

立管各点的位移及位移的二阶导数分别为:

$$y(z,t) = \sum_{n=1}^{\infty} \omega_n(t) \sin \frac{n\pi z}{L}, \quad z \in [0,L] \tag{3}$$

$$y''(t,z) = \sum_{n=1}^{\infty} \omega_n(t) \left(\frac{n\pi}{L}\right)^2 \sin \frac{n\pi z}{L}, \quad z \in [0,L]$$

并根据曲率和应变的关系得：

$$\frac{\varepsilon(t,z)}{R} = y''(z,t) = -\sum_{n=1}^{\infty} \omega_n(t) \left(\frac{n\pi}{L}\right)^2 \sin \frac{n\pi z}{L}, \quad z \in [0,L] \tag{4}$$

式中,$\varepsilon(t,z)$为测量的应变信号,R为立管半径。通过式(4),可以计算得到每个测点模态权重函数$\omega_n(t)$的时间过程线。将$\omega_n(t)$代入式(3)中,即可得到立管模型上每个测点的位移时间过程线。

图4以及图5分别为测点位于z/L=0.33,流速为0.345 m/s时CF以及IL方向的位移和频谱分析结果。其中y/D和x/D表示CF以及IL方向的无因次位移,Ay/D以及Ax/D表示CF和IL方向的无因次振幅,D为立管模型直径。

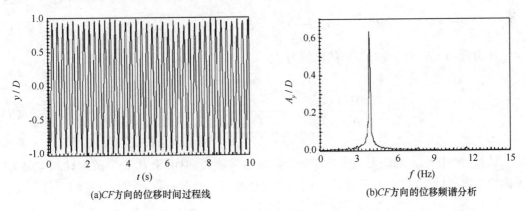

(a)CF方向的位移时间过程线   (b)CF方向的位移频谱分析

图4 CF方向的位移时间历程以及频谱分析

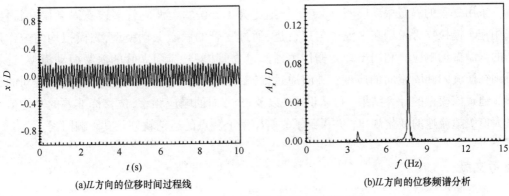

(a)IL方向的位移时间过程线   (b)IL方向的位移频谱分析

图5 IL方向的位移时间历程以及频谱分析

对于两端铰接的立管模型,无论 CF 方向还是 IL 方向,其模态函数都可以写成如下的形式[3]:

$$\varphi_n(z) = a_n \sin\left(\frac{n\pi_z}{L}\right) \tag{5}$$

式中,n 为立管振动的模态阶次,L 为立管的总长度,a_n 为立管的模态振幅。

最大的应力振幅沿着立管轴向的空间分布为:

$$\sigma(z) = \frac{ED}{2} \frac{a_n \pi^2 n^2}{L^2} \sin\left(\frac{n\pi_z}{L}\right) \tag{6}$$

立管的应力振幅表达式为:

$$\sigma(z) = \frac{MD}{2I} \tag{7}$$

式中,M 为立管所承受的弯矩,D 为立管的直径,I 为立管的截面惯性矩。

弯矩的表达式为:

$$M(z) = -EI \frac{\partial^2 \varphi_i(z)}{\partial z^2} = EI \frac{a_n \pi^2 n^2}{L^2} \sin\left(\frac{n\pi_z}{L}\right) \tag{8}$$

IL 方向与 CF 方向应力振幅的比值为:

$$\frac{\sigma_{IL}(z)}{\sigma_{CF}(z)} = \frac{a_{n,IL} \sin\left(\frac{n_{IL}\pi_z}{L}\right)}{a_{n,CF} \sin\left(\frac{n_{CF}\pi_z}{L}\right)} \left(\frac{n_{IL}}{n_{CF}}\right)^2 \tag{9}$$

从式(9)中可以看出,尽管 CF 方向的振幅通常较大,但由于 IL 方向的振动频率是 CF 方向的 2 倍,从综合效果上考虑 IL 方向对于立管疲劳破坏的贡献是不容忽视的。

3 意义

采用立管的涡激振动模型,确定了长细比为 1 750 的柔性立管多模态涡激振动特性。采用拖车拖拉立管模型在水池中匀速行进,通过立管的涡激振动模型,来模拟均匀流作用下的涡激振动响应。利用光纤光栅传感器测量立管模型,应用立管的涡激振动模型,计算得到在横流向和顺流向的应变,进而通过模态分解的方法,获得立管模型涡激振动的位移。通过该模型的计算结果,可认识 CF 以及 IL 方向的响应频率、位移标准差的平均值和最大值等随流速的变化规律,并得到了立管模型上测点的运动轨迹及其影响因素。

参考文献

[1] 唐国强,吕林,滕斌,等.大长细比柔性杆件涡激振动实验.海洋工程,2011,29(1):18-25.
64

[2]　Dong S, Karniadakis G E. DNS of flow past a stationary and oscillating rigid cylinder at Re＝10 000. Journal of Fluid Structure,2005, 20(4): 519−531.

[3]　Vikestad K. Multi−frequency response of a cylinder subjected to vortex shedding and supportmotions. NorwegianUniversity of Science and Technology, 1998.

平台地基的强度稳定模型

1 背景

自升式海洋移动平台是海洋石油开发中被广泛应用的一种平台。平台就位前需要对地基进行稳定性分析,保证平台作业安全。在海洋油气开发史上,由于对海洋工程地质调查和研究不够,对地基强度稳定性分析不足,造成平台桩腿突然刺穿或滑移的现象并不少见[1]。故自升式海洋平台进入井位作业前,须做海底调查和地基强度稳定性分析。自升式移动平台由于作业要求经常移位,海床土壤条件经常变化,且海底土质复杂难料,地基强度稳定性分析变得烦琐、困难。李红涛和李晔[2]参考国内外学者最新研究成果[3-5],试图建立起较完整的地基强度稳定性分析方法。

2 公式

2.1 预压载分析

压载是保证自升式平台地基稳定性的重要措施,预压载分析可确保下风向桩脚处的地基强度,可按下式确定:

$$Q_V \leqslant \phi_S V_{L0} \tag{1}$$

式中,ϕ_S 为许用系数,可取为 0.9;V_{L0} 为单桩预压载量,可根据平台的操作手册得到;Q_V 为平台站立状态下的下风向桩脚压力,可由以下公式计算:

$$Q_V = V_D + V_L + 1.15(V_E + V_{Dn}) \tag{2}$$

式中,V_D 为船体重量引起的桩脚压力,V_L 为最大可变载荷引起的桩脚压力,V_E 为风、浪、流及 P-Delta 效应引起的桩脚压力,V_{Dn} 为波浪惯性力引起的桩脚压力,系数 1.15 是考虑环境因素的不确定性给出的放大系数。

2.2 下风向桩脚处的土壤承载力

处于下风向桩脚处的地基应满足如下公式:

$$Q_{VH} \leqslant \phi_S F_{VH} \tag{3}$$

式中,ϕ_S 为许用系数,可取为 0.9;Q_{VH} 为下风向桩脚的横向、垂向压力,可按如下公式计算:

$$Q_{VH} = VH_D + VH_L + 1.15(VH_E + VH_{Dn}) \tag{4}$$

式中,VH_D 为船体重量引起的横向、垂向桩脚压力;VH_L 为最大可变载荷引起的桩脚横向、垂向压力;VH_E 为风、浪、流及 P-Delta 效应引起的桩脚横向、垂向压力;VH_{Dn} 为波浪惯性力引起的桩脚横向、垂向压力。

式(3)中的 F_{VH} 为海底地基的横向、垂向承载能力,可按如下公式计算[6]:

$$F_{VH} = \begin{cases} A\{0.5\gamma'BN_\gamma S_\gamma d_y \left[1 - (F_H/F_{VH})^*\right]^{m+1} + p'_0 N_q S_q d_q \left[1 - (F_H/F_{VH})^*\right]^m\}, 砂土 \\ A\{N_c c_u S_c d_c \left[1 - (1.5F_H^*/N_c A c_u)\right] + p'_0 N_q S_q \left[1 - (F_H/F_{VH})^*\right]^{1.5} d_q\}, 黏土 \end{cases} \tag{5}$$

式中,A 为桩靴底面与土壤接触投影面积;γ' 为土壤密度;B 为桩靴直径;N_γ、N_q 为承载力系数;S_γ、S_q、S_c 为承载力形状系数;d_γ、d_q、d_c 为承载力深度系数;c_u 为土的不排水抗剪强度;p'_0 为填土压力,当没有土壤回填时,p'_0 为 0;m 为桩靴支撑形状系数,圆形一般取为 1.5。

横向承载能力可按如下公式计算[6]:

$$F_H = \begin{cases} F_H^* + 0.5\gamma'(k_p - k_a)(h_1 + h_2)A_s, 砂土 \\ F_H^* + (c_{u0} + c_{u1})A_s, 黏土 \end{cases} \tag{6}$$

式中,k_p 为被动土压系数;k_a 为主动土压系数;h_1 为桩靴最大面积处入泥深度,如桩靴没有完全入泥,取为 0;h_2 为桩靴尖端入泥深度;A_s 为入泥桩靴侧向投影面积;c_{u0}、c_{u1} 分别为桩靴最大面积处、桩靴尖端处的不排水抗剪强度。

由式(5)和式(6)可得到地基垂向—横向承载能力曲线,即 F_{VH}-F_H 曲线,再乘以 ϕ_s 后可得到容许承载能力曲线。当求得下风向桩脚处的垂向、横向力后,与 F_{VH}-F_H 曲线比较,当位于曲线包络范围内,则认为地基强度稳定性是可靠、安全的。

2.3 迎风向桩脚处的土壤承载力

迎风向桩脚处的土壤承载力应满足抗滑移要求,即:

$$Q_H \leqslant \phi_s F_H \tag{7}$$

式中,ϕ_s 为许用系数,砂土时取 0.8,黏土时取 0.64;Q_H、Q_V 即为按式(4)求得的迎风向桩脚处横向、垂向压力;F_H 为地基横向承载能力,即:

$$F_H = \begin{cases} Q_V\tan\delta + o.5\gamma'(k_p - k_a)(h_1 + h_2)A_s, 砂土 \\ Ac_{u0} + (c_{u0} + c_{u1})A_s, 黏土 \end{cases} \tag{8}$$

式中,δ 为土壤摩擦角;c_{u0}、c_{u1} 分别为桩靴最大面积处、桩靴尖端处的不排水抗剪强度。

2.4 土壤承载力分析

当给定桩脚垂向力和横向力,得桩靴的可容许最大转矩,即:

$$F_M = M_{L0}\left\{16\left[\frac{Q_V}{L_{L0}}\right]^2\left[1 - \frac{Q_V}{V_{L0}}\right]\left|1 - \frac{Q_V}{V_{L0}}\right| - \left[\frac{Q_H}{H_{L0}}\right]^2\right\}^{0.5} \tag{9}$$

最终得到的桩脚压力需满足:

①屈服极限函数值 F_Y 大于或等于零;

②Q_V,Q_H 应满足式(3);

③抗滑力应满足式(7);

④校核范围是平台的全部桩脚。

3 意义

根据平台地基的强度稳定模型,结合土力学理论及有限元分析,提出一套较完整的地基强度稳定性分析方法,利用平台地基的强度稳定模型,确定了影响地基强度稳定性的几个关键因素,对平台设计人员及使用者具有一定的参考价值。但考虑到实际土壤的复杂性和不确定性,平台地基的强度稳定模型采用公式大多为经验公式,且只分析了砂土和黏土地基,对于其他类型的土壤,有待于进一步研究。

参考文献

[1] 邢延.自升式钻井船桩脚插入深度计算.岩土工程学报,1991,13(5):36-45.

[2] 李红涛,李晔.自升式海洋平台地基强度稳定性分析.海洋工程,2011,29(01):105-110.

[3] MJ Cassidy, GTHoulsby, MHoyle. Determining appropriate stiffness levels for spudcan foundations using jack-up case records.Proceedings of OMAE2002. 2002:307-318.

[4] Susan Gourvenec,Mark Randolph.Bearing capacity of a skirted foundation under VMH loading.Proceedings of OMAE2003.2003:413-416.

[5] S Micic, K Y Lo, J Q Shang. A new technology for increasing the load-carrying capacities of offshore foundations in soft clays.Proceedings of OTC2003. 2003:10.4043/15264-MS.

[6] SNAME-RPT&R Bulletin 5-5A, Recommended practice for site specific assessment of mobile jack-up units. The Society of Naval Architects and Marine Engineers, 2002.

淀山湖的风浪模型

1 背景

淀山湖属太湖流域,为平原浅水湖泊,具有风生浪起的特征。在大风特别是台风作用下产生的风浪威胁着环湖大堤的安全;风浪对水流的作用通过辐射应力的形式表现出来,从而影响和改变水流的结构。研究淀山湖的风浪对环湖大堤的规划和设计、对水质的评价是十分重要的。张洪生等[1]在淀山湖水域分别根据《堤防工程设计规范》(GB50286-98)和SWAN模型两种方法计算湖区的风浪,并将计算结果和现场观测值进行比较,以观察两种方法的差别。

2 公式

2.1 规范公式

2.1.1 有效风区长度的计算

鉴于淀山湖水域的边界形状很不规则,需要引入有效风区长度的概念来进行波浪的计算。等效风区长度 F_e 的计算公式为:

$$F_e = \frac{\sum\limits_i r_i \cos^2 a_i}{\sum\limits_i \cos a_i} \tag{1}$$

式中,r_i 为主风向两侧各45°范围内、每隔 Δa 角由计算点引到对岸的射线长度,m;a_i 为射线 r_i 与主风向上射线 r_0 之间的夹角,(°),$ai = i \times \Delta a$。可取 $\Delta a = 15°$,$i = 0, \pm1, \pm2, \pm3$(见图1)。

2.1.2 有效波高的计算公式

应用下式计算平均波高:

$$\frac{gH}{V^2} = 0.13\tanh\left[0.7\left(\frac{gd}{V^2}\right)^{0.7}\right]\tanh\left\{\frac{0.0018\left(\frac{gF_e}{V^2}\right)^{0.45}}{0.13\tanh\left[0.7\left(\frac{gd}{V^2}\right)^{0.7}\right]}\right\} \tag{2}$$

式中,H 为平均波高,m;V 为采用的计算风速,m/s,应为水面10 m高度处的值;d 为有效风区长度内的平均值,m;g 为重力加速度,m/s^2。

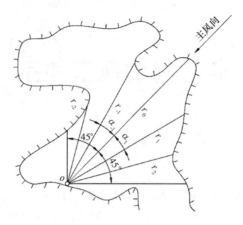

图1　等效风区长度计算

根据

$$\frac{H\frac{1}{3}}{H} = 1.598 \tag{3}$$

可求得各点处的有效波高。

2.2　SWAN 模型计算

2.2.1　模型的原理

模型的控制方程是基于带有源、汇项的波作用平衡方程,其在直角坐标系下的表达形式为:

$$\frac{\partial N}{\partial t} + \frac{\partial}{\partial x}c_x N + \frac{\partial}{\partial y}c_y N + \frac{\partial}{\partial \sigma}c_\theta N = \frac{S}{\sigma} \tag{4}$$

式中,$N(\sigma,\theta)= E(\sigma,\theta)/\sigma$,$\sigma$ 为相对频率,θ 为波向,$E(\sigma,\theta)$ 为能谱密度,$N(\sigma,\theta)$ 为波作用量;c_x、c_y、c_σ 和 c_θ 分别为波作用量在 x 方向、y 方向、频率空间和波向空间中的传播速度;S 代表物理过程所产生的源汇项。

2.2.2　模型有关参数

鉴于该模型使用广泛,在计算淀山湖风浪场时,对物理过程的处理使用了 SWAN 建议的相关参数值。其他相关系数主要有:θ 空间的网格数采用 36,即谱方向的分辨率为 10°;最小频率为 0.08 Hz、最高频率为 1.0 Hz。JONSWAP 底摩擦公式的系数取为 0.067 m²/s³。将包含整个湖区的计算域沿东西方向剖分为 211 个网格点,沿南北方向剖分为 232 个网格点,网格步长均取为 100.0 m。将读入点的水深插值到计算网格点上。采用如下公式进行插值:

$$d_{i,j} = \sum_{m=1}^{4} \omega_m d_m, \quad \omega_m = \frac{S_m^{-1}}{\sum\limits_{m=1}^{4} S_m^{-1}} \tag{5}$$

式中,S_m 为坐标点(i,j)周围距离最近的 4 个节点之一的第 m 个节点到坐标点(i,j)的距离,ω_m 为其权重,d_m 为第 m 个节点的水深,$d_{i,j}$ 为坐标点(i,j)处的水深。

2.3 不同计算方法的比较

为了进一步定量地探讨利用不同方法所得计算结果的精度,采用公式:

$$d = 1 - \frac{\sum\limits_{j=1}^{n} [y(j) - x(j)]^2}{\sum\limits_{j=1}^{n} [|y(j) - x| + |x(j) - x|]^2} \tag{6}$$

进行定量地比较。其中,$x(j)$为标准值(此处为现场观测值),x 为 $x(j)$的平均值,$y(j)$为计算值。当 $d=0$ 时代表二者完全失配;当 $d=1$ 时代表二者完全一致。

3 意义

基于 SWAN 模型,建立了淀山湖的风浪模型。通过分别和淀山湖三个站点的波高的观测资料进行比较,发现淀山湖的风浪模型所计算的波高的平均误差比规范公式所计算的波高平均误差要小。利用规范公式所得计算结果与现场观测值的符合程度在不同的时间和站点存在着时好时坏的现象,而根据淀山湖的风浪模型所得计算结果与现场观测值的符合程度相对来说要均匀些。通过比较说明两种方法的计算结果存在比较明显的差别,这可为今后的相关工作提供借鉴和参考,并可为淀山湖的进一步治理积累必要的工作基础。

参考文献

[1] 张洪生,文武键,辜俊波.用两种不同方法计算淀山湖风浪.海洋工程.2011,29(01):122-129.

半圆堤的整体稳定模型

1 背景

《港口工程地基规范》[1]对于地基稳定性的验算采用圆弧滑动面法,但此法没有考虑土体的本构关系,而且在土体强度发生弱化后未能准确描述对地基稳定性的影响。由循环荷载作用而引起的土体强度发生弱化现象,是准确合理地进行半圆堤整体稳定性分析中亟待解决的问题。周宝勇等[2]通过在 ABAQUS 上进行二次开发,将循环强度与 D-P 屈服准则相结合来考虑土体弱化,建立分析半圆堤整体稳定性的拟静力有限元模型,并在数值分析的基础上通过优化拟合给出了计算半圆堤整体稳定性的简化方法。

2 公式

2.1 循环承载力模型

由 Andersen[3]给出的循环强度定义可知,土体的循环强度与静剪应力 σ_s 和循环剪应力 σ_d 组合有关,见式(1),其物理含义:在一定循环次数下,土单元达到变形破坏标准为作用在其上的静应力和循环应力之和。

$$\sigma_{d,f} = \sigma_s + \sigma_d \tag{1}$$

式中,$\sigma_{d,f}$ 为土体循环剪切强度;σ_s 为静应力;σ_d 为动应力。

根据 D-P 屈服准则,屈服强度为:

$$\sigma_f = p\tan\beta + c \tag{2}$$

式中,p 为静水压力,β 为 D-P 模型内摩擦角,c 为 D-P 模型中材料的黏聚力。

将 D-P 屈服准则与循环强度概念相结合,可得:

$$\sigma_{d,f} = f(\sigma_s/\sigma_f, \varepsilon_f, N)(p\tan\beta + c) \tag{3}$$

式(3)即为基于 D-P 屈服准则和三轴试验建立的循环强度模型。循环破坏次数取 $N = 1\,000$ 次,即按一般波浪的平均周期为 10 s 左右计算,1 000 次约为 3 h,相当于防波堤遭受一次典型的风浪作用时间。当软黏土内摩擦角为零时,D-P 屈服准则即退化为 Mises 屈服准则。

2.2 简化计算方法

2.2.1 不考虑土体强度弱化极限状态方程

纯黏土($\varphi = 0$)基础上半圆堤整体稳定性的极限状态方程为:

$$H' = Bc\,(1.063 - \alpha \cdot \varepsilon_v^{\beta})^{\chi} \qquad (4)$$

$$\varepsilon_v = V_s / V_u$$

$$\alpha = 1 \cdot 063, \beta = 5.02; \chi = 0 \cdot 96$$

式中,H'为纯黏土基础上半圆堤水平静极限承载力;V_s为竖向静荷载;V_u为竖向极限承载力;B为基底宽度;c为土体黏聚力。

普通黏性土($\varphi \neq 0$)基础上半圆堤整体稳定性的极限状态方程:

$$H = H' + G + V_u \,[0.041\varepsilon_v^{\omega} + 82.2(\varepsilon_v^{u} - \varepsilon_v^{k})]\,\tan^{0.555}\varphi \qquad (5)$$

$$\mu = 1\,,498 + 40.59\tan^{8.75}\varphi; G = 0.479Bc\tan^{0.69}\varphi; k = 1.506 + 20\tan^{7.75}\varphi; \omega = 12.647$$

式中,H为普通黏性土基础上半圆堤水平静极限承载力;φ为土体内摩擦角;其他符号同前。

2.2.2 考虑土体强度弱化极限状态方程

定义水平承载力弱化强度为:

$$\lambda = (H_s - H_d)/H_s \qquad (6)$$

式中,λ为水平承载力弱化强度;H_d为水平循环承载力;H_s为水平静承载力。

纯黏土($\varphi = 0$)基础上的水平承载力弱化强度:

$$\lambda_s = 0.572 - 0.382\varepsilon_v + 0.164\varepsilon_v^{1.643} \qquad (7)$$

式中,λ_s为循环荷载作用下纯黏土基础上半圆堤水平承载力弱化强度;其他符号同前。

普通黏性土($\varphi \neq 0$)基础上的水平承载力弱化强度:

$$\lambda = \lambda_s - 0.47\varepsilon_v^{0.06}\tan^{0.1}\varphi - 0.044\tan^{0.68}\varphi \qquad (8)$$

式中,λ为循环荷载作用下普通黏性土基础上半圆堤水平承载力弱化强度;其他符号同前。

3 意义

在此建立了半圆堤的整体稳定模型,这是针对圆弧滑动面法已无法准确判断土体强度发生弱化后半圆堤整体稳定性问题。半圆堤的整体稳定模型是循环强度结合 D-P 屈服准则的拟静力有限元模型,通过该模型来分析半圆堤整体稳定性。利用半圆堤的整体稳定模型,计算得到荷载破坏包络线的变化趋势,进一步给出了提高半圆堤整体稳定性的工程建议。并在有限元数值分析结果基础上,对变量进行无量纲化,通过优化分析进行非线性拟合归一得出描述半圆堤整体稳定性的极限状态方程,可供工程设计借鉴和使用。

参考文献

[1]　JTJ250-98,港口工程地基规范.北京:人民交通出版社,1998.

［2］ 周宝勇,王元战,余建星.循环荷载下半圆堤整体稳定性计算方法研究.海洋工程,2011,29(01)：116-121

［3］ Andersen KH, Kleven A, Heien D. Cyclic soil data for design of gravity structures. Journal of Geotechnical Engineering, ASCE,1988, 114(5):517-539.

钻井平台的动力定位模型

1 背景

　　动力定位技术是指船舶或其他浮式海洋结构物仅依靠自身推力器就能够自动保持其水平方向的位移和艏向[1]。对于深水作业的海洋平台,此定位技术相比传统的锚泊技术具有无法比拟的优势。动力定位旨在以最小的能耗满足定位精度要求,以使得平台能够完成正常的作业。李勇跃等[2]以深水半潜平台为对象,介绍动力定位的基本原理,并对作业工况下的平台在各方向环境载荷作用下的运动进行时域模拟,寻求平台的最优作业方向。

2 公式

2.1 半潜平台模型

　　计算所用模型为一深水半潜式平台模型。平台的主要参数如表 1 所示。

表 1 半潜平台模型主要参数

排水量 (t)	重量 (t)	下浮体长 (m)	下浮体总宽 (m)	下浮体宽 (m)	下浮体高 (m)	立柱宽 (m)	立柱高 (m)	吃水 (m)
51 752	51 752	114. 07	78.68	20.12	8.54	17.39	21.46	19

立柱中心距离(m)		重心高度 (距基线)(m)	稳心高(m)		惯性半径(m)		
纵向	横向		横向	纵向	横向	纵向	垂向
58.56	58.56	23.78	3.97	3.96	31.95	31.45	36.36

2.2 计算工况

　　为区别于以往对海洋平台进行动力定位能力分析所采用的设计海况[3],计算所用工况为平台的正常作业工况。由于风、浪、流同向为最恶劣的环境条件,取风、浪、流同向联合作用作为计算的环境条件,其参数如表 2。

表 2 平台作业状态环境条件

有效波高(m)	谱峰周期(s)	采用波谱	Y	风速(m/s)	流速(m/s)
6. 0	11.21	JONSWAP 谱	2.0	19. 62	0.93

图1为计算使用的坐标系统。

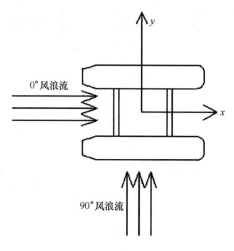

图1　计算坐标系统

半潜式平台在外力作用下的低频运动方程:

$$\begin{cases} m(u> + qw - rv) = X \\ m(v> + ru - pw) = Y \\ m(w> + pv - qu) = Z \\ I_{xx}p> + qr(I_{zz} - I_{yy}) - rI_{zx}> = K \\ I_{yy}q> + rp(I_{zz} - I_{yy}) = M \\ I_{zz}r> + pq(I_{yy} - I_{xx}) - pI_{zx}> = N \end{cases} \tag{1}$$

式中,u,v,w 为线位移速度,即 $\dot{x},\dot{y},\dot{z}$(上点表示对时间的导数,后同);p,q,r 为角位移速度,即 $\dot{\phi},\dot{\theta},\dot{\Psi}$;$m$ 为平台质量,包含流体附加质量;I_{xx},I_{yy},I_{zz} 为质量惯性矩,也包括附加质量部分;X,Y,Z 分别为 x,y 和 z 方向的外力;K,M,N 分别为 x,y 和 z 方向的外力矩。

推力器功率的计算公式:

$$P = 2\pi nQ \tag{2}$$

$$Q = \rho n^2 D^5 K_Q \tag{3}$$

式中,n 为螺旋桨转速,Q 为螺旋桨的转矩,D 为螺旋桨的直径,K_Q 为转矩系数,K_Q 根据轴向进速在螺旋桨敞水性征曲线查取。

2.3　基于动力定位能力分析的最优作业方向

动力定位旨在满足定位精度要求的情况下,使消耗的功率最小,这时精度和能耗两方面的因素必须同时考虑。用 A 表示精度值,B 表示消耗的功率值,D 表示动力定位能力值,

且规定 D 值越大,动力定位能力越强。假设 D 为 A 和 B 的某种线性组合:

$$D = \alpha A + \beta B \qquad (4)$$

式中, α 和 β 分别表示精度和功率消耗对平台作业的影响程度。

A 和 B 均为环境载荷方向角的函数,则上式变为:

$$D(\theta) = \alpha A(\theta) + \beta B(\theta) \qquad (5)$$

令 θ_{opt} 为最优作业方向角,则 θ_{opt} 为 $D(\theta)$ 取得最大值时的 θ 值。

由于精度和功率同时在 0°时取得最优,故 0°方向为最优作业方向。如果最优精度方向与最优功率方向不同,则需要确定 α 和 β 的值,然后进行计算。

3　意义

在此建立了钻井平台的动力定位模型,以深水半潜平台为研究对象,对其动力定位进行时域模拟。应用钻井平台的动力定位模型,定义并使用动力定位精度角作为衡量动力定位精度的参数。在其满足精度要求的条件下,求取了两种情况下的最优精度方向,并结合最优功率方向,最终得到该平台的最优作业方向。根据钻井平台的动力定位模型的计算结果可以知道,通过动力定位系统,始终保持平台处于最优作业方向,可使平台的动力定位精度最高,能耗最小,从而能保证某些具有高精度要求的作业顺利进行,提高了平台深水作业的安全性、可靠性和经济性。

参考文献

[1]　Jon Holvik,Kongsberg Simrad.Basics of dynamic positioning∥Dynamic Positioning Conference.1998.

[2]　李勇跃,王磊,孙攀.深水半潜式钻井平台动力定位最优作业方向研究.海洋工程,2011,29(01):26-31

[3]　赵志高,杨建民,王磊,等.动力定位系统发展状况及研究方法.海洋工程,2002,20(1):91-97.

冰激结构的振动模型

1 背景

锥体平台结构是渤海冰区油气开发中最常见的结构形式,海冰对锥体结构的交变动冰力是导致平台振动的主要因素。岳前进等[1]建立的锥体结构冰力函数和冰力谱为计算锥体平台结构的冰振响应提供了荷载条件。季顺迎等[2]主要针对锥体平台结构的特点,从海冰弯曲强度、锥体平台随机冰力函数出发,采用有限元方法对冰激结构振动进行计算分析。

2 公式

2.1 海冰弯曲强度

在冰激锥体平台结构振动计算中,海冰弯曲强度是一个重要的海冰力学参数,并与海冰物理参数密切相关[3]。董须瑜等针对辽东湾 JZ20-2 海域的现场海冰物理力学实测结果,提出了该海域平整冰弯曲强度的推算方法[4],即:

$$\sigma_f = 0.485 - 0.027\sqrt{v_b} \tag{1}$$

式中,σ_f 为海冰弯曲强度,MPa;v_b 为海冰卤水体积,‰,它与海冰温度和盐度的关系[5]:

$$v_b = S_i\left(0.532 + \frac{49.185}{|T_i|}\right), \quad (-0.5℃ \geq T_i \geq -22.9℃) \tag{2}$$

式中,T_i 为冰温,℃;S_i 为海冰盐度,可视作冰厚的函数。对于辽东湾海冰[6]:

$$S_i = 19.077h_i^{-0.387}$$

这里 h_i 为冰厚,cm。

2.2 锥体冰力函数的建立

与整个冰力周期相比,冰力从零达到峰值的时间非常短,可以忽略不计;海冰在锥体上的作用近似为线性变化。由此,海冰与单个锥体桩腿作用的动冰力函数可表述[1,7]:

$$F(t) = \begin{cases} F_0\left(1 - \dfrac{t}{\tau}\right) & (0 \leq t \leq \tau) \\ 0 & (\tau \leq t \leq T) \end{cases} \tag{3}$$

式中,F_0 为单桩冰力峰值,T 为冰力荷载的循环周期,τ 取 $T/3$。

根据 JZ20-2 MUQ 平台上冰荷载的现场测量结果[1,8],可得:

$$F_0 = 3.2\sigma_f h_i^2 \left(\frac{D}{L_b}\right)^{0.34} \tag{4}$$

式中,D 为冰盖作用处锥体直径;L_b 为海冰的断裂长度;冰力周期 $T = L_b/V_i$,其中 V_i 为冰速。

2.3 单个桩腿的冰力

在进行多个锥体结构的冰荷载计算时,应考虑多桩腿之间的相互影响和屏蔽效应。借鉴 Kato 建立的多腿直立桩柱冰力计算模型[8],锥体平台结构单个桩腿的冰力幅值也可采用如下计算形式:

$$F = f(s,\theta) F_0 \tag{5}$$

式中,F 为单个桩腿冰力;F_0 为作用于孤立桩腿上的冰力;$f(s,\theta)$ 为多桩腿屏蔽衰减系数。

2.4 平台结构的简化动力

在随机冰力 $f(t)$ 的作用下,简化平台结构满足振动微分方程:

$$m\ddot{x} + c\dot{x} > + kx = f(t) \tag{6}$$

式中,m 为结构质量,c 为结构系统阻尼系数,k 为结构系统刚度,$f(t)$ 为荷载,x、$\dot{x}$ 和 $\ddot{x}$ 分别为结构的振动位移、速度和加速度。

根据结构动力学的 Duhamel 积分,得到结构系统的位移响应[9]:

$$x(t) = \int_0^t \frac{e^{\xi\omega_0(\tau-1)}}{\omega_d} \frac{f(t)}{m} \sin\omega_d(t-\tau)\,\mathrm{d}\tau \tag{7}$$

式中,ξ 为结构阻尼比,ω_0 为结构系统的固有频率,且有 $\omega_d = \omega_0\sqrt{1-\xi^2}$。

对位移响应求二阶导数,得到平台结构系统的加速度[9]:

$$\ddot{x}(t) = \int_0^t \frac{e^{\xi\omega_0(\tau-1)}}{\omega_d} \frac{f(t)}{m}\left[\frac{\omega_0^2(2\xi^2-1)}{\omega_d}\sin\omega_d(t-\tau) - 2\xi\omega_0\cos\omega_d(t-\tau)\right]\mathrm{d}\tau + \frac{f(t)}{m} \tag{8}$$

根据式(6)~式(8),可由平台结构的固有频率和冰力时程计算其加速度和位移。

以 2010 年 1 月 14 日 19:00 的平台振动为例,计算的冰力函数、平台加速度响应及实测值如图 1 所示。

3 意义

根据海冰与锥体相互作用的冰力函数,利用大量的现场监测资料,建立了冰激结构的振动模型。并通过冰激结构的振动模型,将简化平台结构的动力计算,使简化结构在保证质量、刚度以及阻尼与真实结构相近的前提下,具有较好的精度,并且能很好地反映结构振动的动力特性。应用冰激结构的振动模型,可以解决冰激平台结构振动响应和涉及海冰数值模式及其计算方法、海冰物理力学性质、海冰与平台结构的作用机理等诸多问题。这样,工程海冰数值模式与油气开发工程的结合将会愈加紧密,进而可更有效地保障冰区油气生产作业的安全可靠性。

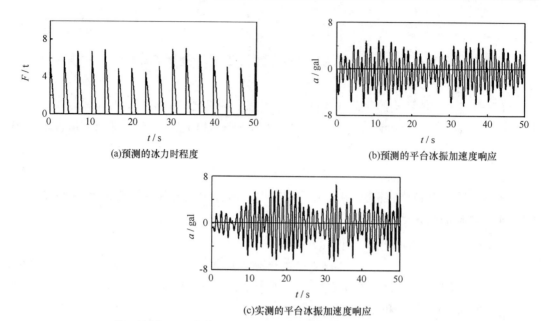

(a)预测的冰力时程度

(b)预测的平台冰振加速度响应

(c)实测的平台冰振加速度响应

注: 冰厚为8.2 cm,冰速为63.7 cm/s; 预测加速度幅值为7.4 gal,实际加速度幅值为7.2 gal。

图1 预测的 2010 年 01 月 14 日 19：00 JZ20-2-MUQ 平台上层甲板冰激振动加速度

参考文献

[1] 岳前进,毕祥军,于晓,等.锥体结构的冰激振动与冰力函数.土木工程学报, 2003, 36(2)：16-19.

[2] 季顺迎,王安良,车啸飞,等.锥体导管架海洋平台冰激结构振动响应分析.海洋工程,2011,29(02)：32-39

[3] Timco G W, Weeks WF. Areviewof the engineering properties of sea ice. Cold Region Science andTechnology, 2010, 60：107-129.

[4] 董须瑜,刘春厚.关于辽东湾 JZ20-2 海区海冰设计条件的修改意见.中国海上油气, 1989, 1(1)：36-44.

[5] Frankenstein G, Garner R. Equations for determining the brine volume sea ice from−0.5℃ to−22.0℃. Journal of Glaciology,1967, 6(48)：943-944.

[6] 李志军,隋吉学,董须瑜,等.辽东湾海冰设计要素的初步统计.海洋工程, 1992, 10(2)：72-78.

[7] Qu Y, Yue Q, Bi X, et al. A random ice force model for narrow conical structures. Cold Region Science and Technology, 2006,45：148-157.

[8] 岳前进,季顺迎,于学兵.局地海冰数值预测的冰激平台结构响应计算.海洋工程, 2003, 21(2)：32-37.

[9] 欧进萍,王光远.结构随机振动.北京:高等教育出版社, 1998.

海洋平台的风险评估模型

1 背景

国外对海洋平台风险的研究相对比较成熟,已形成了一套完整评估体系。我国对海洋平台的研究主要侧重于安全可靠性方面,而从风险方面,对海洋平台进行系统的、全面的安全分析和管理是比较缺少的。李良碧等[1]以海洋平台定量风险分析为出发点,采用 DNV 风险评估软件,以事件发生的概率、造成的后果两方面为依据,利用事件树方法对影响海洋平台火灾、爆炸风险的因素进行研究。

2 公式

目前通常将系统某一事件的风险 R 用事件发生概率 P 和事件产生的后果幅值 C 这两个指标来表示。即系统的风险可表示为 $R=f(P,C)$[2]。风险分析是从系统级的高度来评估风险的过程,主要内容包含危险识别、事故频率分析、事故后果计算、风险计算、改进措施研究等工作[3]。

2.1 风险衡量

人员的风险常用群体风险值(potential loss of life, PLL)、个体风险值(individual risk per annum, IRPA)和风险频率-伤亡数曲线(f-N 曲线)来表示[4]。

2.1.1 群体风险值

它衡量的是作业对公司、行业或者社会的风险,衡量的是作为一个整体的一群人所面临的风险。社会风险的表示方法有多种,对于海上设施来讲最经常用的是潜在死亡的可能性。PLL 定义为每年死亡人数的长期评价值,在定量风险评估(QRA)分析中,PLL 由下式计算[4]:

$$PLL = \sum_{N}^{N} \sum_{J}^{J} f_{nj} \times c_{nj} \tag{1}$$

式中:f_{nj} 为偶发事件 n 造成人员后果为 j 的事故年发生率;c_{nj} 偶发事件 n 造成人员后果为 j 的年死亡数;N 为所有事件树中总的事故数目(事件树中的顶事件);J 为所有人员风险的后果类型,包括立即死亡、逃生、疏散和获救等。

2.1.2 个人风险

个人风险指的是个人每年的风险。这一指标考虑了人暴露于风险的平均时间,基于平

台上的配员水平,*IRPA* 值估算公式为[4]:

$$IRPA = \frac{PLL}{POB_{ev}} \times \frac{H}{8760} \qquad (2)$$

式中,POB_{ev}表示平均每年人员配备数;H表示每年每人在海上停留的小时数。

2.1.3 f-N 曲线

f-N 曲线和群体风险值都可以用来表示事故对一个整体人群造成的危害,它是一条表示事件的发生频率和事故引起的人员死亡数目之间的关系曲线[4]。群体风险可以通过 f-N 曲线形象地表示出来,f-N 曲线与风险评判标准相结合就可以直接判定风险是否可以接受。如图 1 所示。

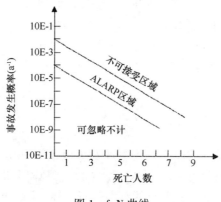

图 1　f-N 曲线

2.2　定量风险评估方法

定量风险评估计算所采用的方法是事件树分析方法,事件树分析是一种描绘所发生的危险和控制系统之间的复杂关系的有效工具。图 2 详细描述了油气泄漏发生后造成的火灾、爆炸事故过程的事件树模型[5]。

如图 2 所示,每个结点所引出两个分支的发生频率之和为 1。即:

$$B_1 + B_2 = 1, \quad C_1 + C_2 = 1, \quad D_1 + D_2 = 1, \quad D_3 + D_4 = 1, \quad E_1 + E_2 = 1, \quad E_3 + E_4 = 1$$

分析初因事件在不同外部因素的作用下所出现的不同后果,并根据初因事件发生频率和外部因素发生概率计算出各种后果的发生频率。其计算公式:

$$F_0 = A \times B_1 \times C_1 \times D_1 \times E_1 \quad F_1 = A \times B_1 \times C_1 \times D_1 \times E_2 \quad F_2 = A \times B_1 \times C_1 \times D_2$$

$$F_3 = A \times B_1 \times C_2 \times D_3 \times E_3 \quad F_4 = A \times B_1 \times C_2 \times D_3 \times E_4 \quad F_5 = A \times B_1 \times C_2 \times D_4$$

$$F_6 = A \times B_2$$

式中,F 代表各种后果的发生频率;A 为初因事件发生频率;B,C,D,E 则是一系列外部因素的发生概率。

影响分析的主要内容是确定各种后果对人员和设备造成的损害程度[6],即事件树模型

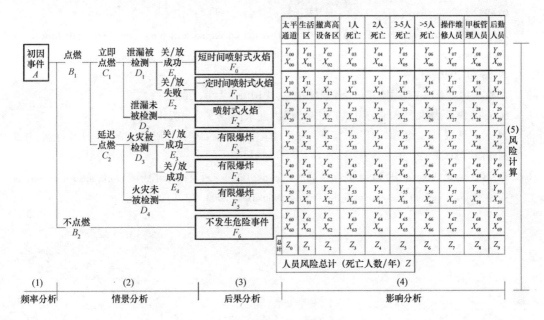

图 2　火灾、爆炸事件树模型示意

图中的 $X_{00}, X_{01}, \cdots, X_{69}$。将各种后果发生频率与其影响相乘,即可得出该事故的风险值。

$$Y_{00} = F_0 X_{00}, Y_{01} = F_0 X_{01}, \cdots, Y_{09} = F_0 X_{09}$$

$$Y_{10} = F_1 X_{10}, Y_{11} = F_1 X_{11}, \cdots, Y_{19} = F_1 X_{19}$$

$$\cdots \qquad\qquad \cdots \qquad\qquad \cdots$$

$$Y_{60} = F_6 X_{60}, Y_{61} = F_6 X_{61}, \cdots, Y_{69} = F_6 X_{69}$$

3　意义

在此建立了海洋平台的风险评估模型,采用 DNV 风险评估软件,以事件发生的概率、造成的后果两方面为依据,确定了海洋平台的定量风险。海洋平台的风险评估模型利用事件树方法,可以用简单图示方法给出危险发生的全过程,简单明了。海洋平台的风险评估模型能对潜在的危险给出一定程度的估计,能明确危险扩大的原因及危险发生概率的大小关系。而且,通过海洋平台的风险评估模型可进行事故序列发生概率的计算,也可利用该模型对影响海洋平台火灾、爆炸风险的因素进行研究和得到如何降低风险的参考依据。

参考文献

[1]　李良碧,王自力,尹群,等.油气泄漏灾害下海洋平台风险影响因素研究.海洋工程,2011,29(02):

92-98

[2]　Jirn Amdabl. Consequences of ship collisions // Division of Marine Structures, the Norwegian Institute of Technology. Seminar onCollide Ⅱ Project - Risk Assessment - Collision of Ships with Offshore Platforms. 1991.

[3]　牟善军.海上石油工程风险评估技术研究.青岛:中国海洋大学, 2005.

[4]　张圣坤,白勇,唐文勇.船舶与海洋工程风险评估.北京:国防工业出版社,2003.

[5]　尹群,孙彦杰,李良碧.油气泄漏灾害下海洋平台风险评估及安全措施研究.江苏科技大学学报:自然科学版,2008,22(2):1-5

[6]　Ken Paterson, Vincent HYTam, Thanos Moros, et al. The design of BP ETAP platform against gas explosions. Journal of Loss Prevention in the Process Industries, 2000, 13(1):73-79.

深海吸力锚的失稳模型

1 背景

随着海洋石油工业逐渐向深海和超深海水域发展,张力腿平台(TLP)、立柱式(Spar)、船形浮式系统(FP-SO)、顺应塔和半潜式平台等新型海洋结构及基础在工程中得到了广泛应用[1]。与浅海平台相比,深水平台锚系荷载显著增加。张其等[2]基于 Coulomb 摩擦对原理,给出了一种精确模拟吸力锚承载能力的有限元模型。并在该数值模型基础上,利用通用有限元分析软件 ABAQUS 研究系泊点位置对吸力锚极限承载力的影响,并给出深海吸力锚失稳模式。

2 公式

深海吸力锚模型如图 1 所示。图中,P_h 为吸力锚上所受到的水平系泊载荷;D 与 L 分别为吸力式基础的直径和高度;η 的大小决定了系泊点距离吸力锚顶部的距离。

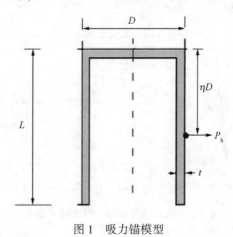

图 1   吸力锚模型

为了研究海床上吸力锚的极限承载力,采用了图 2 所示的有限元模型。海床土体弹性模量与泊松比分别为 $E = 5.8$ MPa,$\nu = 0.49$。土体为理想弹塑性材料,服从 Mohr-Coulomb 屈服准则,并满足相关联流动法则,饱和不排水海床土体内摩擦角与黏聚力分别取为 $\varphi = 0$ 和

$S_u = 23$ kPa。吸力锚结构采用厚度为 0.035 m 的 Q235 钢,屈服强度取 215 MPa,弹性模量取 1 500 MPa,泊松比取为 0.125。

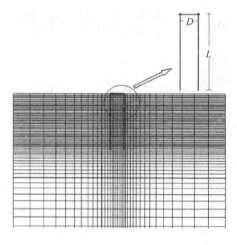

图2 有限元计算模型

为了研究吸力锚在水平系泊载荷情况下的水平极限承载力,分别假定吸力锚直径 $D = 1$ m,针对系泊点在泥面以下 $0.0D$、$0.5D$、$1.0D$、$1.5D$、$2.0D$、$2.5D$、$3.0D$、$3.5D$、$4.0D$、$4.5D$、$5.0D$ 等情况进行数值分析,即 η 分别取 0.0、0.5、1.0、1.5、2.0、2.5、3.0、3.5、4.0、4.5、5.0。计算结果如图3所示。

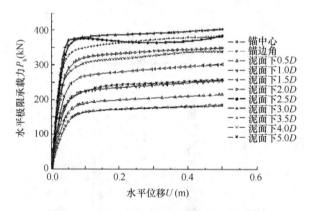

图3 不同系泊点处的水平极限承载力

在上述计算结果的基础上,给出了深海吸力锚极限承载力与系泊点位置 η 之间的函数关系式:

$$P_h / P_{h\max} = 0.4 + 0.6 \cdot \exp[-0.25 \cdot (\eta - 3.0)^2] \tag{1}$$

式中,η 表示系泊点与桶顶的距离,P_h 为对于不同系泊点而言吸力锚所具有的水平极限承载力,P_{hmax} 为系泊点处于临界状态时海床土体提供给吸力锚的最大极限承载力。

3   意义

根据数值计算,基于极限平衡原理利用有限元分析软件 ABAQUS,对深海吸力锚的稳定性与极限承载能力进行了数值分析,从而可知系泊点位置对吸力锚的极限承载力与稳定性有很大的影响,系泊点位置的变化会导致吸力锚出现前倾转动、平移滑动和后仰转动等失稳模式。当系泊点位置在吸力锚入泥深度 3/5 左右处,最能发挥深海吸力锚的承载能力。

参考文献

［1］ 王志云,王栋,栾茂田,等.复合加载条件下吸力式沉箱基础承载特性数值分析.海洋工程, 2007,
       25(2): 52–71
［2］ 张其,王美生,栾茂田.深海吸力锚承载特性与稳定性研究.海洋工程.2011,29(02):40–45.

桩腿缓冲器准静态模型

1 背景

对于高度非线性问题的仿真研究,亓文果等[1]研究了汽车模型的撞击—接触问题;张军等[2]应用有限元参数二次规划法分析了火车轮轨的接触摩擦问题;郝长千等[3]对电梯碰撞橡胶缓冲器进行了模拟;徐延海等[4]用直接约束法对轮胎/路面接触问题进行了分析。这些研究中的模型大多结构简单,只涉及了一种或两种非线性问题,少数模型也包括了三种非线性问题,但多是简化的平面单元模型,或只有接触并没有摩擦。夏天等[5]对桩脚缓冲器做了准静态分析,给出的数值仿真模型不但结构复杂,使用三维体单元建模,而且接触区域多,关系复杂,摩擦系数大,给数值仿真求解带来一定难度。

2 公式

2.1 有限元模型

由于桩脚耦合缓冲器结构对称及荷载半对称,因此有限元建模可取一半建模。模型全部采用六面体网格,单元类型全部为八节点六面体减缩积分单元,如图 1 所示。各构件的单元与节点数目如表 1 所示。

表 1 有限元模型(一半)构件、单元与节点数目

构件	数目	单元数	节点数
活塞	1	44 290	56 344
外筒	1	44 410	55 902
垂直橡胶条	0.5×2+5	697	1 152
橡胶块	6	4 420	5 724
钢板	5	2 560	3 485
对接锥	1	(刚体)	

2.2 数值求解

准静态法从本质上来讲是一个动态求解的过程,在时间上采用中心差分法进行积分,由增量步初始时的动力学条件"显式"地前推出增量步结束时的动力学状态,其求解流程[6]

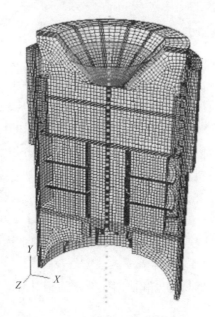

图 1　有限元模型示意

如下。

（1）节点计算。当前增量步开始 t 时刻的动力学平衡方程：

$$[M]\{u''_t\} = \{P_t\} - \{I_t\} \tag{1}$$

式中，$[M]$ 为节点质量矩阵，$\{u''_t\}$ 为节点加速度，$\{P_t\}$ 为所施加的外力矢量，$\{I_t\}$ 为单元节点的内力矢量。从式（1）可求出 t 时刻节点的加速度、$t+\Delta t/2$ 时刻的速度和 $t+\Delta t$ 时刻的位移：

$$\{u''_t\} = [M]^{-1}(\{P_t\} - \{I_t\}) \tag{2}$$

$$\{u'_{t+\Delta t/2}\} = \{u'_{t-\Delta t/2}\} + \{u''_t\}(\Delta t_t + \Delta t_{t+\Delta t})/2 \tag{3}$$

$$\{u_{t+\Delta t}\} = \{u_t\} + \Delta t_{t+\Delta t}\{u'_{t+\Delta t/2}\} \tag{4}$$

式中，Δt_t 表示时刻 $t-\Delta t$ 与 t 之间的时间间隔，$\Delta t_{t+\Delta t}$ 表示时刻 t 与 $t+\Delta t$ 之间的时间间隔。注意 $t-\Delta t$ 与 $t+\Delta t$ 中的 Δt 可能是不同的。

（2）单元计算。

先根据节点速度求得单元应变速率 ε，计算单元应变的增量 $d\varepsilon$，然后根据材料本构关系计算应力 $\sigma_{t+\Delta t} = f(\sigma_t, d\varepsilon)$，最后集成节点的内力矢量 $\{I_{t+\Delta t}\}$。

（3）设置时间为 $t+\Delta t$，返回到步骤（1）。

准静态法的基本思路是用慢速加载的动态分析来模拟静态问题。在加载时间上，要保证在惯性力不明显的前提下，用较短的时间模拟。通过比较动能与内能的大小，本模型选取加载时间 0.2 s 进行计算。

2.3　材料本构关系

橡胶是一种典型的超弹性材料,具有双重的非线性。采用形式简单、使用广泛的完全一次多项式 Mooney-Rivlin 模型[7],其表达式为:

$$U = C_{10}(I_1 - 3) + C_{01}(I_2 - 3) + (J - 1)^2/D_1 \tag{5}$$

式中,I_1,I_2为 Cauchy-Green 偏应变张量的第一不变量和第二不变量;J为橡胶变形后与变形前的体积比;C_{10}和C_{01}为材料常数,一般由实验测定;D_1表示材料的可压缩性,0值表示完全不可压缩。橡胶各参数取值:$C_{10}=9.059\ 85$,$C_{01}=-2.55$,$D_1=0.007\ 681$,$\rho=1.2\times10^{-9}$ t/mm³。另外,该结构所用钢材为高强度钢,材料本构采用理想弹塑性曲线,其主要参数:$\rho=7.85\times10^{-9}$ t/mm³,$E=210\ 000$ MPa,$\nu_0=0.3$,$\sigma_Y=355$ MPa。

2.4　摩擦模型

对于摩擦,为简化问题只考虑静摩擦系数μ。选择经典的库伦摩擦模型:

$$\tau \leq \mu_{pt} \tag{6}$$

式中,τ和p分别为接触节点的切应力和法向应力,t为相对滑动方向上的单位向量。

2.5　能量关系

整体模型的能量平衡可以表述:

$$E_I + E_V + E_{FD} + E_{KE} - E_W = E_T = CONSTANT \tag{7}$$

式中,E_I为内能;E_V为黏性耗散能;E_{FD}为摩擦耗散能;E_{KE}为动能;E_W为外力做功。这些能量的总和为E_T,它必须为一个常数。但要注意的是,在数值仿真中E_T只是一个近似的常数,一般其误差小于1%[6]。此外,有:

$$E_I = E_E + E_P + E_{CD} + E_A \tag{8}$$

式中,E_E为可恢复的弹性应变能;E_P为非弹性过程的能量耗散(如塑性);E_{CD}为黏弹性或蠕变过程中的能量耗散;E_A为伪应变能,它是控制沙漏变形所耗散的主要能量,一般要求该值小于$(5\%\sim10\%)E_E$[6]。在设计的工况下,模型的E_{CD}均为零。

3　意义

通过桩腿缓冲器的准静态模型,对桩腿耦合缓冲器进行准静力仿真分析,从而可知用准静态法可以很好地模拟橡胶的大变形和复杂的非线性问题。桩腿缓冲器的准静态模型,其数值仿真结果的可信度主要用能量来衡量,且得到了实际缩尺模型实验的验证。在此对桩腿耦合缓冲器中的橡胶在静力作用下的接触面积和接触受力的变化情况进行了分析,表明桩腿缓冲器的准静态模型的计算结果是合理的,而且表明使用准静态分析方法是可行的,这对桩腿耦合缓冲器的优化设计具有一定参考价值。

参考文献

[1] 亓文果,金先龙,张晓云.冲击-接触问题有限元仿真的并行计算.振动与冲击,2006,25(4):68-72.

[2] 张军,吴昌华.应用有限元参数二次规划法分析轮轨有摩擦接触问题.中国计算力学大会.2003:352-361.

[3] 郝长千,唐华平,聂拓,等.橡胶缓冲器接触碰撞有限元分析.现代制造工程,2009(3):63-65.

[4] 徐延海,程东升,贾丽萍,等.轮胎/路面接触问题分析.上海交通大学学报,2003,37(5):785-788.

[5] 夏天,张世联,郑轶刊,等.基于 ABAQUS/Explicit 的桩腿耦合缓冲器准静态分析.海洋工程,2011,29(02):10-17.

[6] 庄茁,由小川,廖剑晖,等.基于 ABAQUS 的有限元分析和应用.北京:清华大学出版社,2009:190-191.

[7] ABAQUS Theory Manual. Version 6.9, Hibbit, Karlsson&Sorensen (HKS) Inc., 2009.

河口湍流数据处理模型

1 背景

在河口系统中,热量、动量、盐分等物质的输运和能量输运,是通过湍流输运来实现的。随着测量技术的发展,对河口湍流的研究,越来越多地集中在使用现代全自动化的观测仪器以获得现场湍流信息方面,其中一个应用较为广泛的仪器就是声学多普勒流速仪 ADV。在实际测量中,仪器信号会受到各种环境因素的污染,且不合适的处理方法将会对分析结果带来较大的影响[1-2]。刘欢和吴超羽[3]针对珠江河口崖门的现场观测资料,对几种不同的数据后处理方法进行了探讨。

2 公式

2.1 现场数据采集

根据我国潮汐性质划分公式 $[F = (H_{K_1} + H_{O_1})/H_{M_2}]$,崖门荷包岛站的 $F = 1.35$,表明黄茅海河口潮汐是以不正规的半日潮 M_2 为主。观测方式为座底式平台观测(图 1)。ADV 参数设置见表 1。

表 1　ADV 参数设置

参数	设置
测量时间	6 月 26 日 11:00 至 6 月 27 日 11:00
采样频率(Hz)	64
最大流速范围(m/s)	1.0
采样间隔(s)	600
采样个数(每采样间隔)	19 200
采样体积(mm³)	1 125
采样体距底高度(m)	0.2

Nortek 的 ADV 是一种非接触式、单点、高分辨率的三维多普勒流速计,大多用于水中流速测量,又称声学多普勒流速仪。它利用物理声学多普勒效应,如果声源相对于接收器是

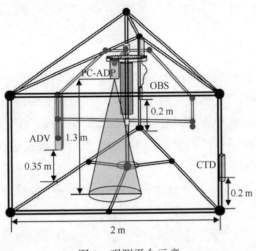

图 1　观测平台示意

移动的,那么接收器声音频率相对于发射频率会发生漂移,其值为:

$$F_d = - F_s(V/C) \tag{1}$$

式中,F_s 为发射频率,V 为声源相对于接收器的速度,C 为介质中的声速[4]。

2.2　数据的后处理

采用 Goring 和 Nikora[5] 提出的"相空间临界值法",对流速分量的时间序列进行去噪。该方法认为,ADV 所测量到的准确数据均集中在一个三维相空间的椭球内,该三维相空间三坐标轴分别为流速 u_i,一阶导 $\Delta u_i = (u_{i+1} - u_{i-1})/2$,二阶导 $\Delta^2 u_i = (\Delta u_{i+1} - \Delta u_{i-1})/2$。因而定义以下参数:

$$\lambda_u = \sqrt{2\ln n} \tag{2}$$

$$\theta = \tan^{-1} \left(\sum \mu_i \Delta^2 \mu_i \big/ \sum \mu_i^2 \right) \tag{3}$$

$$\sigma_\mu = \sqrt{\sum (\mu_i - \dot{\mu})^2 / n} \tag{4}$$

式中,n 为采样个数(在此 $n = 19\,200$),σ 为标准差,$\dot{\mu}$ 为平均流速。则投影的三个平面及其椭圆长短轴如表 2 所示。若测量数据在平面上的投影超出此椭圆,则认为该数据测量精度较低。

表 2　各平面投影内椭圆的长短轴

长短轴	平面		
	$u_i - \Delta u_i$	$\Delta^2 u_i - \Delta u_i$	$\Delta^2 u_i - u_i$
长轴	$\lambda_u \sigma_u$	$\lambda_u \sigma_{\Delta u}$	$\sqrt{[(\lambda_u \sigma_{\Delta^2 u})^2 \sin^2\theta - (\lambda_u \sigma_u)^2 \cos^2\theta]/(\sin^4\theta - \cos^4\theta)}$
短轴	$\lambda_u \sigma_{\Delta u}$	$\lambda_u \sigma_{\Delta^2 u}$	$\sqrt{[(\lambda_u \sigma_u)^2 \sin^2\theta - (\lambda_u \sigma_{\Delta^2 u})^2 \cos^2\theta]/(\sin^4\theta - \cos^4\theta)}$

3　意义

在此建立了河口湍流数据处理模型,利用珠江河口崖门射流口底边界层一个潮周期内的高频(64 Hz)湍流观测资料,选取了两个典型时刻(急流和憩流),比较了几种不同的数据后处理方法。根据河口湍流数据处理模型的计算可知,通过 ADV 在河口观测到的湍流数据,须经过以下三个步骤的后处理,包括信号检查、过滤以及去噪,每个步骤都包含无效数据的剔除和替换,仅用其中一个或两个步骤,不足以得到可靠的湍流数据。对数据的进一步检验,更直接的方法是通过与另外一台独立的仪器在同一自然条件下观测的数据进行对比,从而做出最终的判断。

参考文献

［1］　Mori N, Suzuki T, Kabuno S. Noise of acoustic doppler velocimeter data in bubbly flows. Journal of Engi-neeringMechanics, 2007,133: 122-125.

［2］　Cea L, Puertas J, Pena L. Velocity measurements on highly turbulent free surface flow using ADV Experi-ments in Fluids, 2007,42: 333-348.

［3］　刘欢,吴超羽.河口湍流数据现场采集和后处理.海洋工程,2011,29(02):121-128.

［4］　盛森芝,徐月亭,袁辉靖.近十年来流动测量技术的新发展.力学与实践, 2002, 24(5): 1-14.

［5］　Goring D G, Nikora V I. Despiking acoustic doppler velocimeter data. Journal of Hydraulic Engineering, 2002, 128(1): 214-224.

孤立波的爬坡模型

1 背景

对波浪在滩地上以及遇海岸工程后传播变形、爬坡的数值研究,因其具有广阔的工程应用前景,日益受到人们的重视。根据研究尺度、研究目的的不同,一般可将波浪爬坡数学模型分为两大类:第一,大尺度波浪爬坡数学模型;第二,小尺度波浪爬坡数学模型。潘存鸿等[1]以二维浅水方程作为控制方程,应用基于 Boltzmann 方程的 KFVS(kinetic flux vector splitting)格式求解,并配以干底 Riemann 方法模拟动边界变化。此模型模拟了孤立波在滩地上传播变形、爬坡以及遇圆柱后绕射、变形和爬坡的过程。

2 公式

2.1 控制方程及其计算方法

采用基于无碰撞二维 Boltzmann 方程的 KFVS 格式求解,该格式能模拟间断流动。无碰撞二维 Boltzmann 方程为[2]:

$$\frac{\partial f}{\partial t} + u \frac{\partial f}{\partial x} + v \frac{\partial f}{\partial y} + \varphi_x \frac{\partial f}{\partial u} + \varphi_y \frac{\partial f}{\partial v} = 0 \tag{1}$$

式中,f 为分子速度分布函数;u,v 分别为分子在 x、y 方向的分子速度;φ 为外力作用项,这里考虑非平底引起的重力项和阻力项,$x = g(S_{0x} - S_{fx})$,$y = g(S_{0y} - S_{fy})$,g 为重力加速度,S_{fx}、S_{fy} 分别为 x、y 方向的阻力项,S_{0x}、S_{0y} 分别为 x、y 方向的底坡项。

将式(1)乘以 $(1,u,v)^T$,并对分子速度空间积分,利用水流宏观变量:水深 h,x 和 y 方向的流速 U、V 与分子微观变量 f、u、v 的关系,可得控制方程:

$$\frac{\partial E}{\partial t} + \frac{\partial F}{\partial x} + \frac{\partial G}{\partial y} = S \tag{2}$$

式中,

$$E = [h, hU, hV]^T \tag{3}$$

$$F = \left[\int_{-\infty}^{+\infty}\int_{-\infty}^{+\infty} uf\mathrm{d}u\mathrm{d}v, \int_{-\infty}^{+\infty}\int_{-\infty}^{+\infty} u^2 f\mathrm{d}u\mathrm{d}v, \int_{-\infty}^{+\infty}\int_{-\infty}^{+\infty} uvf\mathrm{d}u\mathrm{d}v, \right]^T \tag{4}$$

$$G = \left[\int_{-\infty}^{+\infty}\int_{-\infty}^{+\infty} vf\mathrm{d}u\mathrm{d}v, \int_{-\infty}^{+\infty}\int_{-\infty}^{+\infty} uvf\mathrm{d}u\mathrm{d}v, \int_{-\infty}^{+\infty}\int_{-\infty}^{+\infty} v^2 f\mathrm{d}u\mathrm{d}v, \right]^T \tag{5}$$

$$S = [0, gh(S_{0x} - S_{fx}), gh(S_{0y} - S_{fy})]^T \tag{6}$$

可知,KFVS 格式不同于常规的计算格式,其通过求解 Boltzmann 方程得到单元界面通量 F 和 G。F 和 G 的求解见相关文献。

为拟合复杂的计算区域,采用无结构三角形单元离散,并采用网格中心格式。设 Ω_i 为第 i 个三角形单元域,Γ 为其边界,对方程式(2)应用有限体积法离散,经推导可得基本数值解公式为:

$$E_i^{n+1} = E_i^n - \frac{\Delta t}{A_i} \sum_{j=1}^{3} F_{nj} l_j + \frac{\Delta t}{A_i} \iint_{\Omega_i} S_{0i} \mathrm{d}x\mathrm{d}y + \Delta t S_{fi} \tag{7}$$

式中,A_i 为三角形单元 Ω_i 的面积;$Fn = F\cos\theta + G\sin\theta$,$(\cos\theta, \sin\theta)$ 为 Γ 外法向单位向量;Δt 为时间步长;下标 j 表示 i 单元第 j 边;l_j 为三角形边长;上标 n 为时间步数。

求解式(7)的核心是法向数值通量的计算以及底坡源项的处理[2]。

2.2 爬坡的数值模拟

若忽略表面张力,并在长波近似下可从 KDV 方程得到孤立波解为(图1):

$$\eta(x,t) = H\mathrm{sech}^2\left[\sqrt{\frac{3H}{4h_0}}(x - ct)\right] \tag{8}$$

式中,x 和 t 分别表示空间和时间坐标;η 为水位;H 为孤立波波高;h_0 为平均海平面下的水深;c 为波速,$c = \sqrt{g(H + h_0)}$。

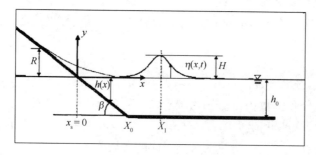

图 1　孤立波爬坡示意

3　意义

根据孤立波的爬坡模型,对波浪在滩地上以及遇海岸工程后传播发生变形、爬坡等现象进行数值模拟,这具有广阔的工程应用前景。孤立波的爬坡模型是基于 Boltzmann 方程的 KFVS(kinetic flux vector splitting)格式求解的二维浅水方程,同时采用干底 Riemann 解决模拟动边界问题。孤立波的爬坡模型模拟了孤立波在滩地上传播变形、爬坡的过程以及孤立波在滩地上遇圆柱后绕射、变形和爬坡的过程。孤立波爬坡的计算结果与实验结果非常吻合，表明该模型具有较大的推广应用价值。

参考文献

[1]　潘存鸿,鲁海燕,潘冬子,等.孤立波爬坡的二维数值模拟,海洋工程,2011,29(2):46-57.

[2]　潘存鸿,徐昆.三角形网格下求解二维浅水方程的 KFVS 格式.水利学报, 2006, 37(7): 858-864.

沿岸流的垂向分布模型

1 背景

波浪斜向传入海岸时,在水深较浅处将发生破碎,导致波高衰减,并会在破波带内产生平行于岸线的流动——沿岸流。由流体力学的动量定理可知,由波高的减小所引起的波浪运动动量变化将使下部流体受到力的作用,在破波带内,这一作用力(称为辐射应力[1])将导致波浪增减水和沿岸流。张振伟和邹志利[2]为了进一步弄清楚以上问题,进行了平面斜坡和沙坝地形上沿岸流沿水深分布的测量实验。

2 公式

为分析沿岸流流速垂直分布规律,对实验数据进行曲线拟合,并取为对数曲线。以静水面为垂向坐标 z 的原点,采用的对数流速分布为:

$$V(z) = \frac{v*}{\kappa}\ln\left(\frac{z + h_0}{z_a}\right) \tag{1}$$

式中,κ 为卡门常数,一般取 0.4;h_0 为静水水深;$v*$ 为摩阻流速;z_a 为表观粗糙度。z_a 与通常明渠水流对数速度分布中的水底粗糙度 z_0 不同,z_a 包含了波浪对水底边界层的影响。波浪的存在会导致水底边界层厚度变大,所以 z_a 要大于物理粗糙度 z_0,通常称 z_a 为表观粗糙度,以与 z_0 区别。为了便于采用曲线拟合,将式(1)改写为:

$$\ln(z + h_0) = a + bV(z) \tag{2}$$

式中,$a = \ln z_a$,$b = \kappa/v*$,参数 a 和 b 通过对实验数据进行了曲线拟合确定,结果如表 1 所示。

表 1 对数速度剖面的拟合结果

波况	测量断面离岸距离(m)	静水水深(cm)	平均水深(cm)	均方根波高(cm)	a	b
R_1	2.0	5.00	5.29	0.022 2	−15.306	36.619
R_1	2.5	6.25	6.27	0.031 9	−20.830	79.423
R_1	3.0	7.50	7.54	0.048 8	−16.782	125.666
R_2	2.0	5.00	5.54	0.019 7	−12.284	32.270
R_2	2.5	6.25	6.65	0.025 1	−13.910	35.075
R_2	3.0	7.50	7.86	0.035 5	−20.344	48.408

波况	测量断面离岸距离(m)	静水水深(cm)	平均水深(cm)	均方根波高(cm)	a	b
R_2	3.5	8.75	8.94	0.039 3	−16.765	41.188
R_2	4.0	10.00	10.10	0.037 3	−43.975	160.732
R_2	4.5	11.25	11.31	0.054 4	−24.638	116.678
R_2	5.0	12.50	12.43	0.063 4	−13.838	117.990
I_1	2.0	5.00	5.30	0.028 1	−21.496	70.877
I_1	2.5	6.25	6.28	0.035 5	−23.152	79.330
I_1	3.0	7.50	7.68	0.037 5	−21.588	75.424
I_1	3.5	8.75	8.80	0.043 6	−29.656	137.191
I_1	4.0	10.00	10.05	0.045 5	−39.028	219.994
I_1	4.5	11.25	11.26	0.050 6	−18.156	124.343
I_1	5.0	12.50	12.52	0.049 9	−14.540	150.442
I_1	5.5	13.75	13.78	0.055 3	−14.802	151.002

对于不规则流,平均水流的水深高度是不断变化的,因此将平均流速的水深上延至平均水平面,所以要大于静水水深。在此基础上,以平均水平面减去均方根波高为速度分布分界线,将速度分布区域划分为上下两层,对下层采用上述对数流速分布;对上层采用以下平均流速分布:

$$V_{sfc}(z) = [1 - P(\eta)] V'(z), \quad \overline{\eta} - H_{rms} < z < \overline{\eta} \tag{3}$$

式中,$V'(z)$为式(1)中对数分布;$\overline{\eta}$表示平均水平面;η为波面升高,在用式(3)计算时η取与z相同的值;$P(\eta)$为波面升高所遵循的高斯分布的累积概率,所以式(3)右端项是将对数分布延伸到平均水平面。

$P(\eta)$的引入考虑了波谷随时间变化的随机性,设H_{rms}为均方根波高,$H_{rms} = 2\sqrt{2}\sigma$,$\sigma$为由波面升高系列计算的标准差。$P(\eta)$由式(4)进行计算:

$$P(\eta) = \frac{1}{\sqrt{2\pi}\sigma} \int_{-\infty}^{\eta} e^{-\frac{(t-\overline{\eta})^2}{2\sigma^2}} dt \tag{4}$$

式(3)与Faria等[3]所采用的表达式不同,Faria等的表达式是在式(3)中又考虑了质量输移所引起的水流,表达式为:

$$V_{sfc}(z) = [1 - P(\eta)] V'(z) + <U(z)> \sin\overline{\theta}, \quad \overline{\eta} - H_{rms} < z < \overline{\eta} \tag{5}$$

式中,最后一项为质量输移流的贡献,$\overline{\theta}$为波浪的平均入射角,$<U(z)>$表示平均质量输移速度:

$$<U(z)> = \int_{|z|}^{\infty} U(A)p(A)\mathrm{d}(A) \tag{6}$$

其中,$U(A)$是波幅为 A 的 Stokes 波的质量输移流流速,$p(A)$ 为波幅的概率密度函数(瑞利分布)。

3 意义

根据沿岸流的垂向分布模型,确定了海岸沿岸流的垂向分布特点。利用沿岸流的垂向分布模型,计算得到了 1∶40 平面斜坡海岸上沿垂直岸线方向不同断面的沿岸流沿水深的分布,并将水体分为上层和下层,分别给出了沿岸流速度沿水深分布的拟合曲线。应用沿岸流的垂向分布模型,表明上层流体流速分布不考虑质量输移流项能得到更好的拟合结果,这与以前的研究结果不同。以上分布特征适用于破波带内各断面的流速分布,同时,破波带外的沿岸流趋于沿水深均匀分布,但也可以近似采用对数分布来表达。

参考文献

[1] Longuet-Higgins M S,R WStewart. Radiation stresses inwaterwaves: a physical discussionwith applications. Deep Sea Research,1964, 11:529-562.

[2] 张振伟,邹志利.海岸沿岸流垂向分布实验研究.海洋工程,2011,29(02):1-9.

[3] Faria AFG, Thornton E B, StantonTP, et al. Vertical profiles of longshore currents and related bed shear stress and bottom roughness. Journal of Geophysical Research, 1998, 103(C2): 3217-3232.

声传播的高斯束射线模型

1 背景

海洋中普遍存在着中尺度现象,这些现象造成了声速场结构的水平非均匀性,对声传播有着明显的影响[1]。传统射线模型不仅受到高频近似的限制,而且在计算传播损失时会因声线焦散而失效。Porter 和 Bucher[2]将地声学的高斯近似方法引入水声能量场的计算,开发了 Bellhop 射线模型。张旭等[3]以南海西部的一个反气旋暖涡为例,应用高斯声线束模型讨论非均匀海洋环境及海底环境变化对深海汇聚区声传播造成的影响。

2 公式

模型假设某一声线在传播过程中的声压 P 为:

$$P(s,n) = A(s)\phi(s,n)e^{i\omega\tau} \tag{1}$$

式中,ω 表示圆频率,A 为沿声线方向的振幅,为垂直于声线方向的影响函数,s 表示沿声线方向的弧长,n 为垂直于声线中心方向的位移,τ 为沿声线的传播时间。

在柱坐标条件下,声线传播的控制方程可表示为[2,4]:

$$\frac{dr}{ds} = c\xi(s), \quad \frac{d\xi}{ds} = -\frac{1}{c^2}\frac{dc}{dr}, \quad \frac{dz}{ds} = c\zeta(s), \quad \frac{d\zeta}{ds} = -\frac{1}{c^2}\frac{dc}{dz} \tag{2}$$

式中,r 和 z 分别表示水平距离和深度,ξ 和 ζ 为与掠射角 θ 有关的两个中间变量,$\xi = \cos\theta/c$,$\zeta = \sin\theta/c$。

在射线追踪过程中,Porter 和 Bucher[2]通过引入约束变量 p 和 q 来控制高斯束的能量分布:

$$\frac{\mathrm{d}q}{\mathrm{d}s} = cp(s) \tag{3}$$

$$\frac{\mathrm{d}p}{\mathrm{d}s} = -\frac{c_{nn}}{c^2(s)}q(s) \tag{4}$$

式中,c_{nn} 为垂直于声线方向的二阶微分。ϕ、A 可表示为高斯声线宽度 W 的函数[5]:

$$\phi(n,s) = \exp\left[-(n/w)^2\right] \tag{5}$$

$$A(s) = \frac{1}{(2\pi)^{1/4}}\sqrt{\frac{c}{c(0)} \cdot \frac{\delta\alpha}{r} \cdot \frac{2\cos\alpha}{W}} \tag{6}$$

101

$$W = q(s)\delta\alpha/c(0) \tag{7}$$

式中,$\delta\alpha$ 表示临近声线夹角的微分。τ 可表示为声速倒数的积分:

$$\tau(s) = \tau(0) + \int_0^s \frac{1}{c(s')}\mathrm{d}s' \tag{8}$$

在计算声压场时,需要将某一声线的声压 $P_j(s,n)$ 转化为柱坐标系的 $P_j(r,z)$,最终声压场每一个格点的能量可表示为不同声线贡献的叠加。采用半相干的方法计算总的声压 P_S:

$$P_S(r,z) = \Big[\sum_{j=1}^N U(\theta)\ |P_j(r,z)|^2\Big]^{1/2} \tag{9}$$

$$U(\theta) = 2\sin^2\Big(\frac{\omega_z\sin\theta}{c_0}\Big) \tag{10}$$

式中,$U(\theta)$ 为与掠射角 θ 有关的声线振幅的权重函数,N 为特征声线的个数,z_0 和 c_0 分别为声源处的深度和声速。

这样,最终的传播损失可表示:

$$TL = -20\lg\left|\frac{P_S(r,z)}{P_S(r,z)\,|_{r=1}}\right| \tag{11}$$

根据以上参数,由 Bellhop 模型计算得到的各种条件下的第一、第二汇聚区位置如表 1 所示。

表 1　不同传播条件下的第一、第二汇聚区位置($S_D = 100\ \mathrm{m}$, $R_D = 100\ \mathrm{m}$)

传播方式	传播条件	第一汇聚区位置(km)	第二汇聚区位置(km)
由涡中心 向两侧传播 (声源位于 B)	距离无关,平底地形	56.2	112.4
	由 B 向 A,平底地形	55.7	111.3
	由 B 向 A,真实地形	—	—
	由 B 向 C,平底地形	56.1	111.6
	由 B 向 C,真实地形	56.1	111.6
由西侧向 东侧传播 (声源位于 A)	距离无关,平底地形	53.4	106.6
	由 A 向 C,平底地形	54.6	111.5
	由 A 向 C,真实地形	—	—
由东侧向 西侧传播 (声源位于 C)	距离无关,平底地形	54.4	108.6
	由 C 向 A,平底地形	54.4	111.3
	由 C 向 A,真实地形	54.4	111.1

3　意义

应用声传播的高斯束射线模型对南海西部中尺度暖涡环境下的汇聚区声传播效应进

行了计算。计算的结果表明,暖涡引起的声速场环境变化和海底地形变化的双重效应使汇聚区声道出现了复杂的变异。而且,复杂海洋环境条件下的汇聚区声道对于水文环境、地形结构以及声源-接收深度的配置等因素有较大的依赖。同时,在涡西侧的陆坡区域,暖涡引起的环境变化与地形变化起着相反的效应。这与声速结构不变的情况相比,暖涡环境在陆坡地形的临界深度附近使汇聚区声道结构发生了明显的变异。

参考文献

[1] Robinson A R, Lee D. Oceanography and Acoustics: Prediction and Propagation Models. NewYork: American Inst. of Physics, 1994.

[2] Porter M B, Bucher H P. Gaussian beam tracing for computing ocean acoustic fields. J. Acoust. Soc. Am, 1987, 82: 1349-1359.

[3] 张旭,张健雪,张永刚,等.南海西部中尺度暖涡环境下汇聚区声传播效应分析.海洋工程,2011, 29(02):83-91.

[4] Jensen F B, KupermanWA, PorterMB, et al. Computational OceanAcoustics. NewYork: American Institute of Physics Press, 1994.

[5] Weinberg H, Keenan R E. Gaussian ray bundles for modeling high-frequency propagation loss under shallow-water conditions. J.Acoust. Soc. Am, 1996, 100: 1421-1996.

柔性管道的拉伸刚度模型

1 背景

柔性管道由于具有的较小弯曲半径,能承受较大的变形,因此被越来越广泛地应用于海洋石油开发中。柔性管道主要是由起密封作用的高分子材料与起加强作用的金属材料组成,加强结构可以采用黏结与非黏结两种形式,其中非黏结结构有更大的设计空间。卢青针等[1]对适于渤海边际油田开发海底的管道,设计了一种非黏结经济型柔性管。同时建立了拉伸刚度分析模型,提出抗拉加强设计方法。对基于拉伸加强设计的管道进行了拉伸试验,并进行压溃实验和最小弯曲半径实验来对设计进行验证。

2 公式

2.1 浅水柔性管道设计荷载

首先对设计中的荷载进行估计,以渤海浅水(15 m 左右)的静态内径4″输油管的设计荷载为例,在设计过程中除了考虑内压外,主要需要满足如图 1 中铺设过程的拉伸荷载,并满足弯曲和外压荷载要求。铺设中的拉伸荷载由式(1)进行了估算:

$$T = \gamma \times m \times h \times 1.1 \tag{1}$$

式中,γ 为安全系数,取 1.5;m 为柔性管湿重;h 为水深;1.1 为悬链线系数。

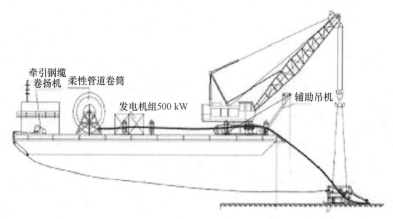

图 1　F1 浅水柔性管铺设示意

2.2 拉伸刚度预测模型

柔性管受到拉力时,螺旋钢丝发生轴向伸长、径向变形以及角度变化[2],如图 2 所示。基于小变形、平截面等假设,忽略摩擦以及角度的变化[3],钢丝拉力与变形关系可由式(2)表示:

$$F_{钢线} = n_i E_i A_i \cos^3\alpha_i \left[\frac{\Delta l}{l} - \tan^2\alpha_i \frac{\Delta R_i}{R_i} \right] \tag{2}$$

式中,Δl,ΔR_i 表示内管的轴向和径向变形量,n_i、E_i、A_i、α_i、R_i、l 分别表示钢丝根数、弹性模量、钢丝面积、缠绕角度、缠绕半径以及管的长度。

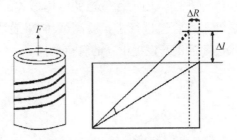

图 2 拉力作用下钢丝的变形

考虑接触压力与钢丝轴向伸长和径向收缩的线性关系式[4,5],有:

$$P = \frac{E_i A_i \sin\alpha_i^2 \cos^2\alpha_i}{d_i R_i} \frac{\Delta l}{l} - \frac{E_i A_i \sin^4\alpha_i}{d_i R_i^2} \Delta R \tag{3}$$

ΔR 由层间压力 P 和轴向拉力作用下的泊松效应表示:

$$\Delta R = \frac{P}{K_{径}} + \nu_a \frac{\Delta L}{L} \tag{4}$$

式中,d_i,$K_{径}$、ν 表示螺旋钢丝直径及所缠绕结构的径向刚度和泊松比,a、b 为钢丝所缠绕结构的外径及内径。联立式(3)和式(4)可得:

$$\Delta R = \left(\frac{E_i A_i \sin\alpha_i^2 \cos^2\alpha_i + \nu_a K_{径} d_i R_i^2}{E_i A_i \sin^4\alpha_i + K_{径} d_i R_i^2} \right) \frac{\Delta L}{L} \tag{5}$$

联立式(2)和式(5)得螺旋钢丝的拉伸刚度:

$$k_{钢丝} = \frac{F_{钢丝}}{\Delta L} \frac{n E_i A_i \cos^3\alpha}{L} \left[1 - \frac{\tan^2\alpha_i (E_i A_i \sin\alpha_i^2 \cos^2\alpha_i + \nu_a K_{径} d_i R_i^2)}{E_i A_i \sin^4\alpha_i + K_{径} d_i R_i^2} \right] \tag{6}$$

螺旋钢丝绳的抗拉刚度与其所缠绕的内管结构径向刚度密切相关,若内管为聚合物材料($E = 300$ MPa,$\nu = 0.48$)或钢材料时($E = 210$ GPa,$\nu = 0.3$),由弹性力学均压圆筒的位移与压力关系[6]可得:

$$K_{径} = \frac{P}{\Delta R} = \frac{(a^2 - b^2)E}{(\nu + 1)[(1 - 2\nu)a^2 + b^2]^a} \tag{7}$$

式中,a、b 分别表示内管外径(57 mm)和内径(47 mm),可确定径向刚度分别为 1.59×10^{9} N/m、8.33×10^{11}N/m。

3 意义

根据柔性管道的拉伸刚度模型,针对柔性管道的使用要求,进行了结构加强设计。在浅水海域,柔性管道拉伸和外压较小,如果通过柔性管道的拉伸刚度模型,进行合理简化结构的加强设计,可降低海底管道的造价。根据柔性管道的拉伸刚度模型,计算渤海浅水海底管道铺设荷载,设计出经济型非黏结构柔性管道的结构形式。同时,提出了抗拉加强设计方法,并对加强设计制造的柔性管道进行了实验测试,结果表明其能够满足渤海海底管道的使用要求,为我国浅水边际油田开发提供新的管道选择。

参考文献

［1］ 卢青针,岳前进,汤明刚,等.浅水经济性柔性管道加强设计.海洋工程,2011,29(02):105-110.

［2］ Witz J A, Tan Z. On the axial-torsional structural behaviors of flexible pipes and umbilical and marine cables .Marine Structures,1992:205-227.

［3］ Knapp R H. Derivation of a new stiffness matrix for helically armoured cables considering tension and torsion. International Journalfor Numerical Methods in Engineering, 1979, 14: 515-529.

［4］ Feret J J, Bournazel CL. Calculation of stresses and slip in structural layers of unbonded flexible pipes. Journal of OffshoreMechan-ics and Arctic Engineering, 1987, 109: 263-269.

［5］ Ramos J R, Pesce C P. A consistent analytical model to predictthe structural behavior of flexible risers subjected to combined loads.Journal of Offshore Mechanics Artic Engineering, 2004, 126: 141-146.

［6］ 陆明万,罗学富.弹性理论基础(上册).第 2 版.北京:清华大学出版社, 2001: 189-190.

水下机械手的接近觉模型

1 背景

在进行水下探测、样本采集等工作时,由于人类自身的局限性,这就要借助水下机器人。机器人在水下作业时,需要融合各方面传感信息对目标定位从而完成水下任务。辛宇等[1]根据水下作业机械手的作业环境及要求,采用视觉-接近觉[2]的信息融合来实现水下目标抓取定位。并在以前的研发及实际应用的基础上,对水下接近觉的收发探头、控制电路以及目标定位算法[3]做了进一步研究,并完成了大量的水下试验。

2 公式

2.1 测距原理

超声波测距的方法有许多种,如相位检测法、声波幅值检测法和往返时间检测法[4]等。采用往返时间检测法,利用的是声波的反射特性。

$$s = vt/2 \tag{1}$$

式中,v 为声波在水中的传播速度,t 为声波发射到回波接收的时间差。

在多种探测方案中,采用图 1 所示的单探头自发自收,若采用大波束角的探头,则定位精度不高,无法判断目标是处在位置 1 还是位置 2,并且大波束角探头的功耗过大;若采用小波束角的探头,可以对目标进行较准确定位,但是却容易丢失目标,造成搜索目标困难。

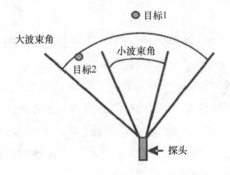

图 1 单探头工作示意

为了解决定位与波束角之间的矛盾,采用的是三个小波束角探头组成的阵列进行探测,如图 2 所示。

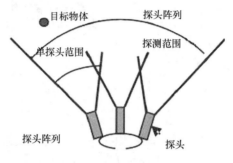

图 2   三探头工作示意

2.2   探测精度和灵敏度的理论分析

超声波在 100 m、5℃的水下传播速度近似 1 450 m/s,采用的 MPS430 单片机在选用外部 4 MHz 时钟源的条件下(最高可选 8 MHz 时钟源),计数精度可达 $2.5×10^{-7}$ s,测距精度高达 0.36 mm。

声波的传播速度与波长、频率的关系为:

$$v = \lambda f \tag{2}$$

在同一介质中,声波速度可以认为是定值,波长与频率成反比关系。

综合频率对灵敏度、精度、盲区的影响等各方面因素,最终选取的声波频率为 500 000 Hz。此频率下波长 $\lambda = v/f = 1\ 450$ m/s$÷500\ 000$ Hz$=2.9×10^{-3}$m,即 2.9 mm,由波长带来的回波检测误差较小。且由于波长小,不易发生由于衍射现象而导致不能探测较小物体的问题,因此探测灵敏度高。

3   意义

在此建立了水下机械手的接近觉模型,设计了一套高精度的水下超声波定位系统。根据水下机械手的接近觉模型,确定了水下机械手的工作功能,其表现了出良好的适装性、可靠性,并在定位精度、低功耗及实时性方面有突出的表现。采用水下机械手的接近觉模型,设计了超声波检测距离、三探头阵列检测方位的方案,精确计算超声波往返时间和控制三探头的轮流工作。通过水下机械手的接近觉模型,对三个探头的测量数据进行处理,实现了对目标测距及定位。经过实际应用,该系统在水下工作稳定,精度及灵敏度高,是水下机器人及机械手自主探测目标的有效手段之一。

参考文献

[1] 辛宇,徐国华,徐筱龙,等.水下机械手接近觉系统研究.海洋工程,2011,29(02):135-140.

[2] 徐筱龙,徐国华,曾志林.水下跟踪定位用接近觉传感器研究.中国造船,2010,51(1):131-138.

[3] 徐筱龙,徐国华.水下接近觉及多目标定位方法研究.仪器仪表学报,2010,31(3):588-593.

[4] 李茂山.超声波测距原理及实践技术.实用测试技术,1994(1):12-20.

拖缆的水动力学模型

1 背景

拖缆已经被广泛应用于各种海洋工程中,如海洋系泊系统、深拖系统、ROV 系统。对于拖缆的计算方法,一般是通过离散化处理后列出节点处的动力学平衡方程组进行求解,但是针对方程组为非线性方程的后处理方法一般都比较复杂。沈晓玲等[1]将缆绳进行离散化处理,建立其动力学方程,列出缆绳节点处的弯矩平衡方程组,将拖揽节点处角度的非线性问题转化为角加速度的线性问题,通过解线性方程组求解拖揽水动力学问题。

2 公式

2.1 拖缆动力学方程

如图 1 所示的拖曳系统,由拖曳母船、拖缆和拖体组成。

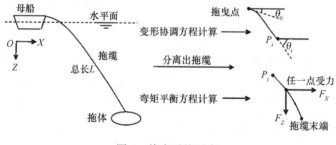

图 1　拖曳系统示意

变形协调方程:任一点 P_i 的切线角度 θ_i 可由从拖曳点至 P_i 点的弯矩积分得到,

$$\theta_i = \int_0^s \frac{M(s)}{EI} \mathrm{d}s + \theta_0 \tag{1}$$

弯矩平衡方程:对于各点的弯矩值 $M(s)$ 可由从缆绳末端至 P_i 点的积分得到,

$$M(s) = \int_L^s F \times R \mathrm{d}s \tag{2}$$

式中,s 为拖曳点至 P_i 任一点的缆绳长度,θ_0 为拖曳点处拖缆切向角,$M(s)$ 为各点的弯矩值,L 为拖缆总长度,F 为微元 $\mathrm{d}s$ 所受外力,R 为微元 $\mathrm{d}s$ 外力作用点到 P_i 点的矢径,E 为弹性模量,I 为转动惯量。

2.2 缆段受力计算

计算时,将缆绳段水动力分为惯性力、拖曳力和附加惯性力三个部分进行计算:

$$F = C_m \rho_w \frac{\pi}{4} d^2 l \dot{v} + \frac{1}{2} C_d \rho_w dl(v - u)|v - u| - \rho_w(C_m - 1)\frac{\pi}{4}d^2 l\dot{u} \tag{3}$$

式中,C_m 和 C_d 分别为惯性力系数和阻力系数,ρ_w 是水的平均密度,d 为缆绳的端面直径,l 是缆绳段的长度,v 和 u 分别为缆绳和水流的速度,$\dot{v}$ 和 $\dot{u}$ 分别为缆绳和水流加速度。

对于倾斜物体,计算时流速需要进行垂向和轴向分解,主要考虑流速垂向分解部分对物体产生的水动力,即:

$$F_n = C_m \rho_w \frac{\pi}{4} d^2 l \dot{v}\sin\theta + \frac{1}{2} C_d \rho_w dl(v-u)\sin\theta|(v-u)\sin\theta| - \rho_w(C_m-1)\frac{\pi}{4}d^2 l\dot{u}\sin\theta \tag{4}$$

将 F_n 分解得到自然坐标系中的力:

$$F_x = F_n\sin\theta, F_z = F_n\cos\theta \tag{5}$$

式中,θ 为缆绳段与水平面夹角,F_x、F_z 为自然坐标系中 x、z 轴方向的受力。

对于节点 $P_i(2 \leq i \leq n)$ 处,所受总外力为重浮力、惯性力、拖曳力和附加惯性力的合力[参考式(3)计算],下面为竖直缆段的计算结果:

重浮力:

$$F_{1,i} = \frac{1}{2}(\rho_c - \rho_w)\frac{\pi d^2(l_i + l_{i+1})}{4}g \tag{6}$$

绕流拖曳力:

$$F_{2,i} = \frac{1}{2}C_d\rho_w d\frac{[l_i(u_i - v_{l,i})|(u_i - v_{l,i})| + l_{i+1}(u_{i+1} - v_{l,i+1})|u_{i+1} - v_{l,i+1}|]}{2} \tag{7}$$

绕流惯性力:

$$F_{3,i} = \frac{1}{2}C_m\rho_w\frac{\pi d^2}{4}\left(l_i\frac{du_i}{dt} + l_{i+1}\frac{du_{i+1}}{dt}\right) \tag{8}$$

附加惯性力和自身惯性力:

$$F_{4,i} = -\frac{1}{2}C_a\rho_w\frac{\pi d^2 l_i}{4}\frac{d^2 r_i}{dt^2} - \frac{1}{2}\rho_c\frac{\pi d^2 l_{i+1}}{4}\frac{d^2 r_{i+1}}{dt^2} \tag{9}$$

式中,ρ_c 是缆绳的平均密度;g 是重力加速度向量,垂直向下,取 $g = (0,0,9.8)^T$;u_i 是绳段 S_i 处的水流流速向量;$v_{l,i}$ 是绳段 S_i 处的运动速度向量;C_a 为附加力系数且($C_a = C_m - 1$),其他同上。

将受力简化写成:

$$F_i = F_{1,i} + F_{2,i} + F_{3,i} + F_{4,i} = F_{0,i} + K_i\frac{d^2 r_i}{dt^2} = (F_{x,i}, F_{y,i}F_{z,i})^T + K_i\frac{d^2 r_i}{dt^2} \tag{10}$$

式中，$F_{o,i}$ 为总外力中与节点加速度 $\dfrac{d^2 r_i}{dt^2}$ 无关的部分，K_i 为常系数。

2.3 拖缆拖曳点张力计算

对于拖曳点的张力值，由于与整个拖缆所受外力沿切线方向的分力平衡，所以只要算出整个缆绳的受力即可求出拖曳点张力值：

$$T_0 = F_x \cos\theta_1 + F_z \sin\theta_1 \tag{11}$$

式中，T_0 为拖曳点张力值；F_x，F_z 为缆绳所受总外力在 x，z 轴的分力，可由各缆段受力叠加得到。

3　意义

根据拖缆的水动力学模型，先将拖缆离散成若干段，列出离散段节点处的水动力学方程，并进一步建立节点处关于角加速度的线性平衡方程组，通过对角加速度的求解计算来解决拖揽的动力学问题。在应用拖缆的水动力学模型的计算过程中，将拖揽节点处关于角度的非线性问题转化为角加速度的线性问题，简化了求解非线性方程组的计算过程，避免了非线性方程组迭代求解中的初始点问题。这对拖缆动力学离散化的后处理具有很好的参考价值。

参考文献

[1]　沈晓玲,连琏,徐雪松.拖缆动力学离散化计算的后处理方法研究.海洋工程,2011,29(02):111-116.

珠江河口的潮能模型

1　背景

潮汐动力是河口最重要的能量来源和建造三角洲的最重要动力。这种能量在口门至潮区界之间通过底摩擦和水体内湍流传输完全消耗。但目前看来,地形急剧变化产生的形态阻力(form drag)远大于肤面阻力(skin friction),同时增加能量耗散率、改变水流结构。倪培桐等[1]基于珠江河口河网同步水文观测资料,建立珠江河口三维水动力模型,探讨珠江河口在不同地貌形态下的能量通量和能量耗散特点。

2　公式

2.1　潮能通量

潮能通量,又称能通量密度,是单位时间通过自海底至海面单位宽度断面的潮能[2]。能量传递的大小一般可以分解为两正交方向的分量[3](J/s):

$$\begin{cases} \psi(U) = \rho UD\left(\dfrac{U^2 + V^2}{2} + g^\eta\right) \\ \psi(V) = \rho VD\left(\dfrac{U^2 + V^2}{2} + g^\eta\right) \end{cases} \tag{1}$$

式中,ρ 为水体密度,D 为海底至海面的总水深,U、V 为速度分量,η 为水面围绕静止水面的波动值(即相当于水位),g 为重力加速度。可通过式(1)计算珠江三角洲河口区 7 个潮的平均潮能通量。图 1 是潮能通量分布图。

从图 1 中可以看出,地形的局部变化对潮能通量的空间分布影响很大。

2.2　潮能耗散

将能量方程对自由表面 S 包围的控制体积 V 积分,并取潮平均,得到河口能量平衡计算方程[4]:

$$\begin{aligned} &\iint < \left[p + \rho_0 \frac{u^2 + v^2}{2} \right] u \cdot n > \mathrm{d}s \\ &= \iiint \rho_0 < \left[\frac{\partial}{\partial z}\left(uK_V \frac{\partial u}{\partial z} \right) + \frac{\partial}{\partial z}\left(vK_V \frac{\partial v}{\partial z} \right) \right] - K_V\left[\left(\frac{\partial u}{\partial z} \right)^2 + \left(\frac{\partial v}{\partial z} \right)^2 \right] > \mathrm{d}V + Dissh \end{aligned} \tag{2}$$

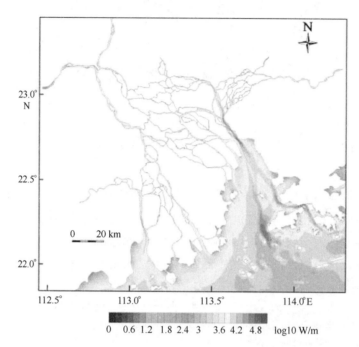

图 1 珠江河口三角洲潮能通量分布

式中,ρ_0是水体密度,K_V是垂直涡动黏滞系数,角括号代表潮平均。方程左端表示与控制体体积表面正交的平均能量通量,右端表示平均能耗。

能耗可以通过以下方法计算,第一项可以转化为水体表面和床面底摩擦耗散:

$$\iiint \rho_0 \left[\frac{\partial}{\partial z}\left(uK_V \frac{\partial u}{\partial z} \right) + \frac{\partial}{\partial z}\left(vK_V \frac{\partial v}{\partial z} \right) \right] \mathrm{d}v = \iint -u_s \cdot \tau_{s-u_b} \cdot \tau_b - \mathrm{d}S = -\iint \rho_0 C_d \left| u_b \right|^3 \quad (3)$$

式中,τ_s和τ_b分别表示表面和床面摩擦力,如果取风速为0,应用平方阻力关系计算摩擦力,则有式(3)。其中,u_b表示近底流速,C_d表示摩阻系数。一般认为,该项代表潮能在底部对数层湍动能底耗散。

第二项,表示与垂向扩散有关的能耗项,对整个水体积分,然后取多潮平均,可化为:

$$\iiint K_V \left[\left(\frac{\partial u}{\partial z} \right)^2 + \left(\frac{\partial v}{\partial z} \right)^2 \right] \mathrm{d}v = \iint \left\{ \frac{1}{T}\int \rho_0 \int_{-H}^{\eta} K_V \left[\left(\frac{\partial u}{\partial z} \right)^2 + \left(\frac{\partial v}{\partial z} \right)^2 \right] \mathrm{d}z\mathrm{d}t \right\} \mathrm{d}S \quad (4)$$

式中,K_V是垂向涡动黏滞系数。

第三项是与正压潮能水平扩散有关的能耗项,可以简化为:

$$Dissh = -\iiint \rho_0 \left\langle K_H \left[\left(\frac{\partial u}{\partial x} \right)^2 + \left(\frac{\partial u}{\partial y} \right)^2 + \left(\frac{\partial v}{\partial x} \right)^2 + \left(\frac{\partial v}{\partial y} \right)^2 \right] \right\rangle dV \quad (5)$$

式中,K_H是水平涡动黏滞系数。

114

3 意义

在此建立了珠江河口的潮能模型,计算了珠江河口与三角洲能量通量与耗散,确定了高能耗区的动力机制,根据珠江河口的潮能模型,其计算结果表明:珠江河口的潮能通量平面表现出主槽大,滩地较小,潮能通量传播方向与河口地形走向大体一致。在总能耗中,底摩擦能耗为主要能耗项,其次是垂向扩散耗散项,水平扩散能耗在总能耗中的比重最小。珠江河口存在"门"、分汊汇流区和弯曲河道区等典型的高能耗区。高能耗区的单位面积能耗比附近水域要高数倍甚至 1~2 个数量级。

参考文献

[1] 倪培桐,韦惺,吴超羽,等.珠江河口潮能通量与耗散.海洋工程,2011,29(03):67-75.

[2] 方国洪,曹德明,黄企洲.南海潮汐潮流的数值模拟.海洋学报,1994,16(4):1-12.

[3] JosephHarari, Ricardo de Camargo. Numerical simulation of the tidal propagation in the coastal region of Santos（Brazil, 24°S 46°W）. Continental Shelf Research, 2003, 23:1597-1613.

[4] Zhong L, Li M. Tidal energy fluxes and dissipation in the Chesapeake Bay. Continental Shelf Research, 2006, 26(6):752-770.

绞车变频器的控制模型

1 背景

A&R 绞车主要用于铺管船铺管施工过程中海洋石油管道的弃置与回收,即在正常铺设海管的开始与结束阶段、遇到恶劣天气不允许作业阶段,或在卷管铺设海管过程中,一个卷轴上的海管铺设完毕,需要更换新的带线卷轴等特殊情况下,将海管弃置于海底停止作业及打捞到海面继续作业的过程。李广鑫等[1]以异步交流电机驱动,采用双滚筒摩擦牵引绞车加储缆绞车布局形式的深水大吨位 A&R 绞车为研究对象,分析了绞车的控制原理和控制策略,并设计了其控制系统以及基于 Vacon 变频器和 Siemens PLC 等产品的硬件实现方案。

2 公式

2.1 储缆绞车变频器关键控制参数

惯性补偿需要对应精确的半径值和速度值。静摩擦转矩为常值,在启动时补偿静摩擦。动摩擦转矩与电动机速度成比例,在收缆和放缆时补偿动摩擦。这些值都可以在 NXP 变频器的控制字段中设定,根据具体的绞车设计参数设置。其中,张力参考值与实际值构成的闭环 PID 控制,其控制输出、基本转矩、转动惯量、静摩擦及动摩擦转矩构成电机内部转矩参考值的控制信号;三相异步电动机转速由式(1)得出,速度及半径的比值(即角速度的变化)决定了内部频率参考值及限制范围。

$$n = 60f/p(1 - s) \tag{1}$$

式中,n 为电机转速,f 为电频率,p 为电动机的极对数,s 为转差率。

2.2 牵引绞车变频器关键控制参数

根据额定张力下绞车的最大放缆速度和最小放缆速度要求以及异步电动机转速和电机转速与 A&R 绞车钢缆线速度关系[见式(2)],得出绞车线速度 v 与电频率 f 成正比和参考设计的电机到牵引绞车的传动比 i,即可计算出变频器的最大及最小频率。

$$n = \frac{vi}{2\pi r} \tag{2}$$

式中,n 为电机转速,v 为牵引绞车钢缆线速度,r 为牵引绞车半径,i 为电机到牵引绞车的传动比。

电机选择闭环速度控制,设置电机参数及速度控制字段。频率参考值可以通过操纵杆控制模拟输入,亦可来自现场总线通信中的控制信号。

对系统加入阶跃信号,得出牵引绞车输出响应曲线(如图 1 所示),从图中可以看出,系统的响应时间较快,调节时间为 5 s,超调量小于 10%,稳态误差小于 5%,输出结果完全满足要求,明显优于手工 PID 调节参数方法。

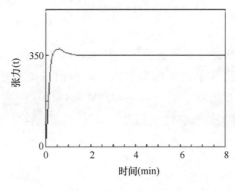

图 1　阶跃响应曲线

3　意义

根据绞车变频器的控制模型,确定深水铺管船 A&R 绞车控制系统组成,提出了以外环张力自适应模糊控制及内环速度 PID 控制相结合的方式。通过绞车变频器的控制模型,计算得到外环自适应模糊控制器实时修改并匹配内环速度 PID 控制器比例、积分及微分系数,同时,优化设计了电驱 A&R 绞车控制系统,改善了系统响应速度及鲁棒性。利用绞车变频器的控制模型,并基于 Vacon 变频器和 Siemens PLC,采用 AFE 共直流母线技术,以 Profibus DP 总线形式完成了控制系统硬件实现方案,为深水铺管船 A&R 绞车国产化提供了一定的指导作用。

参考文献

[1]　李广鑫,曹为,钟朝廷,等.深水铺管船 A&R 绞车控制系统概念设计,海洋工程,2011,29(03):122-127.

水池的造波模型

1 背景

随着高性能计算机的快速发展和数值模拟技术的改善提高，船舶与海洋工程数值水池的开发和利用在近几十年受到了越来越大的关注。数值造波方法一般可分为物理造波和人工造波两类。查晶晶和万德成[1]基于 OpenFOAM 提供的动网格边界设置动边界的运动，并调用网格运动求解库，模拟推板或摇板造波。基于 OpenFOAM 求解器，来开发和实现数值水池的物理造波和阻尼消波。

2 公式

2.1 数值造波模型

2.1.1 基本两相流模型

（1）控制方程

对于不可压缩黏性流体流，若速度场用 u 表示，由质量守恒有：

$$\nabla \cdot u = 0 \tag{1}$$

由动量守恒有：

$$\frac{\partial \rho u}{\partial t} + \nabla \cdot (\rho u u) - \nabla \cdot \mu \nabla u - \rho g = - \nabla p - f_\sigma \tag{2}$$

式中，ρ 表示整个流场的密度，μ 表示动力黏性系数，g 表示重力加速度，p 表示压力场，f_σ 表示自由面上的张力，且由下面式子给出：

$$f_\sigma = \sigma \kappa(x) n \tag{3}$$

$$n = \frac{\nabla \alpha}{|\nabla \alpha|} \tag{4}$$

$$\kappa(x) = \nabla \cdot u \tag{5}$$

式中，σ 是张力系数，表示自由面每增加单位面积所需做的功；κ 表示界面平均曲率；n 表示界面的单位法向量；用 f_σ 表示表面张力沿界面法向的一个分量，此力的作用是平衡界面两边的压力差，它只在界面处起作用，在非界面处其值为零。

在对自由面的处理上，根据 VOF 法，引入体积分数函数 α：

$$\alpha(x,t) = \begin{cases} 1, & \text{流体 1} \\ 0, & \text{流体 2} \\ 0 < \alpha < 1, & \text{两种流体交界面} \end{cases} \tag{6}$$

这里将流体的过渡区域厚度记为 δ，体积分数函数满足：

$$\frac{D\alpha}{Dt} = \frac{\partial \alpha}{\partial t} + u \cdot \nabla \alpha = 0 \tag{7}$$

在求解时，将两种流体当作一种流体来处理，它满足式（1）、式（2），其中该流体的物理属性密度 ρ 和黏性系数 μ 由两种流体各自的密度（ρ_1,ρ_2）、黏性（μ_1,μ_2）和体积分数函数来表示：

$$\begin{cases} \rho = \alpha\rho_1 + (1-\alpha)\rho_2 \\ \mu = \alpha\mu_1 + (1-\alpha)\mu_2 \end{cases} \tag{8}$$

（2）数值方法

为了求解体积分数函数 α 的迁移问题，Weller 引入了额外的人工压缩项，将式（3）改为：

$$\frac{\partial \alpha}{\partial t} + \nabla \cdot (\alpha u) + \nabla \cdot (\alpha(1-\alpha)u_\sigma) = 0 \tag{9}$$

式中，u_σ 是一个适于压缩界面的速度场。

2.1.2　消波阻尼

为了避免水池右端墙面处的波浪反射，采用阻尼消波技术，在动量方程中加一阻尼项 $\rho\theta_u$：

$$\frac{\partial \rho u}{\partial t} + \nabla \cdot (\rho uu) - \nabla \cdot \mu \nabla u + \rho\theta u = \rho g - \nabla p - f_\sigma \tag{10}$$

其中定义 θ 为：

$$\theta = \begin{cases} \dfrac{x-x_0}{x_1-x_0}\theta_1, & x_0 < x < x_1 \\ 0, & 0 < x < x_0 \end{cases} \tag{11}$$

式中，x_0 是消波段起始点；x_1 是消波段终点，即为水池末端；θ_1 是消波系数。

2.2　数值收敛测试

依据线性造波理论[2]，用推板造线性波时，若要产生一个正弦波面：

$$\eta = -\frac{H}{2}\sin(kx - \omega_t) \tag{12}$$

推板的位移应设为：

$$\xi(t) = \frac{S}{2}\cos\omega_t \tag{13}$$

并且造波板的冲程 S 与目标波波高 H 有如下关系:

$$\frac{H}{S} = \frac{2(\cosh 2kh - 1)}{\sinh 2kh + 2kh} \tag{14}$$

式中,h 为水深,k 为波数。

图 1 显示的是用四种时间步长算得的 40 s 时刻水池波面曲线,其中水池水平方向都取 600 个单元,波面处垂向都取 20 个单元,可以看到算得的波面随着时间步长的增大有降低的趋势。

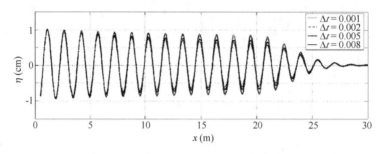

图 1 四种时间步长下得到的 40 s 时刻水池中的波面曲线

为检验造波效果,在实验水池中造出的一段瞬时极限波进行数值模拟。根据 Daniel 实验中的摇板驱动信号(如图 2)设置动边界的运动:

$$\alpha = \begin{cases} A_1 \sin[\omega_1(t - \theta_1)], & t_1 \leqslant t \leqslant t_2 \\ A_2 \sin[\omega_2(t - \theta_2)], & t_2 \leqslant t \leqslant t_3 \end{cases} \tag{15}$$

式中,α 表示摇板的角位移,A_1、A_2 是前后两段做正弦摆动的幅度,ω_1、ω_2 是相应的角频率。

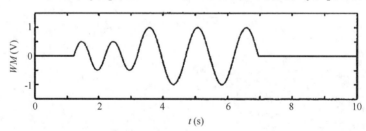

图 2 实验中的造波板电压信号

若让推板仅做正弦运动,推板的位移公式:

$$\xi(t) = -\xi_0 \cos\omega_t \tag{16}$$

Madsen 修正后的二阶造波板运动位移公式为:

$$\xi = \xi^1 + \xi^2 = -\xi_0\left[\cos\omega_t + \frac{a}{2h_0 n_1}\left(\frac{3}{4\sinh^2 kh_0} - \frac{n_1}{2}\right)\sin 2\omega_t\right] \tag{17}$$

其中，

$$n_1 = \frac{1}{2}\left(1 + \frac{2kh_0}{\sinh 2kh_0}\right), \xi_0 = \frac{an_1}{\tanh kh_0} \tag{18}$$

式中，ξ_0 表示推板冲程；h_0 表示水深；k 表示波数，满足线性波频散关系；a 表示波幅。由此产生的是 stokes 二阶波，在传播过程中能保证稳定的波形：

$$\eta = \frac{H}{2}\cos(kx - \omega_t) + \frac{\pi}{8}\frac{H^2}{L}\frac{\cosh kh}{\sinh^3 kh}(\cosh 2kh + 2)\cos[2(kx - \omega_t)] \tag{19}$$

3 意义

根据 OpenFOAM 平台，通过 OpenFOAM 的边界条件类和求解器层面的代码改写，建立了水池的造波模型，实现了二维数值水池的数值造波和消波。在线性波的数值收敛测试中发现，在此套水池的造波模型下，波面区域网格的长宽比不能过大，否则会引起严重的数值黏性，从而使造出的波出现衰减的假象，这种因数值黏性造成波的衰减往往大于物理黏性造成的衰减。随后对实验室的一段瞬时极限波进行模拟显示，其与实验情况吻合得比较好，造出的有限振幅波与 Madsen 的实验结果以及 Huang C J 的数值模拟结果非常接近，证明基于 OpenFOAM 的水池造波模型的效果非常好。

参考文献

[1] 查晶晶,万德成.用 OpenFOAM 实现数值水池造波和消波.海洋工程,2011,29(03):1-12.

[2] Dean R G, Dalrymple R A. Water Wave Mechanics for Engineers and Scientists. New Jersey: Prentice-Hall Inc., 1984.

播种器的排种磁场模型

1 背景

　　针对蔬菜、花卉类小颗粒种子的精密播种,开发了一种新型磁吸式精密播种器,利用磁吸力将磁粉包衣种子从种群中精确分离出来,再借助排种机构实现连续取种和播种。磁吸式播种器多个磁吸头整排布置,从而组成了一平面多极开放磁系,对于这一磁系,不同的磁极形状及磁极配置方案将直接影响到磁力排种空间的磁场特性,并最终影响播种器的排种性能。胡建平等[1]将着重分析不同磁系结构下磁力排种空间的磁场特性,为磁系结构设计提供理论参考。

2 公式

　　磁场空间某一点的磁场强度可用下式表示[2]:

$$\vec{H} = He^{i\alpha} = (H_0 e^{-cy})$$

式中,H 为 $\vec{H}$ 的模,$H = H_0 e^{-cy}$;e 为自然对数底;C 为磁场不均匀系数,与磁系结构有关;H_0 为磁极表面磁场强度,A/m;y 为离开磁极表面的垂直距离;α 为磁场 $\vec{H}$ 与 y 轴的夹角。

　　取 $\alpha = 0$,可得沿磁极中心垂直方向 y 的磁场强度:

$$H_y = H_0 e^{-cy}$$

　　将上式对 y 进行微分得磁场梯度:

$$gradH_y = \frac{dH_y}{d_y} = -cH_0 e^{-cy} = -cH_y$$

　　由此得离极面中心距离 y 处的磁场力:

$$H_y gradH_y = H_y(cH_y) = cH_y^2 = cH_0^2 e^{-2cy}$$

　　当电磁安匝数一定时,也即磁极面磁场强度 H_0 一定时,从距离 y_1 至 y_2,磁力势能的总和为:

$$f_{y_1 \sim y_2} = \int_{y_1}^{y_2} cH_0^2 e^{-cy} \mathrm{d}y = \frac{H_0^2}{2}\left(\frac{1}{e^{2cy_1}} - \frac{1}{e^{2cy_2}}\right)$$

122

令 $y_1 = 0$，$y_2 \to \infty$，则得磁力势能的总和为：

$$f_{\Sigma} = \frac{H_0^2}{2}(1 - 0) = \frac{H_0^2}{2}$$

取 $y_1 = 0$，$y_2 = 10 \text{ mm}$，$C = 0.1$，得 $0 \sim 10 \text{ mm}$ 内磁力势能之和：

$$f_{10} = 0.86\frac{H_0^2}{2} = 0.86f_{\Sigma}$$

不同磁极形状电磁铁的磁场强度如图 1 所示。

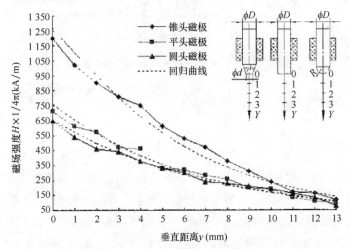

图 1　不同磁极形状电磁铁的磁场强度特性

在此建立了 3 种磁极形状电磁铁的磁场强度回归方程，如表 1 所示。

表 1　磁场强度的回归分析

磁极形状	磁场不均匀系数 c	磁极面磁场强度 $H_0 \times \dfrac{10^3}{4\pi}$（A/m）		磁场强度回归方程
		回归值	实测值	
锥头磁极	0.164	1 280.8	1 200	$H_y = 1\ 280.8e^{-0.164y}$
平头磁极	0.143	812.3	750	$H_y = 812.3e^{-0.143y}$
圆头磁极	0.127	645.5	630	$H_y = 645.5e^{-0.127y}$

播种器3种磁极形状电磁铁的磁场力变化曲线如图2所示。

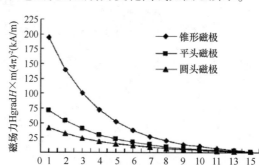

图2　不同磁极形状电磁铁磁场力变化曲线

3　意义

应用有关磁学理论,建立了播种器的排种磁场模型,这是磁力排种空间的磁场强度、磁场力的计算模型。根据播种器的排种磁场模型,确定了平面多极磁系在磁力排种空间的总体磁场特性。通过播种器的排种磁场模型的计算结果与磁场测试和回归分析,得出了圆头磁极、平头磁极以及锥头磁极3种磁极磁系在不同气隙高度的磁场强度和磁场力。该模型的计算结果表明磁力排种空间的磁场力主要集中在磁极面附近,3种磁极中锥头磁极的磁场力最大,磁力性能最优。

参考文献

［1］　胡建平,李宣秋,毛罕平.磁吸式精密播种器磁力排种空间的磁场特性分析.农业工程学报,2005,
　　　21(12):39-42.

［2］　孙仲元.磁选理论[M].长沙:中南工业大学出版社,1987:68-199.

紫花苜蓿的水移动模型

1 背景

中国牧区地处干旱半干旱地区,水资源短缺极大地影响和限制人工牧草生产,研究土壤含水率及气象因子与紫花苜蓿叶水势、蒸腾速率之间的关系,对进一步认识干旱条件下紫花苜蓿的适应性及生长状况具有重要意义。国内外对紫花苜蓿在这方面的研究较少,佟长福等[1]对紫花苜蓿的叶水势、蒸腾速率进行初步研究,为紫花苜蓿高产节水栽培提供生理依据。

2 公式

叶水势与温度具有直线相关关系,关系式如下:

$$\varphi_L = -0.275\,52T_q + 4.070\,9$$

式中,φ_L 为叶水势,MPa;T_q 为近地层气温,℃,其相关系数 $R^2 = 0.943\,2$。

叶水势与饱和差的关系如下:

$$\varphi_L = 0.006\,6D^2 - 0.473\,8D + 2.944\,7$$

式中,φ_L 为叶水势,MPa;D 为饱和差,hPa,其相关系数 $R^2 = 0.742\,4$。

叶水势与净辐射的关系如下:

$$\varphi_L = 4 \times 10^{-6}R_n^2 - 0.012\,2R_n + 1.414\,5$$

式中,φ_L 为叶水势,MPa;R_n 为净辐射,W/m²,其相关系数 $R^2 = 0.793\,2$。

蒸腾速率 T 在一定范围内与净辐射 R_n 呈直线关系,即:

$$T = 0.006\,1R_n + 1.428\,9$$

式中,T 为蒸腾速率,μg/(s·cm²);R_n 为净辐射,W/m²,其相关系数 $R^2 = 0.787\,1$。

蒸腾速率与气温 T_q(℃)呈二次抛物线关系,即:

$$T = -0.196\,17T_q^2 + 7.970\,3T_q - 76.409$$

式中,T 为蒸腾速率,μg/(s·cm²);T_q 为近地层气温,℃,其相关系数 $R^2 = 0.509\,8$。

蒸腾速率 T 与饱和差 D 也呈二次抛物线关系,即:

$$T = -0.076\,3D^2 + 2.232D - 10.577$$

式中,T 为蒸腾速率,μg/(s·cm²);D 为饱和差,hPa,其相关系数 $R^2 = 0.836\,7$。

叶水势的变化规律及其与气象因素的关系如图1所示。

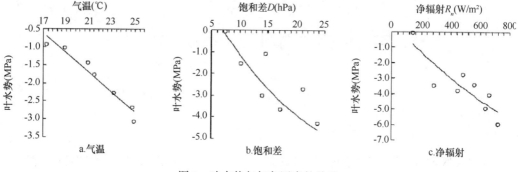

图1 叶水势与气象因素的关系

蒸腾速率的变化规律及其与气象因素的关系如图2所示。

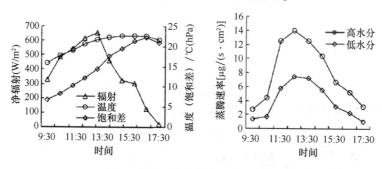

图2 蒸腾速率与气象因素的关系

3 意义

根据紫花苜蓿的水移动模型,利用相关田间试验资料,确定了叶水势、蒸腾速率在不同灌溉水平下的日变化规律。通过叶水势、蒸腾速率与土壤含水率和气象因素(气温、净辐射和饱和差)之间的关系,建立了紫花苜蓿的水移动模型,这是叶水势和蒸腾速率与气象因素间的定量关系式,对紫花苜蓿的合理灌溉具有指导意义。应用紫花苜蓿的水移动模型,计算可预测充分供水条件下叶水势和蒸腾速率的变化。由于作物本身的调节作用以及多种因素的影响,还需要对紫花苜蓿的水移动模型做深入的研究,以便更加准确地模拟叶水势和蒸腾速率变化规律。

参考文献

[1] 佟长福,郭克贞,史海滨,等. 环境因素对紫花苜蓿叶水势与蒸腾速率影响的初步研究. 农业工程学报,2005,21(12):152-155.

苹果酒的酵母优选模型

1 背景

酵母是发酵工业的灵魂,在酿造酒尤其是果酒的酿造中,酵母的性能对发酵产品的质量和类型起着决定性的作用。由于不同的酵母在发酵过程中,代谢产物的种类和数量都存在不同程度的差异,因此不同的酵母菌可以形成不同风味的果酒。化学分析技术的发展为剖析果酒香气成分提供了便利,彭帮柱等[1]旨在解决传统方法中的缺陷,利用固相微萃取法富集苹果酒的主要香气成分,联合气相色谱质谱分析香气组分的关系,提出感官品评与定量测定苹果酒主要香气成分相结合以及利用模糊综合评判法优选酿造酵母的方法。

2 公式

选择 8 种不同菌株发酵的苹果酒,根据香气成分的定量分析结果,进行模糊综合评判。
首先,建立评判对象集:

$$U = \{u_1, u_2 \cdots, u_n\} = \{F4, F6, F8, F11, F14, F15, F16, 1750\}$$

结合感官评价得分,建立评判因素集如下:

$$X = \{x_1, x_2, \cdots, x_n\} = \{x_1, x_2, x_3\}$$

式中, x_1 为感官得分, x_2 为高级醇类, x_3 为酯类。
再构造感官评分因素的隶属函数如下:

$$U(x_1) = x_1/100, 50 \leqslant x_1 < 100$$

构造高级醇类和酯类隶属函数如下:

$$U(x_2) = \begin{cases} 1, x_2 \geqslant 100 \\ (x_2 - 45)/55, 45 \leqslant x_2 < 100 \\ 0, x_2 < 45 \end{cases}$$

$$U(x_3) = \begin{cases} 1, x_3 \geqslant 90 \\ (x_3 - 20)/70, 70 \leqslant x_3 < 90 \\ 0, x_3 < 70 \end{cases}$$

经分析研究表明,香气成分中高级醇和酯类对果酒的质量起决定性作用,且酯类较醇类对苹果酒呈香特征贡献大,结合感官品评,根据德尔菲法,确定评判中的权重分配为:

128

$$A = \{a_1, a_2, \cdots, a_n\} = \{a_1, a_2, a_3\} = \{0.35, 0.30, 0.35\}$$

式中，$\sum_{i=1}^{n} a_i = 1 (i = 1, 2, \cdots, n)$。

对 U_i 的每一因子利用 $U(x_i)$ 进行模糊化，可得到 $X \times U$ 上的模糊关系矩阵 R，即：

$$R = \begin{bmatrix} r_{11} & r_{12} & \cdots & r_{1n} \\ r_{21} & r_{22} & \cdots & r_{2n} \\ \cdots & \cdots & \cdots & \cdots \\ r_{m1} & r_{m2} & \cdots & r_{mn} \end{bmatrix}$$

利用模糊线性变换法得到的评判结果为：

$$B = A \cdot R$$

8 种不同菌株发酵苹果酒的感官评分结果见表 1。

表 1　不同苹果酒的感官质量分析

菌株	F4	F6	F8	F11	F14	F15	F16	1750
感官评分	79.5	81.5	87	89	90.5	88	81	83

不同菌株发酵苹果酒主要香气成分的定量分析结果见表 2。

表 2　不同苹果酒主要香气成分的定量分析结果

序号	香气成分	分子式	分子量	酒样							
				F4	F6	F8	F11	F14	F15	F16	1750
1	3-甲基-1-丁醇	$C_5H_{12}O$	88	20.46	35.08	35.66	30.50	ND	ND	ND	ND
2	2-甲基-1-丁醇	$C_5H_{12}O$	88	ND	ND	ND	ND	44.56	38.12	20.30	32.21
3	2,3-丁二醇	$C_4H_{10}O_2$	90	11.99	18.27	11.3	14.48	18.01	8.56	6.38	4.83
4	正丁醇	$C_4H_{10}O$	74	2.50	8.10	8.79	5.31	8.97	5.30	3.26	1.44
5	2-苯乙醇	$C_8H_{10}O$	122	4.51	17.18	18.17	15.62	25.31	21.21	10.06	20.63
6	2,3-二辛醇	$C_8H_{18}O_2$	146	1.27	10.52	0.74	4.92	11.26	5.54	1.36	6.34
7	4-羟基苯乙醇	$C_8H_{18}O_2$	146	0.54	1.73	ND	1.78	2.57	3.00	1.16	1.59
	总高级醇含量			41.27	90.88	74.66	72.61	110.7	81.73	42.52	67.04
8	乙酸乙酯	$C_4H_{10}O_2$	88	25.23	20.12	13.24	25.50	34.56	26.38	15.21	26.34
9	乳酸乙酯	$C_5H_{10}O_3$	118	1.08	1.91	3.61	2.52	4.55	2.90	2.63	4.81
10	己酸乙酯	$C_8H_{16}O_2$	144	20.18	13.47	21.25	17.69	18.32	20.75	22.28	24.87
11	辛酸乙酯	$C_{10}H_{20}O_2$	172	10.24	12.46	14.55	14.86	13.28	16.88	10.08	9.18
12	癸酸乙酯	$C_{12}H_{24}O_2$	200	14.05	17.29	21.34	18.30	13.56	22.15	17.4	11.92
13	丁二酸单乙酯	$C_6H_{10}O_4$	146	2.23	7.48	3.06	10.62	7.21	5.39	10.21	1.16
	总脂含量			73.01	72.73	77.05	89.49	91.48	94.45	82.81	78.28

3   意义

在此建立了苹果酒的酵母优选模型,这包括了高级醇类和酯类的模糊综合评判隶属函数模型和感官得分的隶属函数模型。对 8 株不同的酵母,利用顶空法固相微萃取与气相色谱质谱联用鉴定了各自发酵所得苹果酒挥发性香气的主要成分。选取了对苹果酒总体香气质量贡献较大的 7 种高级醇类和 6 种酯类,并以 2-辛醇为内标,测定了它们各自的含量,并构建了高级醇类和酯类的模糊综合评判隶属函数模型,结合感官品评,构建了感官得分的隶属函数模型。然后根据苹果酒的酵母优选模型,利用模糊综合评判法,优选出了 F14 为最优苹果酒酿造酵母。此处提出的模糊综合评判法比传统的感官品评法具有优越性、客观性,能较全面地利用酒样信息。

参考文献

[1]   彭帮柱,岳田利,袁亚宏,等. 基于模糊综合评判的苹果酒酵母优选技术研究. 农业工程学报,2005,21(12):163-166.

农业生态系统的能值评价模型

1 背景

农业产业化和农村城镇化的互动共进是解决中国三农问题的有效途径。对东部快速发展地区城镇化示范县市的农业生态系统的发展动态进行客观、量化的生态经济分析、评价研究,对于其自身乃至中西部地区的农业产业化和城镇化发展有着直接的促进和借鉴意义。陆宏芳等[1]综合运用能值理论方法和环境经济学系列评价方法,在原有能值综合评价指标体系的基础上,探索能值理论方法和环境经济学方法的整合路径。

2 公式

能值效益率(EBR)为:

$$EBR = \frac{MV + ESV}{N + F}$$

式中,MV 为直接市场价值能值,ESV 为间接生态服务价值,N 为本地投入不可再生资源能值,F 为反馈投入不可再生资源能值。

产出的本地影响率(LER)为:

$$LER = \frac{LC}{U}$$

式中,LC 为供本地消费的产出能值,U 为能值总产出。

各分支的实际能值流量,即:

$$Y_i = (U \times Y'_i) / Y' = U \times \sum_{i=1}^{m} (Y_{ij} \times \overline{T_{ij}}) / \sum_{i=1}^{n} \sum_{j=1}^{m} (Y_{ij} \times \overline{T_{rj}})$$

式中,Y_{ij} 为系统产出中第 i 个分支中的第 j 种产品数量,T_{rj} 为第 j 种产品的全球平均能值转换率。

农业系统能值可持续指标(ESI)为:

$$ESI = \frac{\dfrac{R + N + F}{F}}{\dfrac{F + N}{R}} = \frac{R + N + F}{F + N} \times \frac{R}{F}$$

系统能值可持续发展指标（*EISD*）为：

$$EISD = \frac{\dfrac{R+N+F}{F} \times EER}{\dfrac{F+N}{R}} = \frac{R+N+F}{F+N} \times \frac{R}{F} \times EER$$

式中，*EER* 为能值交换率。

能值效益率（*EBR*）为：

$$EBR = \frac{MV+ESV}{N+F} = \frac{(R+N+F) \times EER}{F+N} = \frac{R+N+F}{F+N} \times EER$$

由顺德农业生态系统能值分析表归并、简化，可得到该农业生态系统的能值流简表（见表1）。

表1　农业生态系统能值流简表

项目	1978 年	1980 年	1985 年	1990 年	1992 年	1995 年	2000 年
用地面积（m²）	4.55×10^8	4.57×10^8	4.46×10^8	4.35×10^8	4.23×10^8	3.74×10^8	3.38×10^8
投入							
本地可再生资源能值投入 R（sej）	5.67×10^{19}	5.70×10^{19}	5.56×10^{19}	5.43×10^{19}	5.28×10^{19}	4.66×10^{19}	4.22×10^{19}
本地不可再生资源能值投入 N（sej）	2.15×10^{18}	2.17×10^{18}	2.05×10^{18}	1.91×10^{18}	1.79×10^{18}	1.33×10^{18}	1.01×10^{18}
可再生资源能值反馈投入 R_1（sej）	3.93×10^{20}	4.62×10^{20}	6.92×10^{20}	1.43×10^{20}	1.57×10^{21}	1.60×10^{21}	1.55×10^{21}
不可再生资源能值反馈投入 F_1（sej）	1.68×10^{21}	2.25×10^{21}	3.10×10^{21}	2.91×10^{21}	2.96×10^{21}	2.69×10^{21}	2.35×10^{21}
系统能值使用总量 U（sej）	2.13×10^{21}	2.77×10^{21}	3.85×10^{21}	4.40×10^{21}	4.58×10^{21}	4.34×10^{21}	3.95×10^{21}
产出							
直接市场价值 MV（sej）	2.71×10^{21}	2.34×10^{21}	2.90×10^{21}	3.20×10^{21}	2.88×10^{21}	3.12×10^{21}	2.71×10^{21}
间接生态服务价值 ESV（sej）	1.90×10^{20}	1.91×10^{20}	1.93×10^{20}	2.04×10^{20}	2.09×10^{20}	2.24×10^{20}	2.30×10^{20}
环境经济价值 EEV=（MV+ESV）（sej）	2.90×10^{21}	2.53×10^{21}	3.09×10^{21}	3.40×10^{21}	3.09×10^{21}	3.34×10^{21}	2.94×10^{21}
以全球平均生产力水平计系统产出能值 Y′（sej）	3.20×10^{21}	3.64×10^{21}	4.60×10^{21}	5.80×10^{21}	5.69×10^{21}	5.10×10^{21}	4.81×10^{21}
供本地消耗的产出能值 LC（sej）	5.95×10^{20}	6.76×10^{20}	9.12×10^{20}	9.57×10^{20}	1.05×10^{21}	9.20×10^{20}	7.23×10^{20}

能值评价指标动态值如表2所示。

表2　农业生态系统能值评价表

能值指标	表达式	1978 年	1980 年	1985 年	1990 年	1992 年	1995 年	2000 年
环境负载率 ELR	$(N+F)/(R+R_1)$	3.75	4.34	4.15	1.96	1.83	1.63	1.47
能值产出率 EYR	$U/(F+R_1)$	1.03	1.02	1.02	1.01	1.01	1.01	1.01
能值投资率 EIR	$(F+R_1)/(R+N)$	35.23	45.83	65.78	77.21	82.98	89.51	90.26

续表

能值指标	表达式	1978 年	1980 年	1985 年	1990 年	1992 年	1995 年	2000 年
能值交换率 EER	MV/U	1.27	0.84	0.75	0.73	0.63	0.72	0.69
能值可持续指标 ESI	EYR/ELR	0.28	0.24	0.25	0.52	0.55	0.62	0.69
能值可持续发展指标 EISD	$EYR \times EER/ELR$	0.35	0.20	0.19	0.38	0.35	0.45	0.47
能值效益率 EBR	$(MV+ESV)/(N+F)$	1.72	1.12	1.00	1.17	1.04	1.24	1.25
能值密度 $ED(10^{12}\ \mathrm{sej/m^2})$	$U/area$	4.70	6.06	8.64	10.1	10.8	11.6	11.7
能值生产率 Y'/U	Y'/U	1.50	1.31	1.19	1.32	1.24	1.18	1.22
本地影响率 LER	LC/U	0.28	0.24	0.24	0.22	0.23	0.21	0.18
环境经济价值与能值价值之比 EEV/U	$(MV+ESV)/U$	2.53	1.69	1.32	1.19	1.01	1.01	0.91

不同可持续发展评价指标动态比较结果如图 1 所示。

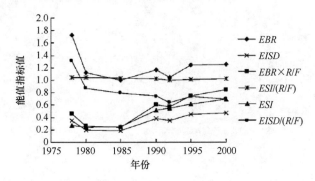

图 1　不同可持续发展评价指标动态比较

3　意义

以能值理论方法为主要手段结合环境经济学方法,建立了农业生态系统的能值评价模型。以顺德市农业系统改革开放 22 年的发展动态为研究对象,根据农业生态系统的能值评价模型,从成本价值结构和产出效应价值两个角度,综合评价在开展城市化过程中城市农业系统的生态经济动态,确定了能值方法与环境经济学方法的整合路径。能值分析方法和环境经济学方法有着较好的互补性和一致性,但在具体指标体系选择与构建及产出端分支的量化上还有待进一步完善。

参考文献

[1] 陆宏芳,陈烈,林永标,等. 基于能值的顺德市农业系统生态经济动态. 农业工程学报,2005,21(12): 20-24.

种植面积的车载测算模型

1 背景

　　获取作物种植面积是农情监测的主要工作之一。在农业生物技术没有重大突破且没有大的自然灾害时,作物播种面积直接决定着当年的作物产量。为此,有必要及时准确地统计全国范围内大宗农作物的种植面积,这对政府部门生产管理、国家粮食安全战略分析和国民经济发展与社会安定都有着重要意义。马蓉等[1]在国家自然科学基金项目——大尺度农作物种植面积空间统计方法与可靠性研究项目的支持下,开发基于图像识别的作物分类种植面积车载测算系统,以下简称 CAOES。

2 公式

　　车载测算系统一般包括野车、计算机、视野采集、数据接收和纵向视野测量等模块。

　　纵向视野测量基于二维视觉测距,一般情况下,某特定样方所经路线的坡度很小,因此可忽略俯仰角变化造成的影响,则纵向视野方向作物的实际覆盖宽度 $|AB|$ 可按照以下公式计算:

$$|AB| = (L - l) \times [\tan(W + V + U/2) - \tan(W + V - U/2)]$$

式中, L 为摄像机在车上的安装高度; l 为作物冠层地面以上的高度; V 为车辆横滚角; W 为安装角,即车辆停放在水平面上时摄像机光轴与铅垂面的夹角; U 为摄像机的垂直视场角。

　　为补偿上述模型中的系统误差,考虑通过试验的方法引入修正因子对系统进行标定以确定 CCD 摄像头拍摄纵向视野范围与拍摄角度和高度之间的实际对应关系。待标定模型记为:

$$y = (c_1 + x_1) \times \{\tan[(x_2 + c_2) \times PI(\,)/180] - \tan\{(x_2 - c_2) \times PI(\,)/180]\}$$

式中, c_1, c_2 为待定修正因子; x_1 为摄像头与作物冠层的落差测量值; x_2 为光轴与铅垂面夹角的测量值,安排单因素试验以确定待定因子。

　　试验选在晴朗且光照不是很强的早晨或下午在开阔平坦区域进行,以得到清晰度、对比度最佳的图像,试验因素水平编码及结果见表 1,每个水平重复做 5 次。

表1　CCD测距试验因素水平编码及对应结果表

水平	−1.414	−1.207	−1.000	−0.500	0.000	0.500	1.000	1.207	1.414
x_1	1.387	1.419	1.450	1.525	1.600	1.675	1.750	1.781	1.812
$\bar{y}$	49 228	50 260	51 293	53 784	56 276	58 768	61 260	62 292	63 324
x_2	66 010	66 150	66 300	66 650	67 000	67 350	67 700	67 840	67 980
$\bar{y}$	38 336	38 598	39 672	45 609	56 276	71 673	91 800	101 522	112 056

可利用 Matlab 软件以最小二乘法拟合确定出两个待定因子如下：$c_1 = 0.4$，$c_2 = 21.04$。然后利用二次回归正交旋转设计再进行一轮试验对模型拟合效果进行评价,试验结果见表2,方差分析结果见表3。

表2　纵向视野测量值和模型预测值

拍摄高度编码	安装角度编码	纵向视野范围测量值(m)	纵向视野范围模型预测值(m)
1	1	94.1	95.47
1	−1	45.45	44.11
−1	1	83.23	82.15
−1	−1	37.76	37.95
1.414	0	63.53	62.35
−1.414	0	48.46	50.37
0	1.414	115.97	117.21
0	−1.414	35.07	36.68
0	0	57.7	56.37
0	0	58.47	56.37
0	0	55	56.37
0	0	56.18	56.37
0	0	54.88	56.37
0	0	55.4	56.37
0	0	56.5	56.37
0	0	56	56.37

表 3　方差分析结果

模型	显著性检验	相关系数
二次回归模型		
$y = 56.12 + 4.98x_1 + 26.06x_2 + 9.47x2\text{^}2$	$F2 = 196.66 > F_{0.05}(5.10) = 6.87$	$R = 0.994$
经验模型		
$y = (0.4 + x_1) [\tan\{(x_2 + 21.04) \times PI( )/180\}$ $- \tan\{(x_2 - 21.04) \times PI( )/180\}]$	$F2 = 1\ 664.10 > F_{0.05}(2.13) = 3.81$	$R = 0.998$

3　意义

利用图像识别的作物分类种植面积车载测算系统,建立了种植面积的车载测算模型。根据种植面积的车载测算模型,进行了系统面积测算的视觉测距模型的推导和试验验证。种植面积的车载测算模型中,镜头焦距定为 8 mm 能够兼顾纵向视野和图像细节两方面的要求,光圈和曝光系数通过软件自适应调节可以满足图像分析需求。通过种植面积的车载测算模型,可以确定其比二次多项式回归模型相关系数更大,预测更稳定。因此,种植面积的车载测算模型用于作物面积抽样调查,可进一步降低野外调查结束后的工作量,并最大限度地减少人为因素的影响,提高调查的客观性和时效性。

参考文献

[1]　马蓉,毛恩荣,杨邦杰,等. 基于图像识别的作物分类种植面积车载测算系统设计. 农业工程学报,
　　　2005,21(12):103-107.

果实黏弹塑性的流变模型

1 背景

农业物料的流变学特性,不仅是设计其加工工艺与机械的理论依据,而且可为减少与控制其在采收、加工、包装、贮运等环节的机械损伤,为提高产品质量提供技术支持。果品流变学的研究基础是普通蠕变及松弛。为此一些学者围绕果品的基本物理特性参数、应用黏弹性模型表征果品的蠕变、松弛特性等方面进行了理论与试验研究。卢立新和王志伟[1]基于果实准静态等速压缩变形特征,提出一表征其非线性黏弹塑性的流变模型,并结合压缩应力—应变试验曲线特征与模型特性提出模型参数的识别方法。

2 公式

依据果实等速压缩弹性、塑性强化特征,作用在非线性弹簧元件的应力可表示为:

$$\begin{cases} \sigma_{e1} = A_1\varepsilon_1^3 + B_1\varepsilon_1^2 + C_1\varepsilon_1 \\ \sigma_{e2} = A_2\varepsilon_2^3 + B_2\varepsilon_2^2 + C_2\varepsilon_2 \end{cases}$$

式中,C_1、C_2 分别为弹簧元件 σ_{e1}、σ_{e2} 的初始弹性模量,A_1,B_1、A_2,B_2 分别为弹簧元件 σ_{e1}、σ_{e2} 的非线性材料常数。

在等速压缩条件下,模型的黏弹塑性部分的应力—应变方程可表示为:

$$\sigma = A_2\varepsilon_2^3 + B_2\varepsilon_2^2 + C_2\varepsilon_2 + \eta\varepsilon_2 + \sigma_s = A_2\varepsilon_2^3 + B_2\varepsilon_2^2 + A_2\varepsilon_2 + \sigma_p$$

式中,C_2 为应变速率;η 为黏性系数;σ_s 为滑块元件阻尼,$\sigma_p = \eta\varepsilon_2 + \sigma_s$。

在压缩变形初期,压缩应力较小,由于存在黏性阻尼与滑块阻尼,当压缩应力小于黏性阻尼与滑块阻尼力之和,即 $\sigma \leq \sigma_p$ 时,其压缩应力全部由弹簧元件 σ_{e1} 承受,而弹簧元件 σ_{e2} 未发生作用,此时果实组织表现为非线性弹性变形。其变形方程可表示为:

$$\sigma = A_1\varepsilon_1^3 + B_1\varepsilon_1^2 + C_1\varepsilon = A_1\left(\frac{\varepsilon}{2}\right)^3 + B_1\left(\frac{\varepsilon}{2}\right)^2 + C_1\left(\frac{\varepsilon}{2}\right)$$

式中,ε 为压缩变形的总应变。

随着压缩变形的增加,当 $\sigma > \sigma_p$ 时,弹簧元件 σ_{e2} 发生作用,此时果实组织表现为非线性弹性黏弹塑变形。非线性弹性黏弹塑变形可表示为:

$$\begin{cases} \sigma = A_1\varepsilon_1^3 + B_1\varepsilon_1^2 + C_1\varepsilon_1 \\ \sigma = A_2\varepsilon_2^3 + B_2\varepsilon_2^2 + C_2\varepsilon_2 + \sigma_p \\ \varepsilon = \varepsilon_1 + \varepsilon_2 \end{cases}$$

鉴于两个非线性弹簧元件 σ_{e1}、σ_{e2} 具有同类型的变形模式,为了便于分析表征,在不改变本构关系性质的条件下,上式可等价为:

$$\sigma = A_T\varepsilon^3 + B_T\varepsilon^2 + C_T\varepsilon + \sigma_p$$

式中,A_T、B_T 为两弹簧元件 σ_{e1}、σ_{e2} 的非线性材料等价常数,C_T 为两弹簧元件的初始弹性等价模量。

果实的非线性黏弹塑性本构关系为:

$$\begin{cases} \sigma = A_1\left(\dfrac{\varepsilon}{2}\right)^3 + B_1\left(\dfrac{\varepsilon}{2}\right)^2 + C_1\left(\dfrac{\varepsilon}{2}\right), \varepsilon \le \varepsilon_p \\ \sigma = A_T(\varepsilon - \varepsilon_p)^3 + B_T(\varepsilon - \varepsilon_p)^2 + C_T(\varepsilon - \varepsilon_p) + \sigma_p, \varepsilon_p \le \varepsilon \le \varepsilon_b \end{cases}$$

式中,ε_p 为对应于压缩应力为 σ_p 引起的两弹簧元件 σ_{e1} 的总应变,ε_b 为两弹簧元件 σ_{e1} 的最大总应变。

根据试验曲线性质,可得:

$$C_1 = \left.\frac{\mathrm{d}\sigma}{\mathrm{d}\varepsilon}\right|_{\varepsilon=0} = 2k_1$$

式中,k_1 为变形起始点 O 处的曲线切线斜率。

由于曲线 OP、PQR 在变形特征转换点 P 处须保持连续光滑,则有:

$$\sigma = \sigma_p, \quad \left.\frac{\mathrm{d}\sigma}{\mathrm{d}\varepsilon}\right|_{\varepsilon=\varepsilon_p} = k_2$$

式中,k_2 为变形特征转换点 P 处的曲线切线斜率。

进而可求得:

$$\begin{cases} A_1 = \dfrac{8(k_1+k_2)\varepsilon_p - 16\sigma_p}{\varepsilon_p^3} \\ B_1 = \dfrac{12\sigma_p - 4(2k_1-k_2)\varepsilon_p}{\varepsilon_p^2} \\ C_T = k_2 \end{cases}$$

最后利用试验曲线生物屈服点 Q 处的特征条件,确定参数 A_T,B_T。对应试验曲线,当果实组织出现生物屈服时有:

$$\sigma = \sigma_y, \quad \left.\frac{\mathrm{d}\sigma}{\mathrm{d}\varepsilon}\right|_{\varepsilon=\varepsilon_y} = 0$$

从而可得:

$$\begin{cases} A_T = -\dfrac{2(\sigma_y - \sigma_p) - C_T(\varepsilon_y - \varepsilon_p)}{(\varepsilon_y - \varepsilon_p)^3} \\ B_T = -\dfrac{3(\sigma_y - \sigma_p) - 2C_T(\varepsilon_y - \varepsilon_p)}{(\varepsilon_y - \varepsilon_p)^2} \end{cases}$$

式中,σ_y、ε_y分别为果实组织出现生物屈服时的应力、应变值。

3 意义

根据果实等速压缩变形特征,提出了一表征其黏弹塑性的流变模型,这就是果实黏弹塑性的流变模型。该模型包括 3 个非线性弹簧元件、一个黏性元件以及一个滑块元件。结合压缩应力—应变试验曲线特征与模型特性提出了模型参数的数值确定方法。采用梨果实全果肉、带核果肉两种试样进行试验,获得了其黏弹塑性模型参数。采用本模型结合试验结果能较准确简便地确定类似特性果实的流变特征参数。研究结果为果品黏弹塑性流变特性分析以及模型表征提供了一种新的方法。

参考文献

[1] 卢立新,王志伟. 基于准静态压缩的果实黏弹塑性模型. 农业工程学报,2005,21(12):30-33.

莲子汁的流变模型

1 背景

直链淀粉较支链淀粉易返生,支链淀粉几乎不发生返生。不同产地不同品种的莲子,其淀粉含量及直链淀粉含量(AC)存在较大差异,其返生难易程度也不相同,因此,可以通过优选低含量直链淀粉的莲子为原料来生产莲子汁,以确保其产品品质。郑宝东等[1]通过对莲子汁流变特性及贮存过程中流变特性变化的研究,量化莲子汁淀粉返生的程度,为莲子汁品质控制提供依据。

2 公式

根据淀粉返生的动力学模型 Avrami 方程,淀粉的返生程度与时间成指数关系,因此直链淀粉含量、贮存时间和沉淀量之间的数学模型可预测为:

$$Y = K_0 \exp(K_1 T + K_2 T^2 + K_3 T^4 + K_4 C^1 + K_5 C^2)$$

式中,Y 为沉淀量,%;T 为贮存时间,d;C 为直链淀粉含量,%;K_0、K_1、K_2、K_3、K_4、K_5 为常数。

将上式两边取自然对数,得:

$$\ln Y = \ln K_0 + K_1 T + K_2 T^2 + K_3 T^4 + K_4 C^1 + K_5 C^2$$

将贮存时间 T、直链淀粉含量 C 作为两个因变量,以返生沉淀量 Y 为应变量,采用逐步回归法[2],对试验数据进行多元回归拟合,得回归方程为:

$$\ln Y = -0.676 + 0.020T - 7.562 \times 10^{-5} T^2 + 9.955 \times 10^{-8} T^3 + 0.05C - 0.001C^2 \quad R^2 = 0.967$$

即数学模型为:

$$Y = 0.5107 \exp(0.020T - 7.562 \times 10^{-5} T^2 + 9.955 \times 10^{-8} T^3 + 0.05C - 0.001C^2)$$

试验数据方差分析结果如表 1 所示。

表 1　回归方程的方差分析

	平方和	自由度	均方和	F 值	显著水平 P
回归	16.489	7	3.297	462.332	<0.01
残差	0.556	78	0.007		
总和	17.039	83			

试验数据回归方程系数显著性检验结果如表 2 所示。

表 2　回归方程系数显著性检验

系数	未标准化系数		标准化系数	t	P
	系数	系数标准误差	系数 β		
常数项	−0.676	0.090		−7.527	<0.001
T	0.020	0.001	4.602	17.981	<0.001
T^2	−7.562E−05	<0.001	−6.966	−11.637	<0.001
T^3	9.955E−08	<0.001	3.292	9.064	<0.001
C	0.050	0.011	0.555	4.410	<0.001
C^2	−0.001	<0.001	−0.360	−2.865	0.005

为了检验直链淀粉含量、贮存时间和沉淀量之间模型方程的合适性和有效性，进行了 10 组验证试验，其结果见表 3。

表 3　模型的验证结果

试验组别	因变量		应变量 Y	
	T	C	实测值	预测值
1	30	19.847	1.64	1.59
2	90	19.847	3.32	3.28
3	180	19.847	5.17	5.24
4	360	19.847	7.25	7.18
5	90	7.578	2.55	2.48
6	180	7.578	3.91	3.97
7	210	7.578	4.33	4.21
8	90	17.304	3.26	3.17
9	180	17.304	4.98	5.08
10	210	17.304	5.19	5.37

3　意义

收集中国具有代表性的 22 个野生及栽培莲子品种，并测定各品种直链淀粉含量（AC），按 AC 梯度从中选择 7 个莲子品种为原料分别制作莲子汁，研究莲子汁的流变特性和贮存过程中淀粉返生所致的流变性质变化，利用逐步回归法，建立了莲子汁返生沉淀量与直链淀粉含量、贮存时间之间的数学模型，这就是莲子汁的流变模型。根据莲子汁流变模型的计算可知,莲子直链淀粉含量品种间差异较大,莲子汁为假塑性流体,淀粉在返生过程中黏度呈下降趋势,直链淀粉含量越高,黏度在贮存初期下降越快。

参考文献

[1] 郑宝东,曾绍校,李怡彬,等. 莲子淀粉品质对莲子汁流变特性和保质期影响的研究. 农业工程学报,2005,21(12):167-170.
[2] 胡运权,张宗浩. 实验设计基础[M]. 哈尔滨:哈尔滨工业大学出版社,1997.

喷雾器的雾化模型

1 背景

    静电喷雾是应用高压静电技术使液滴表面带电,根据同种电荷相互排斥作用产生与表面张力相反的附加内外压力差,降低表面张力,使药液进一步均匀破碎,飞向电荷极性相反的植物叶片,雾滴做定向运动吸附在目标的各部位,提升了着靶率,达到沉降率高、飘移散失少的效果,减少了农药对环境的污染,且降低了农药的用量,提高了食品安全性,其意义深远而重大。余泳昌等[1]根据公式对手动喷雾器组合充电式静电喷雾装置的雾化效果进行了探讨。

2 公式

    采用纸卡法采样,由于雾滴在取样纸上的痕迹大致为圆形,应校正为球体直径,按下面公式计算:

$$d = kD$$

式中, d 为校正后的雾滴直径, μm; D 为显微镜下的读数, μm; k 为校正系数, $k = 0.36$。

    按以下公式计算雾滴直径均匀度:

$$DR = \frac{NMD}{VMD}$$

式中, DR 为雾滴直径均匀度; NMD 为雾滴数量中径, μm; VMD 为雾滴体积中径, μm^3。

    按下列公式计算雾滴直径标准差:

$$\bar{d} = \frac{1}{n} \sum_{i=1}^{n} d_i$$

$$ss = \sum_{i=1}^{n} (d_i - \bar{d})^2$$

$$std = \sqrt{\frac{ss}{n}}$$

式中, d 为雾滴直径平均值, μm; n 为雾滴总数; d_i 为第 i 个雾滴的雾滴直径, μm; ss 为雾滴直径离均差平方和, μm^2; std 为雾滴直径标准差, μm。

    将不同大小雾滴分级统计,测定结果见表1。

表1 雾滴直径测定结果

项目		直径分级(μm)										
		30	40	50	60	70	80	90	110	130	150	170	190
各级雾滴数量	常规	4	14	21	26	28	46	37	42	30	18	24	10
	静电1	9	20	24	40	38	70	44	27	20	8	0	0
	静电2	15	23	35	45	67	47	36	28	0	0	4	0

注:常规表示常规喷雾;静电1表示单电极充电静电喷雾;静电2表示组合电极充电静电喷雾;后同。

雾滴直径均匀度的计算结果见表2。

表2 雾滴中径及均匀度计算结果

试验号	测定项目			
	数量中径(μm)	体积中径(μm)	均匀度 DR	标准差(μm)
常规	84	138	0.61	40.2
静电1	73	95	0.768	26.7
静电2	65	84	0.773	23.6

3种不同喷雾方式的雾滴分布曲线如图1·所示。

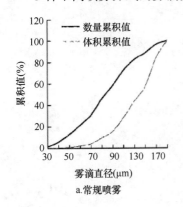
a.常规喷雾

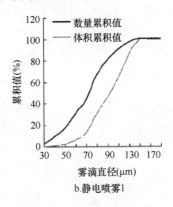
b.静电喷雾1

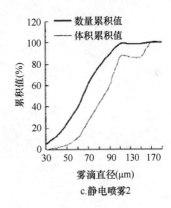
c.静电喷雾2

图1 雾滴分布曲线

3 意义

在常用手动喷雾器基础上,采用组合充电式静电喷雾装置,对其工作原理和关键结构进行了理论探讨,建立了喷雾器的雾化模型,并进行了常规喷雾与静电喷雾的雾化质量对比试验。利用喷雾器的雾化模型,计算可知所设计装置能够达到静电喷雾的效果,静电喷雾的雾滴谱较窄,雾滴粒径细小,均匀度较高,组合充电方式和液力式雾化原理的结合较好地实现了静电喷雾。若采用可充电电源做喷雾机动力源,有节能防污效果,同时电源亦能与静电发生装置有机结合,使整机结构简单,成本降低,扩大使用范围。

参考文献

[1] 余泳昌,王保华,史景钊,等. 手动喷雾器组合充电式静电喷雾装置的雾化效果试验. 农业工程学报, 2005,21(12):85-88.

土地利用的空间变化模型

1　背景

　　土地利用及其变化是自然与人文过程交叉最为密切的问题,通过与生态系统其他组成部分的交互作用,土地利用会对全球生态安全带来广泛和深远的影响,因此土地利用变化得到越来越多的重视。段增强等[1]以北京市海淀区1991—2001年土地利用数据为基础,计算了1991—2001年的土地利用转换矩阵,提出了土地利用类别净变化、交换变化和总变化量的计算方法,并论述了判断类别间优势转换规则的方法。

2　公式

　　硬分类是指一个像素或栅格仅有一个土地使用类型,硬分类条件下的土地利用转换矩阵中的行表示T1时点土地利用类型,列表示T2时点土地利用类型,P_{ij}、P_{+j}、P_{i+}的计算公式如下:

$$P_{ij} = S_{ij}/S$$

$$P_{+j} = \sum_{i=1}^{n} P_{ij}$$

$$P_{i+} = \sum_{j=1}^{n} P_{ij}$$

式中,P_{ij}为T1~T2期间土地类型i转换为类型j的面积占总面积百分比,P_{+j}为时点T2地类j的总面积百分比,P_{i+}为T1时点地类i的总面积百分比,S_{ij}为土地类型i转换为类型j的面积,S为总面积,n为地类数。

　　土地利用类型的净变化是土地利用分析中最常用到的信息,土地利用净变化的计算公式如下:

$$NetChange_j = \max(P_{+j} - P_{ij}, P_{j+} - P_{ij}) - \min(P_{j+} - P_{jj}, P_{+j} - P_{jj}) = P_{+j} - P_{j+}$$

　　交换变化就是一个地类在一个地方转换为其他地类,同时在另外的地方又有其他地类转换为该地类。交换变化的计算如下:

$$S_j = 2 \times \min(P_{j+} - P_{jj}, P_{+j} - P_{jj})$$

式中,S_j表示地类j的交换变化[2]。

　　净变化与交换变化共同构成土地利用的总变化,其计算如下:

$$C_j = Netchange_j + S_j$$

式中, C_j 为地类 j 的总变化量。

随机变化条件下,新增地类 i 来自地类 j 的理论频数 G_{ij} 计算如下:

$$G_{ij} = (P_{+j} - P_{jj})\left(\frac{P_{i+}}{\sum\limits_{i=1,i\neq j}^{J} P_{i+}}\right)$$

随机变化条件下,地类 i 流失到地类 j 的理论频数 L_{ij} 计算如下:

$$L_{ij} = (P_{i+} - P_{ii})\left(\frac{P_{+j}}{\sum\limits_{j=1,i\neq j}^{J} P_{+j}}\right)$$

而在软分类条件下,土地利用转换矩阵的计算过程如下。

先进行混合地类因子计算:

$$C_{nij} = \min(C_{nj+}, C_{n+j})$$

$$C_{nij} = \frac{(C_{ni+} - C_{nii}) \times (C_{n+j} - C_{njj})}{1 - \sum\limits_{j=1}^{J} C_{njj}}$$

式中, C_{nj+} 为时点 1 土地利用图中第 n 栅格 j 地类的隶属度, C_{n+j} 为时点 2 土地利用图中第 n 栅格 j 地类的隶属度; C_{nij} 为第 1 时点土地利用图地类 i 与第 2 时点土地利用图地类 j 在第 n 栅格的交叉因子。

再进行软分类条件下的土地利用转换矩阵计算:

$$P_{ij} = \frac{\sum\limits_{n=1}^{N_g} W_n C_{nij}}{\sum\limits_{n=1}^{N_g} W_n}$$

式中, W_n 为第 n 栅格的权重,等于该栅格的有效面积; N_g 为所有有效栅格集合; P_{ij} 为软分类条件下 i 地类到 j 地类的转换概率。

3 意义

在此建立了土地利用的空间变化模型,以基本分辨率硬分类条件下的土地利用转换矩阵为基础,构建了土地利用净变化量、交换变化量、总变化量计算方法。通过土地利用的空间变化模型,进行了土地利用类型间实际转换量与其理论频数的对比,构建了土地利用转换的挖掘潜力方法。同时,又以多分辨率软分类方法为基础,建立了土地利用交换变化距离的分析方法。应用土地利用的空间变化模型,确定了北京市海淀区土地利用的变化。该模型的应用结果表明,其可以有效挖掘各土地利用类型变化信息、土地利用类型间转换规则和土地利用交换变化的空间距离信息,为土地利用空间分析和建模提供有用信息。

参考文献

［1］ 段增强,张凤荣,孔祥斌. 土地利用变化信息挖掘方法及其应用. 农业工程学报,2005,21(12):12-66.

［2］ Robert G Pontius Jr. Emily Shusas, Detecting important categorical land changes while a ccounting for per sistence［J］. Ecosystems and Env ir onment,2004,101,251-268.

微灌出口的预置压力模型

1 背景

灌水均匀度是微灌系统的一个重要指标,为了保证灌水质量,灌水均匀度必须达到一定的要求。压力调节器是目前微灌系统的主要调压装置之一,当进口压力改变时,其流道自动变大或变小,使出口压力保持稳定。压力调节器通常安装在微灌工程支管或毛管进口,保证每条支管或毛管进口压力基本相等,其简化了管网设计,保证了系统安全。田金霞等[1]通过实验对微灌压力调节器参数对出口预置压力的影响展开了探讨。

2 公式

利用动力平衡分析影响压力调节器出口预置压力的参数,根据水力学可知有下列关系成立:

$$P_u - h_1 = P_1$$
$$P_1 - h_2 = P_2 \approx P_d$$
$$F = KL$$

式中, P_1、P_2 为调节组件进、出口断面处的水压,MPa; P_u、P_d 为压力调节器进口和出口水压,MPa; F 为弹簧初始预置力,N; K 为弹簧劲度系数,N/mm; L 为弹簧初始压缩长度,mm; h_1 为水流经过进口花篮堵头进入调节组件的局部水头损失,MPa; h_2 为水流通过调节组件的水头损失,MPa。

初始,压力调节器出口压力随着进口压力的增加而增加,调节组件处于静止状态,受力平衡,有如下关系式成立:

$$KL + M + P_1S_1 = P_2S_2 + F'$$

式中, S_1、S_2 为调节组件进、出口断面面积,mm²; F' 为限位凸台对调节组件的反作用力,N; M 为调节组件和"O"形密封圈之间的摩擦力,N。

当 P_u 增加到一定值时,调节组件开始移动,此临界状态 $F' = 0$,对于调节组件有下式成立:

$$KL + M + P_1S_1 = P_2S_2$$

设移动距离为 Δb,调节组件进口断面与进口花篮堵头之间的初始间距 b 缩小,过水断

150

面减小,使得水头损失 h_1 增大,从而又使 P_2 降低,维持了出口压力稳定,调节组件达到新的平衡,有如下关系式成立:

$$K(L + \Delta b) + M + P_1 S_1 = P_2 S_2$$

整理得:

$$P_d \approx P_2 = \frac{1}{S_2 - S_1}[K(L + \Delta b) + M + h_2 S_1]$$

对弹簧初始压缩量 L 相对于移动距离比较大的压力调节器,其下游压力可近似地表示为:

$$P_d \approx P_2 \approx \frac{1}{S_2 - S_1}[KL + M + h_2 S_1]$$

试验结果用 SPSS 统计软件进行线性回归分析,由此得压力调节器出口预置压力与各参数之间的关系为:

$$P = -0.031 + 0.048K + 0.0028L - 0.0036 S_2/S_1 + 0.0082b$$

式中, P 为出口预置压力,MPa; K 为弹簧劲度系数,N/mm; L 为弹簧初始压缩长度,mm; b 为调节组件距离进口花篮堵头的间距,mm; S_2/S_1 为调节组件出口断面积与进口断面积比。

正交试验各因素的组合及试验结果如表 1 所示,方差分析及显著性检验(按显著性水平 $F_{0.01}$ 检验)结果如表 2 所示。

表 1　正交试验结果和偏差平方和计算表

试验号	K	L	S_2/S_1	b	空列	预置压力(MPa)			合计 $\sum y_i$
						重复 1	重复 2	重复 3	
1	1	1	1	1	1	0.078	0.075	0.076	0.229
2	1	2	2	2	2	0.080	0.080	0.079	0.239
3	1	3	3	3	3	0.074	0.074	0.073	0.221
4	1	4	4	4	4	0.061	0.062	0.061	0.184
5	2	1	2	3	4	0.060	0.060	0.060	0.180
6	2	2	1	4	3	0.089	0.088	0.089	0.266
7	2	3	4	1	2	0.116	0.160	0.116	0.392
8	2	4	3	2	1	0.135	0.135	0.134	0.404
9	3	1	3	4	2	0.055	0.055	0.057	0.167
10	3	2	4	3	1	0.086	0.086	0.087	0.259
11	3	3	1	2	4	0.172	0.172	0.171	0.515
12	3	4	2	1	3	0.178	0.178	0.177	0.533
13	4	1	4	2	3	0.097	0.097	0.097	0.291

试验号	K	L	S_2/S_1	b	空列	预置压力（MPa）			合计 Σy_i
						重复1	重复2	重复3	
14	4	2	3	1	4	0.148	0.148	0.149	0.445
15	4	3	2	4	1	0.125	0.125	0.126	0.376
16	4	4	1	3	2	0.212	0.214	0.215	0.641
M_{1j}	0.873	0.867	1.651	1.599	1.268				$T=5.34$
M_{2j}	1.242	1.209	1.328	1.449	1.439				$\bar{y}=0.111$
M_{3j}	1.474	1.504	1.237	1.301	1.311				
M_{4j}	1.753	1.762	1.126	0.993	1.324				
m_{1j}^2	0.762	0.752	2.726	2.557	1.608				
m_{2j}^2	1.543	1.462	1.764	2.100	2.071				
m_{3j}^2	2.173	2.262	1.530	1.693	1.719				
m_{4j}^2	3.073	3.105	1.268	0.986	1.753				
S_j	0.035	0.037	0.013	0.017	0.001	$S_T=0.104$	$f=47$		

表2　方差分析结果

方差来源	离差平方和 S	自由度 f	均方	F 值	$F_{0.01}(3.35)$	显著性
K	0.035	3	0.011 6	153		显著
L	0.037	3	0.012 4	163		显著
S_2/S_1	0.013	3	0.004 3	56	4.41	显著
b	0.017	3	0.005 6	73		
误差 E	0.010	35	0.000 076			
总和	0.083	47				

对正交试验结果用 SPSS 统计软件进行线性回归分析,结果见表3。

表 3　线性回归模型摘要与回归系数

模型摘要				
模型	R	R^2	估计值的标准误差	F 值	显著性
1	0.973	0.946	0.012 978	48.226	0.000

回归系数					
模型	参数	非标准化系数 B	标准误差	标准化系数 $Beta$	t	显著性 P 值
1	常数	-3.140×10^{-2}	0.017		-1.807	0.098
	K	4.780×10^{-2}	0.006	0.577	8.236	0.000
	L	2.767×10^{-3}	0.000	0.601	8.580	0.000
	S_2/S_1	-3.573×10^{-3}	0.001	-0.309	-4.418	0.001
	b	8.200×10^{-3}	0.001	0.396	5.651	0.000

3　意义

在此建立了微灌出口的预置压力模型,通过微灌出口的预置压力模型和力学平衡,计算得出影响压力调节器性能的主要参数为弹簧劲度系数、弹簧初始压缩长度、调节组件出口断面积和进口断面积比及调节组件距离进口花篮堵头的初始间距。并根据微灌出口的预置压力模型和正交试验,确定了调节器结构参数对出口预置压力的影响。通过微灌出口的预置压力模型和回归方程,建立了压力调节器出口预置压力与 4 个主要影响参数之间的定量关系:压力调节器出口预置压力与 4 个参数之间存在很好的线性关系,这为压力调节器的开发提供了有益参考。

参考文献

[1]　田金霞,龚时宏,李光永,等. 微灌压力调节器参数对出口预置压力影响的研究. 农业工程学报,2005,21(12):48-51.

鸭蛋的悬浮清洗模型

1 背景

在工业化的禽蛋产品加工中,蛋是被成批地放入打蛋机中进行加工的。蛋被打破以后,蛋壳会和蛋的内容物直接接触,经过过滤工序才能将打碎的蛋壳和蛋的内容物分离。为了达到食品工业对食品加工的卫生要求,蛋在被加工前,蛋壳必须是洁净的,否则会造成对食品的污染。王树才等[1]通过实验对鸭蛋整箱悬浮清洗机的机理进行了分析。

2 公式

以碰撞时受力点周围的微小区域作为研究对象,把冲击力 $F(t)$ 分解为受力点处蛋壳曲面的切向分力 $F(t)\tau$ 和法向分力 $F(t)n$, $F(t)n$ 使蛋壳产生法向的压应力,而 $F(t)\tau$ 使蛋壳产生切向的切应力,所以 $F(t)n$ 比 $F(t)\tau$ 对蛋壳的破坏作用大,因此当冲击力 $F(t)$ 的作用方向沿蛋壳曲面的法向(对心碰撞)时,即 $F(t)n = F(t)$ 时,碰撞对蛋的破坏作用最大。由动能定理和动量定理可知:

$$\begin{cases} \dfrac{1}{2}mv^2 = \dfrac{1}{2}(2m)\,v'^2 + \dfrac{1}{2}\int_0^{\Delta\varepsilon}\delta \times \varepsilon \\ mv - 2mv' = \int_0^t F(t)\,\mathrm{d}t \end{cases}$$

式中, m 为鸭蛋的平均质量, δ 为应力, v 为碰撞前两蛋的相对速度, v' 为碰撞后蛋的共同速度, t 为碰撞持续时间, $\Delta\varepsilon$ 为最大应变, ε 为应变, $F(t)$ 为冲击力。

对清洗机的评价主要是其洗净程度、清洗效率和破损率。

单个蛋的洗净程度 = (蛋壳总面积−蛋壳表面污渍面积)/蛋壳总面积

为了简化统计过程,洗净程度可采用感官评定法[2],将蛋的洗净程度与标准参照组比较分为五级,整箱蛋的洗净程度为:

$$G = \left(\sum_{i=1}^5 i \times n_i\right)/N$$

式中, i 为每个蛋的等级数, n_i 为第 i 级蛋的个数, N 为每箱蛋的总个数。

蛋的破损率:

$P =$ 破损蛋的个数/蛋的总个数

　　试验结果表明,蛋的清洗程度 G 及蛋的破损率 P 与清洗轴转速 n ,清洗时间 T ,清洗液比重 g ,每箱清洗蛋的个数 N 之间存在显著关系。单因素试验结果如图1、图2、图3、图4所示。

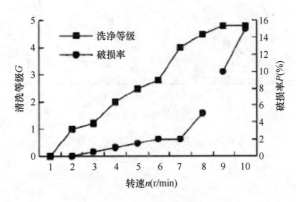

图1　目标参数与清洗轴转速关系

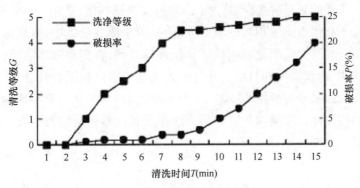

图2　目标参数与清洗时间关系

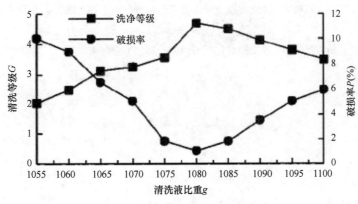

图3　目标参数与清洗液比重关系

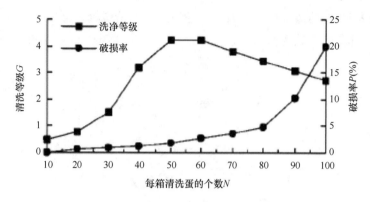

图4　目标参数与每箱清洗蛋个数关系

3　意义

在此建立了鸭蛋的悬浮清洗模型,为了高效清洗整箱鸭蛋,采用一种悬浮清洗方法,将鸭蛋整箱置于比重和鸭蛋比重相当的液体中,使鸭蛋悬浮在液体中,再用柔性搅拌轴慢速搅拌悬浮的鸭蛋。其清洗机理是利用鸭蛋和搅拌轴之间,鸭蛋和液体之间,鸭蛋和容器内壁之间的摩擦作用,达到清洗的目的。通过鸭蛋的悬浮清洗模型的计算结果可知,鸭蛋的清洗程度及鸭蛋的破损率与搅拌轴转速、清洗时间和清洗液比重以及每次清洗鸭蛋的个数之间存在显著的相关性。按照鸭蛋的悬浮清洗模型和试验得出的参数设计的清洗机能够实现鸭蛋整箱悬浮清洗。

参考文献

[1]　王树才,文友先,丁幼春,等. 鸭蛋整箱悬浮清洗机的机理分析与试验. 农业工程学报,2005,21(12):
　　　 80-84.
[2]　王高生. 感官分析方法简介[J]. 标准化报道,1994,15(1):40-45.

烟草种子的超干燥贮藏模型

1 背景

随着低温库的不断发展,低温库建设投资大,技术要求高,常年运行费用大的矛盾越来越突出,成了技术应用的一大障碍,尤其对发展中国家成了一个沉重的负担。种子超干燥贮藏就是在这种情况下应运而生的。为了弄清烟草种子是否适合于超干燥贮藏,1994 年以来许美玲[1]较系统地开展了种子超干燥过程中水分和活力变化规律、种子的寿命预测、种子活力丧失规律、种子贮藏安全性等相关技术研究,以便为烟草种子长期、有效、安全的节能贮藏提供科学依据。

2 公式

Ellis 等[2]进行了 23 种作物种子的超干燥贮藏,并于 1980 年提出了新的种子寿命方程式:

$$V = (K_i - P) / 10 (K_E - C_W Log_{10}^M - C_H t - C_Q t^2)$$

此公式揭示了影响种子贮存寿命的几个主要因子,即种子含水率(m),贮存温度(t),种子质量(K_i)与贮存时间(P)之间的关系[2]。

将烟草种子用不同的干燥剂、按不同的混合比例置放于不同的干燥空间,而种子寿命的预测按不同年度的发芽率降低值来考虑。

含水率采用小粒种子水分测定国家标准:

水分(%) = [(试样烘前重 − 试样烘后重) / 试样烘前重] × 100%

种子活力测定采用作物种子活力测定国家标准:

活力指数 = 发芽指数 × 幼苗干重

或　　　　　　　　　　活力指数 = 发芽指数 × 发芽势

发芽指数(GI):

$$GI = \sum (第 n 天发芽粒数 / n) , (n = 1 \sim 14)$$

将种子在 4 种条件下贮存(A:低温种子库;B:原干燥器;C:室内柜子;D:温室柜子),365 d 后烟草种子发芽数的日变化结果见图 1。

超干燥处理种子在不同条件下的发芽率变化结果如图 2 所示。

不同年代采收种子入库前和贮藏后的活力差异结果如表 1 所示。

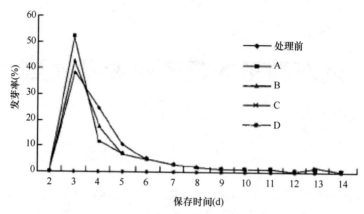

图1 处理 365 d 后烟草种子发芽数的日变化曲线

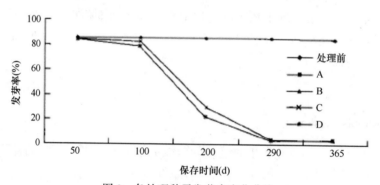

图2 各处理种子发芽率变化曲线

表1 1994—2005 年采收种子入库前发芽势、发芽率和发芽指数多重比较

采种年代	种子份数/份	发芽势/%	5%	1%	发芽势/%	5%	1%	发芽势/%	5%	1%
2005	117	95.8	a	A	96.7	a	A	43.29	a	A
2004	257	90.7	a	A	91.6	a	A	29.80	a	A
2003	249	87.6	b	B	88.5	b	B	27.40	b	B
2000	86	82.4	e	C	83.4	e	C	23.50	d	D
2001	68	81.9	ed	C	82.9	ed	C	24.83	c	C
1999	34	80.4	de	CD	81.6	de	CD	22.10	e	E
2002	279	79.5	e	DE	80.6	ef	DE	24.70	e	CD
1995	100	77.6	f	EF	79.9	f	DE	20.50	f	F
1994	129	76.9	f	F	79.1	f	E	28.01	b	B
1998	23	76.5	f	F	76.9	g	F	15.87	g	G
1997	91	74.3	g	G	80.2	ef	DE	21.43	e	EF
1996	49	71.4	h	H	77.0	g	F	15.20	g	G

3 意义

为最大限度地延长烟草种子寿命,妥善保存烟草种质资源,防止种质资源失传,建立了烟草种子的超干燥贮藏模型。自 1994 年以来,开展了一系列烟草种子超干燥保存及相关技术研究工作。根据烟草种子的超干燥贮藏模型,分别采用不同的干燥剂以及干燥剂与种子的不同比例对不同类型的烟草种子进行超干燥处理。并且采用种子活力年平均降低值等 3 种方法预测了 1978—1995 年采收的 34 份烟草种子的贮藏寿命。通过烟草种子的超干燥贮藏模型,确定了把超干燥的种子放在不同的温度和湿度条件下的贮藏年限。现已成功地保存了 1500 多份烟草种质资源,并探索出延长烟草种子寿命和安全贮藏的新技术。

参考文献

[1] 许美玲. 烟草种子超干燥贮藏及其相关技术研究. 农业工程学报,2005,21(12):156-162.

[2] Ellis R H,Hong T D,Roberts ER. Improved equations for the prediction of seed longevity [J]. Annals of Botany,1980,(45):13-30.

温室黄瓜的生长模型

1 背景

作物生长模拟模型是实现温室作物环境优化,栽培管理优化与标准化的依据。作物光合作用与干物质生产是作物生长模拟模型研究的核心内容之一。以光合作用为驱动的作物生长模型中,作物冠层叶面积指数是除单叶光合速率外决定作物冠层光合作用计算精确与否最重要的作物参数。李永秀等[1]提出了"辐热积"这一综合温度和太阳辐射对作物叶片生长影响的指标,建立了基于辐热积的温室黄瓜叶面积模型,利用不同品种、基质的试验资料,对模型进行了检验。

2 公式

对作物苗期每隔 5d,其余生育期每隔 7d 进行破坏性取样,每次取生长健康均匀一致的 3 株(幼苗取 8 株)黄瓜,然后将叶片覆盖在复印纸上,将复印纸剪成叶形并称重,利用以下公式计算出所描叶片的叶面积:

$$叶片面积 = \frac{1 张复印纸面积 \times 叶形纸重}{1 张复印纸重}$$

相对热效应 RTE 与温度 T 的关系可用以下公式表示:

$$RTE(T) = \begin{cases} 0 \ (T < T_b) \\ (T - T_b) / (T_{ob} - T_b) \ (T_b \leq T < T_{ob}) \\ 1 \ (T_{ob} \leq T \leq T_{ou}) \\ (T_m - T) / (T_m - T_{ou}) \ (T_{ou} < T \leq T_m) \\ 0 \ (T > T_m) \end{cases}$$

式中, $RTE(T)$ 表示温度为 T 时的相对热效应; T_b 为生长下限温度,℃; T_m 为生长上限温度,℃; T_{ob} 为生长的最适温度下限,℃; T_{ou} 为生长的最适温度上限,℃

光合有效辐射是太阳总辐射中能被植物光合作用所利用的部分,可计算为[2]:

$$PAR = 0.5 \times Q$$

式中，PAR 为 1 h 内的平均光合有效辐射，$J/(m^2 \cdot s)$；Q 为该小时内的平均太阳总辐射，$J/(m^2 \cdot s)$；0.5 为光合有效辐射在太阳总辐射中所占的比例[2]。

每日相对辐热积是将一天内各个小时的平均相对热效应乘以相应小时内总光合有效辐射，然后累加得到，其计算公式为：

$$RTEP = \sum_{i=1}^{24} [RTE(i) \times PAR(i) \times 3600/10^6]$$

式中，$RTEP$ 为每日相对辐热积，$MJ/(m^2 \cdot d)$；$RTE(i)$ 为 1 天内第 i 小时的平均相对热效应；$PAR(i)$ 为 1 天内第 i 小时的平均光合有效辐射，$J/(m^2 \cdot s)$；3600 为将 1 小时内的平均光合有效辐射 $[J/(m^2 \cdot s)]$ 换算成该小时内的总光合有效辐射 $[J/(m^2 \cdot h)]$ 的单位换算系数；10^6 为将 $J/(m^2 \cdot h)$ 换算成 $MJ/(m^2 \cdot h)$ 的单位换算系数。

$$TEP = \sum (RTEP)$$

式中，TEP 为黄瓜生长过程中的累积辐热积，MJ/m^2。

当栽培管理中黄瓜株高达到温室檐高后开始留侧枝时，单株叶面积与累积辐热积的关系为：

$$LA = 43.84 + 14417.83 \times exp\{-0.5 \times [LN(TEP/116.21)/0.89]^2\}$$

式中，LA 为单株叶面积，$cm^2/$株。

当栽培管理中黄瓜不留侧枝时，则单株叶面积与累积辐热积的关系为：

$$LA = \begin{cases} 246.37 + \dfrac{10540.20}{1 + (TEP/101.82)^{-9.07}} & 0 < TEP < 250 \\ 11255.65 + 1201.10 \times sin(2\pi \times TEP/136.56 - 16.19) & TEP \geqslant 250 \end{cases}$$

根据黄瓜的单株叶面积和种植密度，即可计算出叶面积指数：

$$LAI = LA \times d/10000$$

式中，LAI 为叶面积指数；d 为种植密度，株$/m^2$；10000 为将 cm^2 换算成 m^2 的单位换算系数。

作物冠层顶至冠层深度 L 处作物层所能吸收利用的光可描述如下[2]：

$$I_L = PAR \times k \times exp[-k \times LAI(L)]$$

式中，I_L 为作物冠层顶至冠层深度 L 处作物层所能吸收利用的光，$J/(m^2 \cdot s)$；PAR 为光合有效辐射，$J/(m^2 \cdot s)$；k 为冠层消光系数，对黄瓜冠层其取值为 0.8；$LAI(L)$ 为冠层顶至冠层深度 L 处的累积叶面积指数。

单叶的光合速率可以用负指数模型来描述[2]：

$$FG = PLMX \times [1 - exp(-\varepsilon \times PAR/PLMX)]$$

式中，FG 为单叶光合速率，$kg/(hm^2 \cdot h)$；$PLMX$ 为单叶最大光合速率，$kg/(hm^2 \cdot h)$，根据 LI-6400 便携式光合仪的测定结果，在本模型中取值为 32 $kg/(hm^2 \cdot h)$；ε 为光转换因子，

即吸收光的初始光能利用效率,本模型中取值为 $[0.45\ \text{kg}/(\text{hm}^2 \cdot \text{h/J})]/[(\text{m}^2 \cdot \text{s})]$ [2]。

本模型采用高斯积分法来计算每日冠层的光合速率。依据高斯积分法将叶片冠层分为三层,将每层的瞬时同化速率加权求和得出整个冠层瞬时的同化速率,在此基础上再计算每日的冠层光合速率,具体计算公式为[2]:

$$LGUSS(i) = DIS(i) \times LAI\ (i = 1,2,3)$$

$$IL(i) = PAR \times k \times \exp[-k \times LGUSS(i)]\ (i = 1,2,3)$$

$$FGL(i) = PLMX \times \{1 - \exp[-\varepsilon \times I_L(i)/PLMX]\}\ (i = 1,2,3)$$

$$TFG = \left[\sum (FGL(i) \times WT(i))\right] \times LAI\ (i = 1,2,3)$$

$$DTGA = \left[\sum (TFG(i) \times WT(i))\right] \times DL\ (i = 1,2,3)$$

式中, $LGUSS(i)$ 为冠层顶部至深度 i 处所累积的叶面积指数; $DIS(i)$ 为高斯三点积分法的距离系数; $IL(i)$ 为冠层中第 i 层所吸收的光合有效辐射量,$\text{J}/(\text{m}^2 \cdot \text{s})$; $FGL(i)$ 为冠层中第 i 层的瞬时光合速率,$\text{kg}/(\text{hm}^2 \cdot \text{h})$; TFG 为整个冠层的瞬时光合速率,$\text{kg}/(\text{hm}^2 \cdot \text{h})$; $WT(i)$ 为高斯三点积分法积分的权重; $DTGA$ 为每日冠层的总光合量,$\text{kg}/(\text{hm}^2 \cdot \text{d})$; $TFG(i)$ 为整个冠层 i 时刻的瞬时光合速率,$\text{kg}/(\text{hm}^2 \cdot \text{h})$; DL 为日长,h。

如果有一天内各个小时的辐射资料,将一天内 24 h 的整个冠层瞬时光合速率相加,即可得到每日冠层的总光合量:

$$DTGA = \sum [TFG(t)]\ (t = 1,2,3,\cdots,24)$$

式中, $TFG(t)$ 为 t 时刻冠层的瞬时光合速率,$\text{kg}/(\text{hm}^2 \cdot \text{h})$ 。

维持呼吸与作物本身的生物量和温度有关,可用下式计算:

$$RM = R_{m,25} \times W \times Q_{10}^{(TL-25)/10}$$

式中, RM 为维持呼吸消耗,$\text{kg}/(\text{hm}^2 \cdot \text{d})$; $R_{m,25}$ 为 25℃时黄瓜的维持呼吸消耗,$\text{kg}/(\text{kg} \cdot \text{d})$,在本模型中取值为 $0.015\ \text{kg}/(\text{kg} \cdot \text{d})$ [3]; W 为黄瓜干重,kg/hm^2 ; TL 为叶片温度,℃。

干物质增长速率的计算公式为[3]:

$$\Delta W = \frac{\dfrac{30}{44} \times DTGA - RM}{G}$$

式中, ΔW 为干物质增长速率,$\text{kg}/(\text{hm}^2 \cdot \text{d})$; $DTGA$ 为每日冠层的总光合量,$\text{kg}/(\text{hm}^2 \cdot \text{d})$; G 为每生产 1 kg 干物质所需的葡萄糖(CH_2O)量,取值为 $1.45\ \text{kg/kg}$ [3]。

由初始干物质量与每日的干物质增长速率,可计算任意一天的总干物质量 $BIOMASS$ $[\text{kg DM}/(\text{hm}^2 \cdot \text{d})]$:

$$BIOMASS(I+1) = BIOMASS(I) + \Delta W$$

采用检验模型时常用回归估计标准误差 $RMSE$ 和相对误差 RE 对模拟值与实测值之间的符合度进行分析。$RMSE$ 和 RE 计算公式分别为:

162

$$RMSE = \sqrt{\frac{\sum_{i=1}^{n}(OBS_i - SIM_i)^2}{n}}$$

$$RE = RMSE / \left[\left(\sum OBS_i\right)/n\right]$$

式中, OBS_i 为实测值, 为实测的叶面积指数或总干重; SIM_i 为模拟值, 此处为预测的叶面积指数或总干重; n 为样本容量。

3 意义

依据温室黄瓜的生长模型, 包括两种不同整枝方式下的叶面积模拟模型和温室黄瓜光合速率与干物质生产模拟模型, 由此确定了温室黄瓜叶片生长与温度和辐射的关系。用辐热积构建了两种不同整枝方式下的叶面积模拟模型, 并与已有的光合速率和干物质生产模型相结合, 建立了适合中国种植技术的温室黄瓜光合速率与干物质生产模拟模型, 并利用不同品种、基质的试验资料对模型进行了检验。温室黄瓜的生长模型比积温法和叶面积法能更准确地预测温室黄瓜的叶面积和总干重, 为温室作物生长模拟提供了新思路。

参考文献

[1] 李永秀,罗卫红,倪纪恒,等.用辐热积法模拟温室黄瓜叶面积、光合速率与干物质产量.农业工程学报,2005,21(12):131-136.

[2] Goudriaan J, Van Laar H H. Modelling po tential crop growth pr ocesses [M]. The Netherlands: KluwerAcademic Publisher s,1994.

[3] Gijzen H. Simulation of photosynthesis and dry matter product ion of greenhouse crops [A]. Simulation report CABO-TT, nr . 28[R]. Wageningen : Centre for Agrobiological Research, Wageningen Agricultura l University,1992:17-21.

沼气工程的减排预测模型

1 背景

大气中温室气体的增加主要来源于人类活动,过去 20 年,全球排放到大气中的 CO_2 有 75% 是由化石燃料燃烧造成的,此间 CO_2 的年均增加速率是 0.4%。近些年来,国家加强了对可再生能源的开发利用力度,以缓解中国农村能源供需紧张的状况和由此带来的环境压力,努力减少温室气体和有害气体的排放。张培栋和王刚[1]对中国农村户用沼气工程建设对减排 CO_2 和 SO_2 的贡献进行分析及预测,为制定农村能源发展战略和农村环境规划提供参考。

2 公式

沼气燃烧的 CO_2 排放量计算方法为:
$$C_{BG} = B_G \times 0.209(热值,TJ/10^4\ m^3) \times 15.3(碳排放系数,t/TJ) \times 44/12 = 11.725B_G$$
式中,C_{BG} 为燃烧沼气的 CO_2 排放量,t;B_G 为沼气的消耗量,$10^4\ m^3$。

生物质燃料的 CO_2 排放量计算方法为:

薪柴:
$$C_W = W \times 45\%(含碳系数) \times 87\%(碳氧化率) \times 44/12 = 1.436W$$

秸秆:
$$C_S = S \times 40\%(含碳系数) \times 85\%(碳氧化率) \times 44/12 = 1.247S$$
式中,C_W,C_S 分别表示燃烧薪柴、秸秆的 CO_2 排放量,t;W,S 分别表示薪柴、秸秆的消耗量,t。

煤炭燃烧的 CO_2、SO_2 排放量计算方法为:
$$C_C = 0.0209(热值,TJ/t) \times 24.26(碳排放系数,t/TJ) \times 80\%(碳氧化率) \times 44/12 \times C$$
$$= 1.487C$$
式中,C_C 为民用煤的 CO_2 排放量,t;C 为民用煤的消耗量,t。
$$S_C = 16(SO_2 排放系数) \times 84\%(平均含硫量) \times C = 13.4C$$
式中,S_C 为民用煤的 SO_2 排放量,kg;C 为民用煤的消耗量,t。

沼气替代农村传统生活能源消费的 CO_2 和 SO_2 减排量如表 1 所示。

164

表1　1996—2003年中国沼气替代农村传统生活用能的 CO_2 和 SO_2 减排量

年份	沼气		CO_2 减排量（10^4 t）			SO_2 减排量（10^4 t）
	产气量（10^4 m^3）	折标准煤（10^4 t）	替代秸秆	替代薪柴	替代煤炭	
1996	158644	113.30	143.19	98.72	49.86	2.13
1997	177726	126.95	160.47	110.64	55.90	2.38
1998	129574	92.08	115.60	79.47	39.76	1.73
1999	200371	143.07	180.76	124.60	62.91	2.68
2000	227417	162.29	204.89	141.19	71.21	3.04
2001	314574	220.00	270.37	184.02	89.16	4.13
2002	374941	267.69	338.16	233.09	117.66	5.02
2003	460590	330.21	419.39	289.78	147.39	6.20

沼气同时替代薪柴和煤炭的 CO_2、SO_2 减排量结果如图1所示。

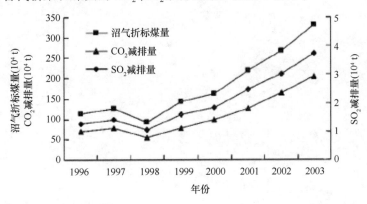

图1　1996—2003沼气同时替代薪柴和煤炭的 CO_2、SO_2 减排量

3　意义

根据沼气工程的减排预测模型,采用国际通用的减排量计算方法,计算中国农村户用沼气替代传统生物质能和煤炭所产生的 CO_2 和 SO_2 的减排量,为制定农村能源发展战略和农村环境发展规划提供参考。借助于沼气工程的减排预测模型,通过计算可知,在1996—2003年间,每年可减少 CO_2 排放 $39.76×10^4$ ~ $419.39×10^4$ t,减少 SO_2 排放 $2.13×10^4$ ~ $6.20×10^4$ t。并通过沼气工程的减排预测模型,对2010年、2020年和2050年沼气替代农村传统能源减排 CO_2 和 SO_2 量进行了预测,证明农村户用沼气工程的建设可以有效减少 CO_2 和 SO_2 的排放。

参考文献

[1] 张培栋,王刚. 中国农村户用沼气工程建设对减排 CO_2、SO_2 的贡献——分析与预测. 农业工程学报,2005,21(12):147-151.

种植业的结构模型

1 背景

北京近80%的农村用水消耗在种植业上,因此种植业是节约用水的关键。为此,在分析现有的研究资料和统计数据基础上,设置决策变量,确定目标和目标值,构建约束方程和选择目标优先等级,先运用目标规划模型进行分析运算,在一定的约束条件下,通过改变目标优先等级看结果的变化;然后采用一般的线性规划模型分析资源的边际效益与目标边际成本之间的关系,即在一定的目标优先等级下,改变目标值看结果的变化。在此以期用此思路提高水资源的利用效益和种植业产值。程智强等[1]对资源边际效益与种植业结构调整目标进行了规划。

2 公式

种植业,按耕地类型和种植方式设置决策变量28个(表1),其中可灌溉耕地25个,旱地3个。对于果业和养殖业,因为缺少单位果树和单位畜禽投入产出相关数据资料,模型中暂不考虑。

表1 规划模型中的变量及其参数

决策变量 (种植面积/hm²)	灌溉定额 a ($\times 10^4$ m³/hm²)	粮产量 e (t/hm²)	增加值 g (万元/hm²)	年设施折旧额 c (保护地³+灌溉⁴)(万元/hm²)
水稻:X_1	0.460	6.05	0.3	0
小麦玉米,常规:X_2	0.400	8.70	0.300	0
小麦玉米,喷灌:X_3	0.320	同上	同上	0.0285
小麦大豆,常规:X_4	0.370	7.37	0.331	0
小麦大豆,喷灌:X_5	0.296	同上	同上	0.0285
黑麦早稻,常规:X_6	0.200	9.34	0.355	0
黑麦早稻,喷灌:X_7	0.160	同上	同上	0.0285
春玉米,常规:X_8	0.180	5.79	0.227	0
春玉米,喷灌:X_9	0.144	同上	同上	0.0285
春大豆,常规:X_{10}	0.195	2.88	0.276	0

续表

决策变量 (种植面积/hm²)	灌溉定额 a (×10⁴ m³/hm²)	粮产量 e (t/hm²)	增加值 g (万元/hm²)	年设施折旧额 c (保护地³+灌溉⁴)(万元/hm²)
春大豆,喷灌:X_{11}	0.156	同上	同上	0.0285
其他粮作,常规:X_{12}	0.110	4.00	0.3	0
其他粮作,喷灌:X_{13}	0.088	同上	同上	0.0285
露地蔬菜,常规:X_{14}	0.714	0	1.500	0
露地蔬菜,喷灌:X_{15}	0.571	0	同上	0.0285
设施蔬菜,常规:X_{16}	0.571	0	4.500	10.26
设施蔬菜,喷灌:X_{17}	0.457	0	同上	10.26+0.085 = 10.2885
设施蔬菜,微灌:X_{18}	0.366	0	同上	10.26+0.1222 = 10.3822
露地经作,常规:X_{19}	0.285	0	1.0	0
露地经作,喷灌:X_{20}	0.228	0	同上	0.0285
设施经作:常规:X_{21}	0.571	0	4.500	10.26
设施经作:喷灌:X_{22}	0.457	0	同上	10.26+0.0285 = 10.2885
设施经作:微灌:X_{23}	0.366	0	同上	10.26+0.1222 = 10.3822
饲料:常规:X_{24}	0.210	0	0.464	0
饲料:喷灌:X_{25}	0.168	0	同上	0.0285
粮食作物(旱作)X_{26}	0	2.29	0.15	0
经济作物(旱作)X_{27}	0	0	0.2	0
饲料(旱作)X_{28}	0	0	0.1	0

由此构建约束方程如下。

(1)可灌溉耕地约束:

$$\sum_{i=1}^{25} X_i + d_1^- = 212100 \text{ hm}^2$$

式中,X_i 为采取第 i 种种植方式的耕地面积。

(2)旱地面积约束:

$$\sum_{i=26}^{28} X_i + d_2^- = 47700 \text{ hm}^2$$

式中,X_i 为采取第 i 种种植方式的耕地面积。

(3)供水量约束:

$$\sum_{i=1}^{25} a_i X_i + d_3^- - d_3^+ = 77385 \text{ m}^3$$

（4）年投资额约束：

$$\sum_{i=1}^{25} c_i X_i + d_4^- - d_4^+ = 300000 \ \text{m}^3$$

式中，c_i 为第 i 种种植方式单位面积保护地和灌溉设施年折旧额。

（5）粮食要求：

$$\sum_{i=1}^{28} e_i X_i + d_5^- - d_5^+ = 580000 \ \text{t}$$

式中，e_i 为第 i 种种植方式单位耕地面积的粮产量。

（6）种植业增加值要求：

$$\sum_{i=1}^{28} g_i X_i + d_6^- - d_6^+ = 455600 \ \text{万元}$$

（7）如果北京市农作物种植结构调整的总体战略是实现粮食作物、经济作物（包括瓜果菜和其他作物）和饲料作物的比例为 1∶1∶1，那么各类作物的种植面积应是耕地总面积的 1/3（86600 hm^2）。粗略地以 86000 hm^2 为目标，有

$$\sum_{i \in L} X_i + d_7^- - d_7^+ = 86000$$

$$\sum_{i \in J} X_i + d_8^- - d_8^+ = 86000$$

$$\sum_{i \in S} X_i + d_9^- - d_9^+ = 86000$$

式中，L、J 和 S 分别代表粮食作物、经济作物和饲料作物。

3 意义

根据种植业的结构模型，采用北京市统计资料和已有研究数据，确定了北京市种植业结构调整的目标与资源的边际效益间的关系。运用数学规划模型的最优解，建立较为合理的资源边际效益和目标边际成本。通过种植业的结构模型的计算结果可知，要提高水的效益和种植业产值，必须控制粮食作物和饲料作物的种植面积，在可灌溉耕地上的露地作物均应实行喷灌，且应大力发展设施农业并实行微灌。

参考文献

[1] 程智强,邱化蛟,程序. 资源边际效益与种植业结构调整目标规划. 农业工程学报,2005,21(12)：16-19.

纸浆模塑餐具的热传导方程

1 背景

纸浆模塑餐具是以植物纤维浆料为原材料,辅加少量防水、防油剂在模具内模压而成。纸浆模塑餐具废弃物在自然环境中易分解,是 EPS(发泡聚苯乙烯)餐具的理想替代品,成为目前治理"白色污染"的一项重要措施。邱仁辉等[1]对纸浆模塑餐具的热压干燥过程进行分析,建立模具热传导方程,采用分离变量法推导出解析解,同时用 Matlab 软件进行数值求解,并将解析解、数值解计算结果与实测值进行对照,为模具结构设计改进及加热管布置提供理论依据。

2 公式

根据对热压凸模传热状况的分析与边界条件的简化,可认为在非工作状态下,热压凸模为一具有稳定外热源(加热板)并与外界进行自然对流换热的圆柱体,可建立如下的圆柱坐标系热传导二维偏微分方程(圆柱坐标系如图 1 所示,圆柱几何尺寸为:直径 $b = 0.12$ m,圆柱高 $h = 0.10$ m):

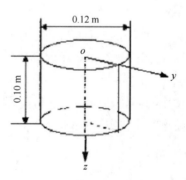

图 1 热压凸模圆柱坐标系

$$\frac{\partial^2 T}{\partial r^2} + \frac{\partial T}{r \partial r} + \frac{\partial^2 T}{\partial z^2} = \frac{1}{\alpha} \frac{\partial T}{\partial t}$$

边界条件为:

$$\frac{\partial T}{\partial r} + H(T - T_\infty) = 0, r = b, t > 0$$

$$\frac{\partial T}{\partial z} + H(T - T_\infty) = 0, z = h, t > 0$$

$$\frac{\partial T}{\partial z} = q_0 / k, z = 0, t > 0$$

初始条件为:

$$T = T_0, T = 0$$

式中,T 为热压凸模的瞬态温度,℃;r 为径向变量,m,$0 \leqslant r \leqslant b$;$b$ 为模具底面直径,$b = 0.12$ m;z 为轴向变量,m,$0 \leqslant z \leqslant h$;$h$ 为模具高度,$h = 0.12$ m;α 为热扩散系数,m²/s;t 为传热过程进行的时间,s;k 为材料导热系数,W/(m·℃);q_0 为热流密度,kW/m²;H 为材料换热系数,W/(m²·℃);T_∞ 为环境温度,℃。可以看出,以上建立的热传导方程是一个混合方程。由于热传导方程与定解条件都是线性的,根据解的叠加原理,可设偏微分方程的解为:

$$T(r,z,t) = T_s(r,z) + T_h(r,z,t)$$

式中,$T_s(r,z)$ 表示自变量为 r,z 的函数;$T_h(r,z,t)$ 表示自变量为 r,z,t 的函数。

采用分离变量法[2]可解 $T_s(r,Z)$:

$$T_s(r,z) = T_\infty + \sum_{m=1}^{\mu} \frac{2H}{J_0(\beta_m b) \cdot b \cdot (H^2 + \beta_m^2)} \left[C_1 e^{-\beta_m z} + C_2 e^{-\beta_m z} \right] \cdot J_0(\beta_m r)$$

式中,$J_0(\beta_m r)$,$J_0(\beta_m b)$ 为零阶贝塞尔函数;β_m 为特征值,β_m 是方程 $\beta_m J'_0(\beta_m b) + HJ_0(\beta_m b) = 0$ 的正根;C_1,C_2 为常数,由边界条件可解得:$C_1 = \dfrac{q_0 e^{\beta \cdot h} + Hh \cdot k}{k\beta \left[e^{-\beta \cdot h} - e^{\beta \cdot h} \right]}$,$C_2 = \dfrac{q_0 e^{-\beta \cdot h} + Hh \cdot k}{k\beta \left[e^{-\beta \cdot h} - e^{\beta \cdot h} \right]}$,其中,$\beta$ 为系数;其余符号意义同前。

同理,采用分离变量法可解 $T_h(r,z,t)$:

$$T_h(r,z,t) = \sum_{n=1}^{\infty} \sum_{p=1}^{\infty} C_{np} \cdot J_0(\beta_n r) \cdot J_0(\beta_n r) \cdot \cos(\eta_p z) \cdot \exp\left[-a \cdot (\beta_n^2 + \eta_n^2) \cdot t \right]$$

式中,$J_0(\beta_n r)$ 为零阶贝塞尔函数;β_n 为特征值,β_n 是方程 $\beta_n J_1(\beta_n b) + HJ_0(\beta_n b) = 0$ 的正根;η_p 为特征值,η_p 是方程 $\eta_p \tan(\eta_p h) = H$ 的正根;η_n 为特征值,η_n 是方程 $\eta_n \tan(\eta_n h) = H$ 的正根;C_{np} 为系数,计算式为:

$$C_{np} = \frac{1}{N(\beta_n) \cdot N(\eta_p)} \int_0^h \int_0^h r \cdot J_0(\beta_n r) \cdot \cos(\eta_p z) \cdot (T_0 - T_s)$$

$$= \frac{T_0 - T_\infty}{N(\beta_n) \cdot N(\eta_p)} \cdot \frac{H \cdot b}{\beta_n^2 \cdot \eta_p} \cdot J_0(\beta_n b) \cdot \sin(\eta_p h)$$

$$- \sum_{n=1}^{\infty} \frac{H^5 \cdot b}{\beta_n^4 \cdot (H^2 + \beta_n^2)} \cdot \frac{1}{N(\beta_n) \cdot N(\eta_p)} \cdot$$

$$J_0(\beta_n b) \cdot \left[\frac{C_1}{\beta_n + \frac{\eta_p^2}{\beta_n}} \cdot \left(-\cos(\eta_p h) \cdot \exp(-\beta_n \cdot h) + 1 + \frac{\eta_p}{\beta_n} \sin(\eta_p h) \cdot \exp(-\beta_n \cdot h) \right) \right]$$

$$\cdot \left[\frac{C_2}{\beta_n + \frac{\eta_p^2}{\beta_n}} \cdot \left(\cos(\eta_p h) \cdot \exp(\beta_n h) - 1 - \frac{\eta_p}{\beta_n} \sin(\eta_p h) \cdot \exp(\beta_n \cdot h) \right) \right]$$

式中, $N(\beta_n) = \frac{J_0^2(\beta_n b)}{2} \cdot \frac{b^2(H + \beta_n^2)}{\beta_n^2}$; $N(\eta_n) = \frac{h(\eta_p^2 + H^2) + H}{2(\eta_p^2 + H^2)}$;其余符号意义同前。

则热压模具二维偏微分导热方程的解应为:

$$T(r,z,t) = T_s(r,z) + T_h(r,z,t) = T_\infty + \sum_{m=1}^{\infty} \frac{2H}{J_0(\beta_m b) \cdot b \cdot (H^2 + \beta_m^2)} [C_1 e^{-\beta_m z} + C_2 e^{-\beta_m z}]$$

$$\cdot J_0(\beta_m r) + \sum_{n=1}^{\infty} \sum_{p=1}^{\infty} C_{np} \cdot J_0(\beta_n r) \cdot \cos(\eta_p z) \cdot \exp[-a \cdot (\beta_n^2 + \eta_n^2) \cdot t]$$

以热压凸模为研究对象,建立形式同以上方程的二维热传导方程:

$$r\rho c \frac{\partial u}{\partial t} - \frac{\partial}{\partial r}\left(kr \frac{\partial u}{\partial r} \right) - \frac{\partial}{\partial r}\left(kr \frac{\partial u}{\partial z} \right) = 0$$

式中, u 为模具瞬态温度, ℃ ; ρ 为热压模具材料密度, $\rho = 8440 \text{ kg/m}^3$; c 为模具材料比热容, 取 $c = 377 \text{ J/(kg℃)}$; k 为导热系数, W/m · ℃。

边界条件如下。

左端面 $(z=0)$ 为:

$$n(k \nabla u) = q_0$$

式中, n 为边界处的单位外法线方向向量; ∇u 为温度梯度; q_0 为热流密度。

由于在 PDEToolbox 中方程形式为:

$$n(c \nabla u) + qu = g$$

c 与 r 有关, $c = kr$,因此边界条件可写成:

$$n(c \nabla u) = q_0 r$$

侧面及右端面为:

$$n(k \nabla u) = H(u_0 - u)$$

即:

$$n(c \nabla u) + Hru = Hru_0$$

式中, H 为换热系数, W/(m² · ℃) ; u_0 为初始温度。

以方便面碗湿坯为研究对象,假设湿坯均匀且无内热源,根据热传导的 Fourier 定律,其在模具中的热传导方程可表示为:

$$\frac{\partial u}{\partial t} - \frac{1}{c} \nabla^2 u = 0$$

式中,u 为湿坯瞬态温度,℃;c 为导热系数,W/(m·℃),其值与原料有关;$\dfrac{\partial u}{\partial t}$ 为湿坯温度分布随时间 t 的变化率;∇^2 为 Laplace 算符。

圆柱坐标系中的湿坯热传导方程为:

$$\frac{\partial^2 T}{\partial r^2} + \frac{\partial T}{r \partial r} + \frac{\partial^2 T}{\partial z^2} = \frac{1}{c}\frac{\partial T}{\partial t}$$

$$0.06<r<0.062, 0<z<0.1, t>0$$

边界条件为:

$$T\big|_{r=0.06} = T_1, \ T\big|_{r=0.062} = T_1, \ T\big|_{z=0} = T_1 \ T\big|_{z=0.1} = T_1,$$
$$T\big|_{t=0} = T_0, 0.06<r<0.062, 0<z<0.1$$

式中,T_1 为模具温度,$T_1 = 185℃$;T_0 表示第一阶段结束温度。

用分离变量法解方程,计算得湿坯圆筒侧面中心处温度变化函数为:

$$T(t) = T_1 + 3.5(T_0 - T_1)\exp(-3485ct)$$

式中,$T(t)$ 为第三阶段初始湿坯圆筒中心部位温度,即生产中要求此处温度小于容许温度,否则会引起纤维强度降低。

解上式方程,可得湿坯的热压时间为:

$$t = \frac{\ln\left(\dfrac{3.5(T_0 - T_1)}{T_R - T_1}\right)}{3485c}$$

式中,c 为湿坯的导热系数,W/m·℃。

3 意义

在此建立了餐具的热传导方程,确定了纸浆模塑餐具热压干燥工艺过程。在此基础上,采用分离变量法推导出模具热传导方程的解析解,同时应用 Matlab 软件进行数值求解。餐具的热传导方程的解析解、数值解计算的模具表面温度值与实测值较为吻合,这为模具结构设计及加热管布置提供了理论依据。根据餐具的热传导方程,并结合生产实际经验,推导出相应的湿坯热压时间,为热压过程的控制提供了基础。

参考文献

[1] 邱仁辉,黄祖泰,王克奇. 纸浆模塑餐具热压干燥过程的研究. 农业工程学报,2005,21(12):34-38.
[2] 梁昆淼. 数学物理方法[M]. 北京:人民教育出版社,1978.

山区的生态足迹模型

1 背景

生态足迹概念于 1999 年引进国内,区域生态足迹研究的实践成果最早见于 2000 年,并且较多地集中在对中国西部和台湾等的地区级尺度的研究,城市研究也仅停留在生活消费生态足迹的计算,很少有更小尺度的研究工作和关于山区生态足迹的计算。李红等[1]试图利用生态足迹的模型及算法对北京西部山区的生态足迹进行计算,并与其生态承载力比较,进而探讨生态足迹方法在山区这一特殊层次上的应用效果及实践意义。

2 公式

设生产第 i 项消费项目人均占用的实际生态生产性土地面积为 A_i（hm²/人）,其计算公式为:

$$A_i = C_i / P_i$$

式中,P_i 为相应的生态生产性土地生产第 i 项消费项目的年平均生产力,kg/hm²。

各类人均生态足迹的总和（ef）表示为:

$$ef = \sum \gamma A$$

计算地区总人口（N）的总生态足迹（EF）:

$$EF = N(ef)$$

在城镇居民人口数和农村居民人口数基础上,采用加权平均得到全区的人均生态足迹（见表 1）。

表 1 1999 年门头沟区人均生态足迹

生物生产空间类型	人均面积（hm²）	均衡因子	均衡面积（hm²/人）
耕地	0.059863	2.8	0.1676
草地	0.814819	0.5	0.4074
林地	0.016479	1.1	0.0181
水域	0.180341	0.2	0.0361
化石燃料土地	0.184087	1.1	0.2025
建筑用地	0.00589	2.8	0.0165
合计	—	—	0.8482

根据此分类结果,计算出门头沟区生态容量,如表 2 所示。

表 2　1999 年门头沟区人均生态容量

土地类型	面积(hm²)	人均面积(hm²)	均衡因子	产量因子	人均生态容量(hm²)
耕地	14 403.7	0.0613	2.8	1.66	0.2747
草地	87 713.51	0.373 0	0.5	0.19	0.035 4
林地	28 361.4	0.120 6	1.1	0.8	0.120 7
水域	2 302.058	0.009 8	0.2	1	0.002 0
建筑用地	3 037.736	0.012 9	2.8	1.66	0.060 1
幼林	6 781.13	0.028 8	—	—	—
裸岩	2 900.459	0.012 3	—	—	—
生物多样性 保护(-12%)	—	—	—	—	0.060 4
合计	—	—	—	—	0.442 5

3　意义

在剖析生态足迹分析法的理论基础和计算模型的基础上,建立了山区的生态足迹模型。根据该模型,计算了北京西部山区门头沟 1999 年的人均生态足迹和生态容量。利用人均生态足迹和生态容量对比,可得出 1999 年门头沟区处于生态赤字状态。同时剖析造成生态赤字的原因,指出了该区应加强生态环境建设和养护,在增加生态容量等方面采取更加积极的措施与政策,并提出以生态足迹作为山区生态可持续性评价指标的优点及当前存在的问题。

参考文献

[1] 李红,张凤荣,孙丹峰,等. 北京西部山区 1999 年生态足迹计算与可持续性分析. 农业工程学报,
2005,21(增刊):207-211.

居民点的潜力评价模型

1　背景

城乡交错带是在城市乡村地域体系基础上衍生的一种过渡性区域,是目前全球范围内土地利用问题最多、矛盾最尖锐的地区。市郊土地作为城市发展扩张的主要对象,耕地被侵占不可避免,但作为城市的社会、经济和生态支持系统,必须使一个城市郊区有相应的耕地面积。马锐等[1]以山西省太原市晋源区为例,探讨了城乡交错带居民点整理模式、潜力分析、等级划分,并进行了效益分析,旨在为今后城乡交错带居民点整理的潜力评价提供方法借鉴。

2　公式

城乡交错带居民点整理潜力分析尚处于讨论阶段,根据研究区的实际情况,设计潜力分析方法如下。

潜力面积的确定:

$$S_\Delta = (A \times o6 - A_B I_n) \times m$$

式中,S_Δ 为潜力面积,hm^2;A 为现有户均宅基地面积,hm^2;A_B 为标准户均宅基地面积,hm^2;n 为住宅层数;m 为户数;$o6$ 为住宅面积系数,即户均宅基地中居民住宅面积占 60%,道路及公共设施等占 40%。

潜力系数的确定:

$$V = S_\Delta / S$$

式中,V 为潜力系数;S_Δ 为潜力面积,hm^2;S 为现有居民点面积,hm^2。

晋源区居民点整理预期净产出通过下列公式测算:

$$R = \Delta S \times r$$

式中,R 为整理增加的年纯收入,万元;ΔS 为增加耕地面积,hm^2;r 为整理后单位耕地面积年纯收入,万元。

再结合整理潜力效益,晋源区近郊区居民点整理潜力分析结果见表 1。

表1 近郊区居民点整理潜力分析表

乡镇	居民点面积(hm²)	户数(户)	人均耕地(hm²)	户均宅基地(hm²)	住宅层数(层)	整理潜力	
						潜力面积(hm²)	潜力系数
金胜乡	355.665	5 150	0.067	0.066		178.190	0.5010
罗城街办	76.295	1 172	0.047	0.069	4	42.427	0.556 1
义井街办	120.467	1 821	0.065	0.069		65.920	0.547 2
晋源镇	490.318	7 105	0.025	0.049		136.416	0.278 2
晋祠镇	341.861	7 808	0.109	0.065	2	224.871	0.657 8
姚村乡	314.205	4 563	0.036	0.069		142.365	0.453 1
合计	1 698.811	—	—	—		790.189	0.465 1

远郊区居民点整理潜力分析结果见表2

表2 远郊区居民点整理潜力分析表

乡镇	居民点面积(hm²)	户数(户)	人均耕地(hm²)	户均宅基地(hm²)	住宅层数(层)	整理潜力	
						潜力面积(hm²)	潜力系数
金胜乡	14.567	268	0.028	0.057		5.217	0.3582
晋祠镇	26.313	330	0.099	0.069		7.128	0.270 9
晋源镇	89.680	599	0.021	0.084	1	22.203	0.247 6
姚村乡	6.973	106	0.029	0.064		2.657	0.381 1
合计	137.533	—	—	—		37.205	0.270 5

3 意义

在此建立了居民点的潜力评价模型,确定了城乡交错带居民点整理潜力评价原则、潜力计算、等级划分和效益计算方法。根据居民点的潜力评价模型,以山西省太原市晋源区为例,在潜力等级划分时,以潜力系数作为衡量居民点整理潜力大小的同时,注重了土地整理在土地综合生产能力的提高、生态环境的改善等方面的作用。然而,影响城乡交错带居民点整理潜力的因素较多,从理论上和实践上深入研究其评价方法和实施的可行性,这是目前中国土地整理中急迫需要开展的一项工作。

参考文献

[1] 马锐,韩武波,吕春娟,等. 城乡交错带居民点整理潜力研究. 农业工程学报,2005,21(增刊): 192-194.

滴灌的灌水器结构模型

1 背景

灌水器是滴灌系统中最重要的器件,其外部结构多样且内部结构复杂,直接影响灌溉质量。其中,迷宫流道式的灌水器的流道结构最为复杂,要求尺寸小、精度高,结构定型需要大量的试验。王祺等[1]提出的基于流量变化的参数化设计方法,从本质上改变了产品的设计过程,利用快速成型技术不但改变了试验在生产中的作用和地位,同时也为参数化设计的实现提供了可能。

2 公式

以 $P_{(n)}$ 作为人工设计流道单元的关键尺寸参数,其他尺寸由关键尺寸参数函数表达:

$$P_{(n)} = f(x_1, x_2, x_3, \cdots)$$

式中, $x_1, x_2, x_3, \cdots$ 为设计的关键参数; $P_{(n)}$ 为形状尺寸参数以及定位尺寸参数。

通过改变设计的关键参数达到单元形式的系列化,利用流体分析软件分析不同单元形式和数量下的流体状态参数,所用公式如下:

$$T_{(i,j)}(t_0, t_1, t_2, \cdots) = Q(A_i, N_j)$$

式中, $T_{(i,j)}$ 表示在 j 个 i 种单元的情况下流体的状态; A_i 表示第 i 种单元形式; N_j 表示 j 个单元个数; $t_0, t_1, t_2, \cdots$ 表示流体多个状态参数值。

用 W 表示完整的几何实体,用 T_i 表示结构特征实体,则零件的特征结构组成可以表示为:

$$W = \sum_{i=1}^{n} T_i$$

特征通过特征尺寸集合属性 A_i 来定义,可以表示为:

$$A_i = (p_1, p_2, \cdots, p_n)$$

特征之间存在着关系,并将其命名为 R ,它有特征 T_i 以及相应的特征尺寸集合属性 A_i ,则关系 R 可以表示为:

$$R = (T_1/A_1, T_2/A_2, \cdots, T_n/A_n)$$

首先,根据客户对农作物灌溉的需要,输入和选择机理性研究参数,如表1所示。

178

表1　机理部分关键参数

作物	土壤	气候	地域	温度(℃)	材料	初始压力(kPa)	出口滴水量(L/h)	水肥混合比例
苹果	黏土	湿润	平原	10~20	PE	100	1~2	100 : 1

然后,依据结构数据库中的数据确定外形特征、流道特征、入口特征、出口特征、滤网特征等最基本的特征参数,如表2所示。

表2　结构与流道部分关键参数

特征	外形特征	流道特征	入口特征	出口特征	滤网特征
数值表示	$Sh(Kn、L,W,H,R)$	$L(K,L,W,D)$	$I(L,B,D)$	$O(L,B,D)$	$F(W,S)$

3　意义

根据中国农业发展的需要,将农业灌溉、流体力学分析以及机械设计等领域知识的交叉和融合,在此提出了一种崭新、有效、快速的设计思想,由此建立了滴灌的灌水器结构模型,这是快速成型技术平台的灌水器参数化设计方法。采用滴灌的灌水器结构模型,产品设计由设计软件实现,并且通过应用实例证明了设计软件的可行性与实用性。

参考文献

[1]　王祺,赵万华,魏正英. 滴灌灌水器参数化计算机辅助设计方法研究. 农业工程学报,2005,21(增刊):110-112.

灌溉管理的质量评价模型

1 背景

中国现有耕地灌溉面积 0.533×10^8 hm^2，在农业发展和国民经济建设中，起着十分重要的作用。其中，尤其是 400 个大型灌区，总灌溉面积 0.16×10^8 hm^2，占全国耕地灌溉面积的 30%，集中了全国 20%（2.4×10^8 人）的人口，生产了占全国 24%（1231×10^8 kg）的粮食，占用了全国 46% 的灌溉用水量。灌区效益的充分发挥取决于灌溉管理，而评估灌溉管理质量是促进管理水平不断提高的重要措施。陆琦等[1]通过实验探讨了灌区灌溉管理质量的综合评价指标。

2 公式

实灌面积率 λ（%）表示为：

$$\lambda = A / A_{效} \times 100\%$$

式中，$A_{效}$ 为有效灌溉面积（即灌溉系统控制的可灌面积），10^4 hm^2；A 为年均实际灌溉面积，10^4 hm^2。

有效灌溉面积率 T 为：

$$T = A_{效} / A_{设} \times 100\%$$

式中，$A_{设}$ 为灌区设计灌溉面积，10^4 hm^2。

假定有 n 个待评价对象（在此为灌区数），每个对象均观察 p 项指标（在此 $p = 8$），记为 $X_1, X_2, \cdots, X_p$。通过研究观测，获得的数据矩阵 X 为：

$$X = \begin{bmatrix} X_{11} & X_{12} & \cdots & X_{1j} & \cdots & X_{1p} \\ X_{21} & X_{22} & \cdots & X_{2j} & \cdots & X_{2p} \\ \cdots & \cdots & \cdots & \cdots & \cdots & \cdots \\ X_{i1} & X_{i2} & \cdots & X_{ij} & \cdots & X_{ip} \\ \cdots & \cdots & \cdots & \cdots & \cdots & \cdots \\ X_{n1} & X_{n2} & \cdots & X_{nj} & \cdots & X_{np} \end{bmatrix}$$

为了保证求得的主成分具有相同的趋势性，需先对 p 个评价指标进行同趋势化处理，以保证其方向的一致性。常用的方法是将低优指标采用倒数法转化为高优指标，公式可为：

$$X'_{ij} = \frac{1}{X_{ij}} \ \text{或} \ X'_{ij} = -X_{ij}$$

式中，$i = 1, 2, \cdots, n$ 为评价对象序号；$j = 1, 2, \cdots, p$ 为指标序号（下同）；X_{ij} 表示第 i 个评价对象在第 j 个指标上的原始取值；X'_{ij} 表示 X_{ij} 同趋势化处理后的值。

对已做同趋势性处理的评价指标 $X'_j = (X_{1j}, X_{2j}, \cdots, X_{nj})^T$ 再进行标准化处理，以消除指标量纲的影响，公式为：

$$Z_{ij} = \frac{X'_{ij} - \overline{X}'_j}{S_j}$$

式中，Z_{ij} 为 X'_{ij} 的标准化值；$\overline{X}'_j = \frac{\sum\limits_{i=1}^{n} X'_{ij}}{n}$，$S_j = \sqrt{\frac{\sum\limits_{i=1}^{n} (X'_{ij} - \overline{X}'_j)^2}{n-1}}$。

计算各主成分的贡献率及得分，第 k 个主成分 f_k 的贡献率为：

$$Z_k = \lambda_k / p$$

其得分为 $f_k = T_{k1}Z_1 + T_{k2}Z_2 + \cdots + T_{kp}Z_p$。

以贡献率为权数，将所求得的 m 个主成分进行线性组合，即可构造出所谓的综合主成分 F，其计算公式为：

$$F = Z_1 f_1 + Z_2 f_2 + \cdots + Z_m f_m$$

3　意义

根据灌溉管理的需要，提出了用于评价灌区灌溉管理质量的 8 个指标。应用主成分分析原理，建立了灌溉管理的质量评价模型，并提出了综合主成分的评价标准。应用灌溉管理的质量评价模型，进行了综合主成分的正态性检验。通过该模型的计算结果表明，灌区灌溉管理质量的综合主成分指标服从正态分布，说明它能反映一般规律，具有较好的代表性。并且综合主成分的评价标准具有实用性和可操作性。

参考文献

[1] 陆琦, 郭宗楼, 姚杰. 灌区灌溉管理质量的综合评价指标研究. 农业工程学报, 2005, 21 (增刊): 15-19.

涌泉灌溉的设计模型

1 背景

中国的微灌技术自 1974 年以来,先后研制和改进了滴灌设备、微喷设备、滴灌带、孔口滴头、压力补偿式滴头、折射式和旋转式微喷头、过滤器和进排气阀等设备,总结出一套适合中国国情的微灌设计参数和计算方法,建立了一批微灌设备企业,微灌面积发展到 3.3×10^4 hm² 左右。涌泉灌溉技术是针对中国滴灌系统使用过程中灌水器容易堵塞的难题,以及农业生产管理水平低的状况形成的一种微灌技术。杨素哲等[1]通过相关公式分析了涌泉灌溉方式的技术应用。

2 公式

涌泉灌溉系统包括干管、支管、毛管及微管等。在平原地区,由于坡度变化不大,可采用微管作为滴灌器直接与毛管连接的形式。这时,涌泉灌溉不是补偿式出流,当工作水头发生变化时,各个出水口流量将不一致,如何保持同一毛管安装的微管的出流量相差不大,就成了设计的关键。

首先利用多孔系数法计算沿程损失。管径不变,出水口间距相等,各出水口流量相同的多口管的沿程损失,用多孔系数法计算。即先以多口管进口流量计算出无分流管道的沿程损失 H_f,再乘以多口系数 F,即:

$$H_t = H_f \cdot F$$

$$F = \frac{N\left(\dfrac{1}{m+1} + \dfrac{1}{2N} + \overline{\dfrac{m-1}{6N^2}}\right) - 1 + X}{N - 1 + X}$$

式中,H_t 为多口管沿程损失;H_f 为无分流管道的沿程损失;F 为多口系数;N 为出口数目;m 为流量指数;X 为进口端到第一个出水口的距离与孔口间距之比。

再计算微管的长度(L)。

第一,确定每个出水口所对应的工作压力:

$$h_i = H - H_{ti}$$

式中,h_i 为第 i 个出水口的工作压力;H 为毛管首部工作压力;H_{ti} 为毛管首部到第 i 个出水口处的沿程损失。

第二,根据微管安装方式(直线和缠绕),其长流道的滴头水流经验公式[2]为:

$$q = 0.859h^{0.785}d^{3.395}L^{-0.785} \text{(直线安装)}$$

$$q = 0.556h^{0.745}d^{3.06}L^{-0.745} \text{(缠绕安装)}$$

当微管的内径 d 一定时,流量 q 将随着工作水头 h 和管长 L 而变。如果欲使微管出流量 q 保持恒定,那么,只要根据工作水头 h 的大小,改变微管长 L 即可。

$$L = 0.824 \frac{d^{4.352}}{q^{1.274}}h$$

$$L = 0.454 \frac{d^{4.11}}{q^{1.343}}h$$

式中,q 为微管出流量,L/h;h 为所对应出水口处工作水头,m;d 为微管内径,mm;L 为微管长度,m。

确定涌泉灌溉毛管长度。根据毛管、微管适宜长度试验,给出适于平原地区的毛管适宜长度数据,以供参考(见表 1 和表 2)。

表 1　毛管首部装有 500 L/h 稳流器的涌泉灌毛、微管适宜长度

毛管首部压力 (kPa)	灌水器流量 (L/h)	灌水器间距 (m)	灌水均匀度 C_u (%)	毛管长度 (m)	微管长度(m) (1,2,3,4,5…号出口,省略号与前者相同)
200	44.82	2.5	92.63	26	1.5,1.2,1.0,0.8,0.3,…
100	44.19	2.5	91.98	26	1.5,1.2,1.0,0.8,0.3,…
200	43.69	2.0	92.49	24	1.5,0.7,0.5,0.5,0.5,0.3,…
200	33.62	1.5	90.89	20	1.5,0.7,0.5,0.5,0.5,0.3,…

表 2　毛管首部未装稳流器的涌泉灌毛、微管适宜长度

毛管首部压力 (kPa)	灌水器流量 (L/h)	灌水器间距 (m)	灌水均匀度 C_u (%)	毛管长度 (m)	微管长度(m) (1,2,3,4,5…号出口,省略号与前者相同)
100	94.5	1.5	94.15	20	1.5,0.7,0.5,0.5,0.3,…
100	91.8	2.5	90.81	29	1.5,0.7,0.5,0.5,0.5,0.3,…

3　意义

针对滴灌系统使用过程中灌水器容易堵塞,以及农业生产管理水平不高的状况,发展了涌泉灌溉技术,在此建立了涌泉灌溉设计模型。微灌的涌泉灌溉具有节水、节能、灌水均匀、水肥同步、适应性强、管理方便等优点。涌泉灌溉使用结果表明,涌泉灌溉一般较传统的地面灌节水 50%~70%,增产 6%~10%,灌水均匀度在 90% 以上。通过涌泉灌溉设计模

型确定了涌泉灌溉的田间设计要点,为国家和地方科技管理部门更广泛地应用和推广此项目提供了科学依据。

参考文献

[1] 杨素哲,沈菊艳,黄宝全,等. 果树涌泉灌溉方式的技术应用. 农业工程学报,2005,21(增刊):68-71.

[2] 付琳,等. 微灌工程技术指南[M]. 北京:中国水利水电出版社,1998.

作物和土壤的适宜性评价模型

1 背景

作物种植适宜性评价是针对某种作物在特定地域种植的适宜性程度做出的结论性评价。对具体作物在具体地域是否适宜生长情况做出定性、定量和定位的评价,不仅能充分利用资源,开发土地潜力,实现作物优质高产,而且能够避免盲目追随市场,达到区域经济结构和生态环境的可持续发展。邱炳文等[1]以漳州市地区为研究区域,采用矢量数据结构模型,建立了一种可以由用户任意选择进行适宜性评价的农作物对象,确定适宜性评价指标和标准的土壤适宜性评价咨询系统。

2 公式

在确定进行适宜性评价的农作物品种后,用户根据该作物对气候、土壤、地形等的要求,选定影响该作物生长的因素,其指标体系结构见图 1。在建立该农作物的评价指标体系后,针对所有评价指标对该农作物品种的适宜范围进行确定,建立起合适的评价标准,并确定评价单元。

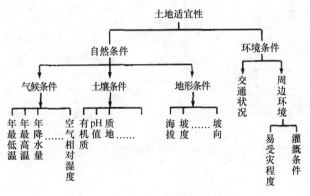

图 1　农作物评价指标体系结构图

在建立作物的生态指标并确定评价单元后,采用经验指数和法,即根据用户选择的影响农作物生长的起主导作用的气候、土壤、地形指标,按影响强度进行经验和统计分级,然后用各因子之和的相应数来表示对应的适宜性级别。评价模型表达式为:

$$S = \sum_{i=1}^{n} W_i S_i$$

式中,S 为每个评价单元的农作物种植适宜性综合评价指数,W_i 为第 i 个评价因子的相对权重,S_i 为第 i 个评价因子的土地适宜度,n 为评价因子个数[2]。

GIS 支持下的土壤适宜性评价的方法与过程如图 2 所示。

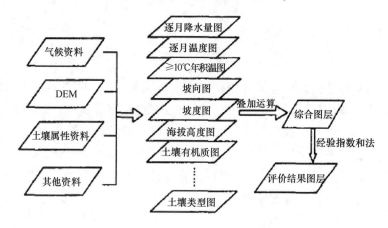

图 2 GIS 支持下的土壤适宜性评价过程

适宜性评价系统总体结构如图 3 所示。

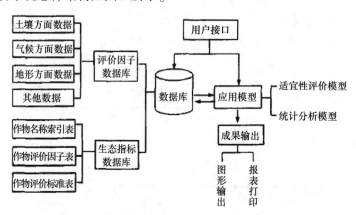

图 3 基于 GIS 的农作物种植适宜性评价系统结构

3 意义

根据作物和土壤的适宜性评价模型,在组件式 GIS 开发工具 SuperMap 软件支持下,建立一种可以由用户任意选择进行适宜性评价的农作物对象,确定适宜性评价指标和评价标

186

准的适宜性评价咨询系统。利用作物和土壤的适宜性评价模型,评价系统支持用户事先将不做评价的地物类型剔除,同时可以通过将用户在使用系统过程中建立的各种农作物生态指标库保存起来,从而使系统在用户的不断参与下更加方便实用。这样,结合土壤适宜性评价系统的开发实践,展示了土壤适宜性评价的实现过程与方法。

参考文献

[1] 邱炳文,池天河,王钦敏,等. 基于 GIS 的土壤适宜性评价方法研究与系统实现. 农业工程学报,2005, 21(增刊):167-170.

[2] 侯文广,江聪世,熊庆文,等. 基于 GIS 的土壤质量评价研究[J]. 武汉大学学报·信息科学版, 2003,28(1):60-64.

土地利用的多宜性评价模型

1 背景

农业的可持续发展,不仅在于现有资源的合理使用,还要求后备资源的科学开发。社会经济的发展,人口素质的逐步提高,使人们对人与自然的关系有了更多的思考和更深的认识。于婧等[1]以最大生产潜力方案和最高经济效益方案为例,在土地多宜性评价的基础上提出了多方案下的土地利用多宜性评价的方法,从而得出研究地区在不同的目标方案下,对不同作物的适宜程度,为区域土地利用规划与管理提供科学依据和实践基础。

2 公式

根据相关原则确定研究区不同方案下的土地适宜性评价指标和指标分级标准。为保证评价指标值间横向比较性的同时,也能保证评价指标值与评价指标分级标准的纵向比较,采用岭形隶属函数及线形标准化的方法,将评价指标值及其分级标准同步量化。函数模型如下。

岭形偏大型函数为:

$$A(x) = \begin{cases} 0.1 & x \leq a_1 \\ \left[\dfrac{1}{2} + \dfrac{1}{2}\sin\dfrac{\pi}{a_2 - a_1}\left(x - \dfrac{a_1 + a_2}{2}\right)\right] & a_1 < x \leq a_2 \\ 1 & x > a_2 \end{cases}$$

岭形中间型函数为:

$$A(x) = \begin{cases} 0.1 & x \leq a_1 \\ (-1)\left\{\left[\dfrac{1}{2} + \dfrac{1}{2}\sin\dfrac{\pi}{a_2 - a_1}\left(x - \dfrac{a_1 + a_2}{2}\right)\right]0.9 + 0.1\right\} & a_1 < x \leq a_2 \\ 1 & a_2 \leq x < a_3 \\ \left[\dfrac{1}{2} - \dfrac{1}{2}\sin\dfrac{\pi}{a_4 - a_3}\left(x - \dfrac{a_3 + a_4}{2}\right)\right]0.9 + 0.1 & a_3 \leq x < a_4 \\ 0.1 & x \geq a_4 \end{cases}$$

线形标准化函数为：

$$y = x / \max(x)$$

在将测定值标准化后,即可利用模糊数学的方法,确定出各项指标值在 4 个土地适宜性级别中的隶属度,组成模糊关系矩阵 R 之后,就可按下述模型进行模糊变换,得出综合评判结果 B：

$$B = (b_1, b_2, b_3, b_4) = (a_1, a_2, a_3, a_4) \begin{bmatrix} r_{11} & r_{12} & r_{13} & r_{14} \\ r_{21} & r_{22} & r_{23} & r_{24} \\ \cdots & \cdots & \cdots & \cdots \\ r_{m1} & r_{m2} & r_{m3} & r_{m4} \\ \cdots & \cdots & \cdots & \cdots \end{bmatrix}$$

式中, a_i 为权重系数,考察综合评判向量 B ,取 b_j 的最大值 $\max_{j=1}^4 b_j$ 所处的级别 j 为该评价单元最后的适宜性级别。

根据实际生产情况,对不同的作物填写相应的因子比较矩阵,采用专家打分法和层次分析法结合求取各指标因子的权重,从而最终得出两种评价方案、4 种评价对象下的评价指标体系,其结果如表 1 所示。

表 1　两种方案 4 种作物下的评价指标及权重

评价指标		最大生产潜力方案				最高经济效益方案			
		水稻	小麦	棉花	油菜	水稻	小麦	棉花	油菜
肥力因素	OM	0.136	0.149	0.140	0.134	0.132	0.145	0.137	0.131
	TN	0.034	0.037	0.035	0.034	0.032	0.036	0.034	0.033
	TP	0.017	0.019	0.017	0.017	0.016	0.018	0.017	0.016
	TK	0.017	0.019	0.017	0.017	0.016	0.018	0.017	0.016
	SP	0.102	0.112	0.070	0.134	0.099	0.109	0.068	0.131
	SN	0.136	0.149	0.140	0.134	0.132	0.145	0.137	0.131
	SK	0.102	0.075	0.093	0.090	0.099	0.073	0.090	0.089
理化性状	BTCH	0.074	0.076	0.091	0.078	0.072	0.074	0.089	0.076
	NLHL	0.051	0.051	0.046	0.039	0.048	0.051	0.044	0.038
	CEC	0.093	0.102	0.136	0.104	0.090	0.099	0.133	0.101
	pH	0.056	0.051	0.068	0.059	0.054	0.050	0.067	0.057
其他因素	Wmark	0.084	0.060	0.068	0.065	0.084	0.061	0.067	0.068
	Rmark	0.042	0.040	0.034	0.043	0.042	0.040	0.033	0.045
	RJSR	0.056	0.060	0.045	0.052	—	—	—	—
	A_j	—	—	—	—	0.084	0.081	0.067	0.068

不同评价方案下各种作物的适宜等级结果见表2。

表2　不同评价方案下各种作物的适宜等级面积及百分比

评价方案	作物	最适宜		适宜		临界适宜		不适宜	
		面积	比例(%)	面积	比例(%)	面积	比例(%)	面积	比例(%)
最大生产潜力方案	水稻	396.18	73.92	43.93	8.20	95.84	17.88	—	—
	小麦	355.07	66.25	35.04	6.54	145.84	27.21	—	—
	棉花	341.94	63.8	95.49	17.82	98.52	18.38	—	—
	油菜	297.03	55.43	176.93	33.01	45.58	8.5	16.41	3.06
最高经济效益方案	水稻	387.46	72.29	19.62	3.66	128.86	24.04	—	—
	小麦	263.56	49.18	68.63	12.8	203.77	38.02	—	—
	棉花	341.94	63.8	95.49	17.82	98.52	18.38	—	—
	油菜	285.88	53.34	204.49	38.15	45.58	8.51	—	—

3　意义

以湖北省潜江市后湖农场流塘分场为研究对象,运用地理信息系统(GIS)和模糊综合评价方法,建立了土地利用的多宜性评价模型,这是最大生产潜力和最高经济效益两种方案下的土地评价系统。对不同方案、不同作物分别确立不同的评价指标体系及评价指标分级标准,采用标准化函数的方法对分级标准及评价指标值进行标准化,应用模糊综合评判法和GIS技术确定各评价单元的适宜性等级,并绘制土地多宜性评价专题图。通过土地利用的多宜性评价模型的计算结果可知,流塘分场的大部分地区在两种方案下多宜性均较好,该结果符合当地实际,客观可行。

参考文献

[1]　于婧,周勇,周清波,等. 基于GIS和模糊数学方法的多方案下农用土地多宜性评价. 农业工程学报, 2005,21(增刊):183-187.

土地利用的动态监测模型

1 背景

利用不同时相的卫星遥感资料对土地利用的变化进行动态分析,再结合实地调查和现有土地变更调查资料,对监测到的变化信息进行核检,可方便、快捷、准确地得到监测时段内监测区域的土地利用变化信息,因此,此项工作越来越受到各级国土管理部门的重视。冯秀丽等[1]以浙江省宁波市鄞州区部分区域为例,应用近期航摄影像、SPOT5 多光谱影像进行了土地利用动态监测方法的研究。

2 公式

通过对遥感影像资料分析,判读,发现存在变异的图斑,进行面积统计,再通过野外实测影像监测出的变化结果,进行监测结果检校。

单个图斑面积相对误差利用以下公式计算[2,3]:

$$Z_i = \frac{|A_i - B_i|}{B_i}$$

式中, Z_i 为图斑面积相对误差, A_i 为影像上量测出的图斑面积, B_i 为野外实测出的图斑面积。

试验区域内图斑面积中误差利用以下公式计算[4]:

$$M_S = \pm \sqrt{\frac{\sum (Z_i - m)^2}{n}}$$

式中, M_S 为试验区内图斑面积的误差, Z_i 为图斑面积相对误差, m 为单个图斑面积相对误差的平均值, n 为图斑数。

用三次卷积法进行重采样,得到与航摄影像高精度配准的 SPOT5 多光谱影像。所选控制点在纠正前后 SPOT5 影像上的坐标、在航片上的坐标以及 RMS 如表 1 所示。

表1　SPOT5多光谱影像与航摄影像进行几何精校正控制点坐标及均方差

控制点	原SPOT5影像坐标(m)		航摄影像坐标(m)		RMS(像元)	纠正后SPOT5影像坐标(m)	
	X	Y	X	Y		X	Y
1	3134.37	−2582.60	1142.94	4925.63	0.097	1140.87	4924.11
2	3308.40	−2639.69	2896.43	4351.83	0.162	2895.13	4353.70
3	3472.69	−2621.59	4558.69	4541.86	0.105	4560.20	4541.09
4	3648.11	−2709.30	6288.95	3652.72	0.134	6287.34	3653.54
5	3465.73	−2940.41	4472.68	1329.37	0.079	4474.51	1326.28
6	3248.54	−2881.94	2291.34	1931.46	0.114	2293.18	1933.27
7	3135.76	−2945.98	1149.17	1271.36	0.141	1147.05	1270.82
8	3092.60	−2795.62	747.10	2762.59	0.099	748.77	2763.42
9	3361.31	−2788.66	3432.52	2854.60	0.106	3430.96	2856.33
10	3497.75	−2826.25	4790.72	2496.54	0.083	4791.43	2498.05
11	3139.94	−2643.86	1214.77	4291.54	0.120	1213.55	4293.21
12	3152.47	−2883.33	1328.26	1895.07	0.143	1329.49	1893.46
13	3344.60	−2703.73	3260.01	3710.94	0.100	3262.14	3712.19
14	3540.91	−2699.55	5207.29	3743.19	0.087	5209.19	3745.08
15	3372.45	−2866.62	3539.56	2069.49	0.122	3538.44	2070.14

在试验区域范围内,确定了20块变异真值图斑,即动态监测出的变化结果图斑,并进行了面积统计与精度分析,结果参见表2。

表2　利用SPOT5影像与航摄影像进行土地利用动态监测面积精度表

监测图斑号	监测面积	实测面积	监测精度(%)	监测图斑号	监测面积	实测面积	监测精度(%)
1	1.31	1.35	97.14	11	3.31	3.51	94.31
2	2.48	2.50	99.20	12	12.11	11.63	95.87
3	6.45	6.08	93.97	13	8.23	8.68	94.82
4	1.12	1.00	88.00	14	1.23	1.27	96.60
5	1.16	1.18	98.31	15	2.30	2.32	99.14
6	6.06	5.69	93.56	16	1.82	1.72	94.19
7	0.39	0.38	96.49	17	9.20	9.50	96.81
8	1.00	1.06	94.34	18	13.43	12.96	96.37
9	0.72	0.71	98.11	19	4.52	4.74	95.36
10	1.05	1.11	94.31	20	7.93	7.41	93.03

平均精度:95.5%

误差:±0.025

3　意义

根据土地利用的动态监测模型,以浙江省宁波市鄞州区区域内一块试验区为例,利用 SPOT5 多光谱影像,结合近期航片,通过特征变异法,进行 1∶1 万土地利用动态遥感监测。通过土地利用的动态监测模型的计算结果可知,应用航片与卫片融合的新方法,进行土地利用动态监测是可行的。在经济上,节省了购买 SPOT5 全色影像的费用,提高了已有航摄影像的利用价值;技术上,充分利用多源遥感影像的融合技术,可快速准确地发现变化图斑,又可以航摄影像分辨率为基础,高精度提取图斑信息,提高监测精度。

参考文献

[1]　冯秀丽,王珂,张苏红. 基于SPOT5多光谱影像和近期航摄影像的土地利用动态监测方法研究. 农业工程学报,2001,21(增刊):188-191.

[2]　党安荣,王晓栋,陈晓峰,等. ERDASIMAGINE 遥感图像处理方法[M]. 北京:清华大学出版社,2003,69-71.

[3]　肖明耀. 误差理论与应用[M]. 北京:计量出版社,1985,10-11.

[4]　武汉测绘学院《测量学》编写组. 测量学[M]. 北京:测绘出版社,1985,100-101.

滴头的流道结构模型

1　背景

　　滴头是滴灌系统最关键的部件之一,滴头结构及其水力性能的优劣对滴灌系统的均匀性、抗堵塞能力、系统寿命影响很大。在从国外引进滴头的基础上,一些厂家也自行开发了一些滴头,但滴头结构形式、规格尺寸基本是仿造国外产品,由此造成对滴头结构形式与抗堵塞性能和水力性能之间的关系缺乏深入研究,致使对滴头性能的改进缺乏试验和理论指导。王建东等[1]通过实验探索了滴头流道结构的水力学特点。

2　公式

　　在流道长度一定的情况下,灌水器流量与压力之间的关系一般用下式表达:

$$q = k \cdot h^x$$

式中, q 为滴头流量,L/h; h 为工作压力水头,m; k 为流量系数; x 为流态指数。

　　根据水力学原理分析,滴头流量 q 与工作水头 H 成正比,与流道长度 L 成反比,于是可以建立以下数学模型来描述流量与工作压力及流道长度的关系:

$$q = a \times \frac{H^m}{L^n}$$

式中, q 为滴头流量,L/h; L 为流道长度,mm; H 为工作压力,m; a 为流量系数; m 为流态指数; n 为长度指数。

　　上述模型两边同取对数可得:

$$\lg q = \lg a + m\lg H + (-n)\lg L$$

令 $y = \lg q$, $x_1 = \lg H$, $x_2 = \lg L$, $a_0 = \lg a$, $a_1 = m$, $a_2 = (-n)$,于是可得:

$$y = a_0 + a_1 x_1 + a_2 x_2$$

用多元线形回归最小二乘法求得常数 a, m, n 值,从而确定模型的确切表达式。

　　表 1 为 7 种流道形式的流态指数实测值。

表1 不同流道结构形式的流态指数

流道形式	流道长度(mm)	流态指数
(1)锯齿	19.8	0.51
(2)锯齿	43.5	0.61
(3)锯齿	18.4	0.56
(4)斜角锯齿	127.4	0.57
(5)锯齿	335	0.62
(6)弧形	213.3	0.52
(7)锯齿	62.2	0.51

试验测定了7种流道形式的滴头各自在5种不同流道长度时的水力性能曲线(Q-H曲线),通过最小二乘法拟和,可以得到不同流道结构形式在不同流道长度下的流态指数,如表2所示。

表2 不同流道形式、不同流道长度下的流态指数

流道长度	流道形式						
	(1)	(2)	(3)	(4)	(5)	(6)	(7)
1	0.51	0.61	0.56	0.57	0.62	0.52	0.51
2	0.51	0.62	0.57	0.58	0.61	0.52	0.53
3	0.52	0.62	0.55	0.57	0.63	0.51	0.52
4	0.52	0.61	0.55	0.58	0.61	0.50	0.53
5	0.52	0.61	0.56	0.57	0.62	0.51	0.52

通过最小二乘法计算可得6种滴头流道的压力、流量与长度的关系,如表3所示。

表3 不同流道结构形式的流量、压力与流道长度的关系

流道结构类型	流量与压力水头及流道长度的函数模型	相关系数 r^2
2	$q = 2.12 \dfrac{H^{0.62}}{L^{0.47}}$	0.991
3	$q = 3.00 \dfrac{H^{0.56}}{L^{0.53}}$	0.996
4	$q = 2.26 \dfrac{H^{0.57}}{L^{0.46}}$	0.994
5	$q = 14.03 \dfrac{H^{0.62}}{L^{0.65}}$	0.982
6	$q = 4.01 \dfrac{H^{0.51}}{L^{0.35}}$	0.997
7	$q = 2.90 \dfrac{H^{0.52}}{L^{0.41}}$	0.928

3　意义

　　根据滴头的流道结构模型,对滴灌系统的滴头进行试验研究。利用滴头的流道结构模型,计算结果可知影响流态指数的主要因素是流道结构形式,包括流道齿形、齿角、齿距、齿高和流道的深度,流态指数基本不随滴头流道长度而变化。通过比较不同滴头流道的流态指数、流道长度及流道断面积,分析了其抗堵塞性能,得到了相关的函数模型,这对指导滴头的设计和生产有积极的作用。

参考文献

[1]　王建东,李光永,邱象玉,等. 流道结构形式对滴头水力性能影响的试验研究. 农业工程学报,2005,21(增刊):100-103.

民勤荒漠化的驱动模型

1 背景

　　区域土地利用/覆被变化正成为当前土地利用/覆被变化研究的新动向。作为区域土地荒漠化,本质上是土地质量退化,对其变化的驱动力分析较少,尤其较难量化和建立自然因素和社会经济因素对区域荒漠化的作用关系,影响了人们对荒漠化的认识和治理决策。孙丹峰[1]在利用 1988 年、1992 年和 1997 年三个时期的 TM 遥感对民勤荒漠化发展和时空规律研究成果的基础上,剖析 1988—1997 年民勤区域荒漠化变化,进而为该区域荒漠化治理和防治模式提供相关信息。

2 公式

　　采用如下公式计算民勤各乡镇区域内荒漠化的严重情况:

$$RI = \frac{\sum_{i=1}^{m} K_i A_i}{\sum_{i=1}^{m} A_i}$$

式中, RI 为区域荒漠化指数,越接近 1,表示该区荒漠化越严重; K_i 为各不同荒漠化等级系数(0~1); A_i 为不同荒漠化等级土地面积; m 为该区域内荒漠化等级数目。

　　采用如下公式来刻划民勤各乡镇区域内荒漠化(土地退化)的速率:

$$Rate_{m-n} = \frac{RI_m - RI_n}{m - n} \times 100\%$$

式中, $Rate$ 为区域荒漠化指数年变化率, m 、 n 为监测年份。

　　利用多元逐步回归建立该区域荒漠化指数年变化率与社会经济因素年变化率的线性回归模型:

$$Rate_1 = -7.47 + 10.03 \times AP_o + 84.13 \times AO_t$$

　　利用多元逐步回归建立该区域荒漠化指数年变化率与粮食作物的单位面积年变化率、单位面积的羊头数(羊密度)年变化率的线性回归模型:

$$RI_2 = 0.81 - 3.52 E_c - 0.031 I_n - 0.07 AP_o$$

RI_2 表示区域荒漠化指数。上述回归方程的复相关系数为 0.892,显著性检验 F 值为

18.1，远大于 0.01，回归方程的拟合效果较好：

$$Rate_2 = 1.01 + 1.37AG_r$$

利用多元逐步回归建立该区域荒漠化指数年变化率与单位面积农民人均纯收入年变化率的线性回归模型：

$$RI_3 = 0.79 - 0.12AP_o - 1.13AO_t - 1.33AE_c$$

RI_3 表示区域荒漠化指数。上述回归方程的复相关系数为 0.966，显著性检验 F 值为 65.55，远大于 0.001，回归方程的拟合效果较好：

$$Rate_3 = 0.42 - 0.44AI_n$$

利用多元逐步回归建立该区域荒漠化指数年变化率与单位面积的羊头数年变化率、单位面积农村人口年变化率以及单位面积农民人均纯收入年变化率的线性回归模型：

$$RI_4 = 0.78 - 1.59G_r$$

RI_4 表示区域荒漠化指数。上述回归方程的复相关系数为 0.854，显著性检验 F 值为 27.05，远大于 0.001，回归方程的拟合效果较好：

$$Rate_4 = 0.45 - 0.67AC_a$$

利用多元逐步回归建立该区域荒漠化指数年变化率与社会经济因素年变化率的线性回归模型：

$$Rate_5 = 0.14 + 22.29AS_h$$

$Rate_5$ 表示区域荒漠化指数年变化率。上述回归方程的复相关系数为 0.925，显著性检验 F 值为 23.58，远大于 0.008，回归方程的拟合效果较好。

在坝区灌区，区域荒漠化指数与社会经济因素呈现出不同程度的显著相关性（表 1）。

表 1　各区域荒漠化指数与各社会经济因素相关系数

区域	农作物播种面积百分数/%(C_r)	粮食作物播种面积百分数/%(G_r)	经济作物播种面积百分数/%(E_c)	其他作物播种面积百分数/%(O_t)	单位面积大牲畜头数(C_a)	单位面积羊头数(S_h)	单位面积农民人均纯收入(I_n)	单位面积农村户数(H_o)	单位面积农村人口(P_o)	单位面积劳动力(L_a)
昌宁与环河灌区	−0.52	−0.55	−0.19	−0.06	−0.39	−0.15	0.108	−0.55	−0.52	−0.44
坝区灌区	−0.64	−0.33	−0.7	−0.46	−0.16	−0.32	−0.42	−0.39	−0.59	−0.58
泉区灌区	−0.06	−0.62	−0.92	−0.59	−0.83	−0.74	−0.42	−0.93	−0.93	−0.86
湖区灌区	−0.51	−0.85	0.36	−0.64	−0.84	−0.43	0.11	−0.23	−0.42	−0.43
牧区	0.14	0.18	0.29	−0.42	0.28	0.49	0.44	0	−0.49	0

该区域荒漠化指数年变化率与粮食作物的单位面积年变化率、单位面积的羊头数（羊密度）年变化率在 0.01 水平下呈现显著相关；而与其他社会经济因素的年变化率未表现出

相关性(表2)。

表 2 　各区域荒漠化指数年变化率与各社会经济因素年变化率相关系数

区域	农作物播种面积百分数/%(AC_r)	粮食作物播种面积百分数/%(AG_r)	经济作物播种面积百分数/%(AE_c)	其他作物播种面积百分数/%(AO_t)	单位面积大牲畜头数(AC_a)	单位面积羊头数(AS_h)	单位面积农民人均纯收入(AI_n)	单位面积农村户数(AH_o)	单位面积农村人口(AP_o)	单位面积劳动力(AL_a)
昌宁与环河灌区	0.02	-0.61	0.18	-0.12	0.27	0.43	0.67	-0.21	0.74	0.01
坝区灌区	0.14	0.80	-0.47	0.35	-0.54	-0.72	-0.18	-0.26	-0.22	0.24
泉区灌区	-0.04	-0.10	-0.44	0.41	0.29	-0.14	-0.68	0.46	-0.06	-0.07
湖区灌区	-0.6	-0.81	-0.09	-0.58	-0.87	-0.83	-0.79	0.31	-0.82	0.21
牧区	-0.01	-0.15	0.69	-0.65	-0.44	0.93	0.54	0.49	-0.19	-0.24

3　意义

以甘肃民勤县为例,确定了民勤 5 个区域 1988—1997 年三个时段的荒漠化指数和其变化率,采用相关分析、多元逐步回归分析方法,建立了民勤荒漠化的驱动模型。利用对应年份和各区域乡镇的标准化社会经济统计资料,建立民勤荒漠化的社会经济驱动力模型,确定了 1988—1997 年民勤区域荒漠化的社会经济驱动力。利用民勤荒漠化的驱动模型,计算结果表明,民勤的牧业区和新开发的昌宁与环河灌区受人类影响小,其区域荒漠化指数大小主要取决于自然因素,但两区域荒漠化指数变化率分别与单位面积载羊量和人口密度变化率线性相关。

参考文献

[1]　孙丹峰. 民勤 1988—1997 年间土地荒漠化社会经济驱动力分析. 农业工程学报,2005,21(增刊): 131–135.

潜水蒸发的能力模型

1 背景

关于水面蒸发量数据的选用,国内大部分学者在经验公式中大都引用 E_{601} 型蒸发器的观测值或折算为 E_{601} 型蒸发器的数值。E_{20} 蒸发器所测得的水面蒸发强度 E_{20} 值与 E_{601} 值有较大的差别,两者的比值一般为 0.5~0.8,且年内变化较大。胡顺军等[1]根据塔里木河上游的阿克苏水平衡站不同型号的水面蒸发器(皿)观测的水面蒸发资料和塔里木河中游的渭干河灌区潜水蒸发试验场的潜水蒸发资料,对潜水蒸发能力进行初步探讨。

2 公式

虽然反映潜水蒸发系数与潜水埋深关系的 C-H 型公式从结构上存在缺陷,但由于其形式简单、参数少,在实际生产中仍然被广泛应用。其中:

阿维里扬诺夫公式:

$$E = E_0 \left(1 - \frac{H}{H_{\max}} \right)^n$$

叶水庭公式:

$$E = E_0 e^{-\alpha H}$$

式中,E 为潜水蒸发强度,mm/d;E_0 为潜水埋深为零时的潜水蒸发强度,mm/d;H 为潜水埋深,m;$H_{\max}$ 为潜水极限埋深,m;n 为潜水蒸发指数;α 为常数。

定义 E_{601} 型蒸发器与 E_{20} 蒸发皿观测的水面蒸发量的折算系数 K 为:

$$K = E_{601}/E_{20}$$

渭干河灌区 6 种典型土壤潜水埋深为零时的潜水蒸发强度与 E_{601} 水面蒸发强度线性相关,相关系数大于 0.89,达极显著水平,两者可拟合为:

$$E_0 = \beta E_{601}$$

式中,E_0 为潜水埋深为零时的潜水蒸发强度,mm/d;E_{601} 为 E_{601} 型蒸发器观测的水面蒸发强度,mm/d。

不同质地土壤的粉黏粒[2]($d<0.02$ mm)含量百分数 C 与潜水蒸发能力系数 k_0 的关系,按指数关系拟合得:

200

$$k_0 = 1.2004e^{-0.0139C}, R^2 = 0.8448$$

两者相关关系较好。

阿克苏水平衡试验站 1982—2003 年采用 E_{601} 型蒸发器与 E_{20} 蒸发皿观测的非冻结期（4—10 月）月平均水面蒸发强度见表 1。

表 1　阿克苏水平衡试验站各月平均水面蒸发强度及折算系数

月份	E_{20}(mm/d)	E_{601}(mm/d)	折算系数 K
4	5.4	8.3	0.65
5	7.4	11.2	0.66
6	8.7	12.3	0.71
7	8.3	11.1	0.75
8	7.4	9.9	0.75
9	5.8	7.5	0.77
10	3.6	4.6	0.78

渭干河灌区 6 种典型土壤的潜水埋深为零时的潜水蒸发强度与 E_{601} 水面蒸发强度的相关关系如图 1 所示。

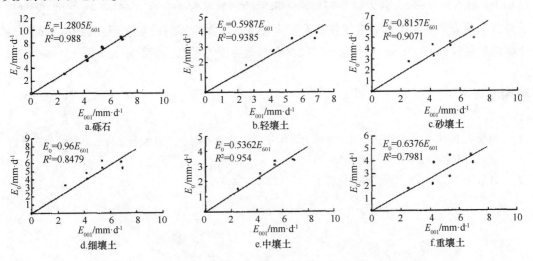

图 1　不同土质下潜水埋深为零时潜水蒸发量与水面蒸发的关系

不同质地土壤的粉黏粒（$d<0.02$ mm）含量百分数 C 与潜水蒸发能力系数 k_0 的关系如图 2 所示。

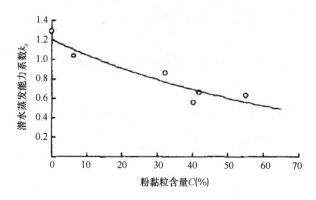

图 2　粉黏粒含量 C 与潜水蒸发能力系数 k_0 的关系

3　意义

根据渭干河灌区潜水蒸发试验站和阿克苏水平衡试验站的实际监测资料,建立了该区域潜水蒸发的能力模型,确定了 E_{601} 型蒸发器与 E_{20} 蒸发皿观测的水面蒸发的关系、不同土质潜水埋深为零时潜水蒸发与水面蒸发的关系,提出了潜水蒸发能力系数的概念,并得到了其与土壤机械组成的关系。根据潜水蒸发的能力模型的计算结果可知,塔里木盆地非冻结期 E_{601} 型蒸发器与 E_{20} 蒸发皿观测的水面蒸发的折算系数变化在 0.65~0.78 之间;除细砂土外,E_{601} 蒸发器观测的水面蒸发强度不能代替潜水埋深为零时的潜水蒸发强度;不同质地土壤的粉黏粒($d<0.02$ mm) 含量百分数与潜水蒸发能力系数呈指数相关关系。

参考文献

[1] 胡顺军,宋郁东,田长彦,等. 潜水埋深为零时塔里木盆地不同土质潜水蒸发与水面蒸发关系分析. 农业工程学报,2005,21(增刊):80-83.
[2] 黄昌勇. 土壤学[M]. 北京:中国农业出版社,2002:74-77.

N_2O 产生的硝化模型

1 背景

N_2O 是因近年来全球变暖而备受关注的温室气体之一,据估计其全球增温潜势值为
310(CH_4为21)。此外,N_2O 在大气中具有较长的滞留时间,并参与大气中许多光化学反
应,破坏平流层的臭氧。大气中90%的 N_2O 来自地表生物源。黄树辉和吕军[1]介绍了使用
不同抑制剂抑制 N_2O 产生的不同过程以及使用[15]N 标记底物等方法,以期通过使用这些方
法能定量研究硝化、反硝化反应对 N_2O 产生的贡献。

2 公式

当 N_2O 分子中的[15]N 是不随机分布时,N_2O 分子中的[15]N 的含量可用如下公式计算:

$$^{15}R = (^{45}R - ^{17}R)/2$$

$$^{15}R = \frac{-2^{17}R \pm [4(^{17}R)^2 - 4(^{18}R - ^{46}R)]^{1/2}}{2}$$

$$Atom\%^{15}N = (100 \times ^{15}R)/(1 + ^{15}R)$$

$$Atom\%^{15}N \text{ in } N_2O = 100 \times (^{45}R + 2^{46}R - ^{17}R - 2^{18}R)/(2 + 2^{45}R + 2^{46}R)$$

式中,N_2O 中 ^{15}R 、^{17}R 、^{18}R 分别可用 $^{15}R = ^{15}N/^{14}N$, $^{17}R = ^{17}O/^{16}O$, $^{18}R = ^{18}O/^{16}O$ 表示。

混合物中的[15]N 分数 a_m 可由如下公式计算获得:

$$a_m = d \cdot a_d + (1 - d) a_n$$

式中,d 为从反硝化库中获得的 N_2O 通量分数, $(1 - d)$ 为从硝化库中获得的 N_2O 通量
分数。

如果两个土壤库中的[15]N 原子分数和 N_2O 混合物可通过测量确定,那么 d 可通过以下
公式计算获得:

$$d = (a_m - a_n)/(a_d - a_n)$$

图 1 详细介绍了产生 N_2O 的硝化和反硝化途径及其专一性催化酶。

当NO_3^- 库被标记时,N_2O 分子中[15]N 原子的任何一个非随机分布都可归因于同时发生
的硝化和反硝化反应,或者仅仅从两个不同丰度库中发生的反硝化反应,过程见图2。

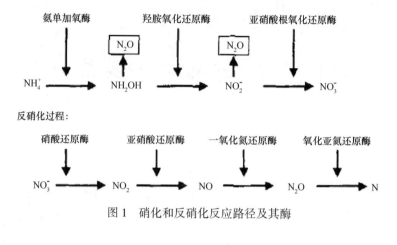

图 1　硝化和反硝化反应路径及其酶

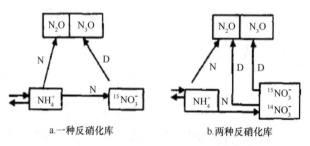

图 2　标记 $^{15}NO_3^-$ 时影响 N_2O 生成的可能的来源和路径

3　意义

在此建立了 N_2O 产生的硝化模型,确定了生成 N_2O 反应的每一步。根据 N_2O 产生的硝化模型,主要从抑制反应发生的催化酶和细菌着手,总结了测量区分硝化、反硝化和 DNRA 反应对 N_2O 产生的贡献方法。应用 N_2O 产生的硝化模型,表明了 ^{15}N 标记底物法,乙炔抑制法和环境因子抑制法。通过 N_2O 产生的硝化模型的计算结果可知, N_2O 生成贡献的完善方法能合理估算土壤对大气 N_2O 的排放量,这样有利于控制农田土壤对大气排放 N_2O ,减少环境风险,保护地球自然环境。

参考文献

[1] 黄树辉,吕军. 区分土壤中硝化与反硝化对 N_2O 产生贡献的方法. 农业工程学报,2005,21(增刊):48-51.

土壤的水盐运移模型

1 背景

在世界许多干旱和半干旱地区,对使用微咸水灌溉已经进行了大量的科研工作。中国在微咸水利用方面也有较快的发展,新疆、河北、辽宁、内蒙古、甘肃、宁夏等地都有利用微咸水灌溉方面的报道,实践表明,只要利用合理,微咸水不但不会导致土壤盐渍化,而且可使作物增产。郭太龙等[1]通过实验,分析在某单一因素影响下,入渗水矿化度对入渗过程、土壤含盐量、土壤含水量的影响,探讨微咸水入渗条件下水盐运移的规律,为田间试验提供指导。

2 公式

利用 Kostiakov 模型[2],累积入渗量 I 与入渗时间 t 呈乘幂关系:

$$I = kt^a$$

式中,k 为入渗系数,a 为入渗指数,a、k 均为无因次。

对入渗水矿化度与湿润土层总盐量进行拟合,拟合结果如下:

$$y = -0.0026x^3 + 0.0227x^2 - 0.0209x + 0.1139(R = 0.9982)$$

式中,y 为湿润土层总盐量,g/100 g;x 为入渗水矿化度,g/L;R 为相关系数。

对 6 种不同入渗水质达到 45 cm 湿润锋面时所需时间对比结果如图 1 所示。

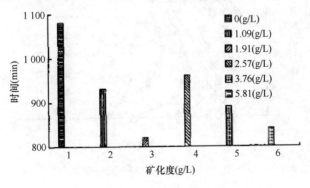

图 1　不同水质入渗达 45 cm 湿润锋面所需时间对比

利用 Kostiakov 模型对试验数据进行拟合,拟合结果如表1所示,表中 R 为相关系数。

表1　不同入渗水质 I-t 拟合结果

入渗水的矿化度（g/L）	0	1.09	1.91	2.57	3.76	5.81
a	0.3460	0.4136	0.5308	0.4136	0.4631	0.4761
K	1.5408	0.9974	0.5253	0.9541	0.8541	0.6926
R	0.9816	0.9922	0.9846	0.9877	0.9934	0.9904
I	$1.5408t^{0.346}$	$0.9974t^{0.4136}$	$0.5253t^{0.5308}$	$0.9541t^{0.4136}$	$0.8541t^{0.4631}$	$0.6926t^{0.4761}$

入渗水矿化度与湿润土层总盐量的相关关系见图2。

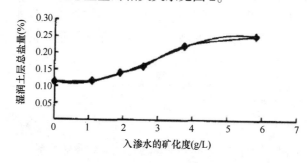

图2　土壤总盐量的变化

不同矿化度水质入渗后土壤盐分的分布结果如图3。

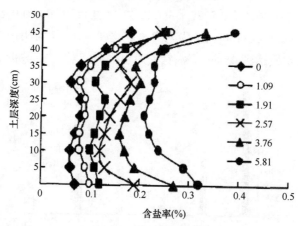

图3　土壤含盐率剖面的分布

同一湿润锋深度处(45 cm) 6 种水质的土壤水分剖面变化过程见图4。

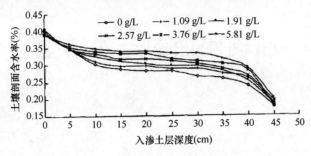

图4　土壤含水率剖面的分布

3　意义

在此建立了土壤的水盐运移模型,确定了入渗水矿化度对入渗过程的影响,展示了盐分的分布特征。土壤的水盐运移模型总结了土壤剖面的盐分运移规律,这是入渗水矿化度和土壤总盐量之间的数学模型。对土壤的水盐运移模型的计算结果表明:入渗水矿化度的增加可增大土壤的入渗能力,入渗水的矿化度在 1~5 g/L 时,土壤积盐量随入渗水矿化度增加而增大;不同矿化度的水入渗后,土壤表层含水率基本相近,接近饱和含水率。

参考文献

[1]　郭太龙,迟道才,王全九,等. 入渗水矿化度对土壤水盐运移影响的试验研究. 农业工程学报,2005, 21(增刊):84-87.

[2]　I·山伯格,J·D·鲁斯特. 灌溉水质[M]. 鲁光四译. 北京:水利电力出版社,1984.

冲刷侵蚀的产沙模型

1 背景

神府东胜煤田是世界七大煤田之一,是我国21世纪重要的能源供应地,地处黄土高原向鄂尔多斯高原过渡的风蚀水蚀交错带,脆弱的下垫面条件和风蚀水蚀在空间上相互叠加、在时间上相互交替,导致该区成为黄土高原土壤侵蚀最严重的地区。王文龙等[1]以神府煤田原生地面为研究背景,采用野外模拟放水冲刷的试验方法,探讨其侵蚀产沙机理,为对比分析弃土弃渣和扰动地面的新增侵蚀量提供科学依据。

2 公式

径流量与放水流量、产沙量与放水流量的关系均呈线性变化,即随着坡度增大,径流量和产沙量也在增大。去掉坡度的影响,分别建立径流量、产沙量与放水流量的关系式:

$$W = 9.0844Q - 17.984 \quad n = 12 \quad r = 0.773$$
$$M_s = 0.3443Q - 0.946 \quad n = 12 \quad r = 0.651$$

式中,W 为径流量,L; M_s 为产沙量,kg; Q 为放水流量,L/min。

消除放水流量与坡度的影响,得出产沙量与径流量间呈良好的幂函数关系,如下式所示:

$$M_s = 0.049W^{0.930} \quad n = 253 \quad r = 0.92$$

在未经扰动的原生地面条件下径流量与放水流量、产沙量与放水流量的关系均呈线性变化,即随着坡度增大,径流量和产沙量也在增大。其关系式为:

$$W = 9.0844Q - 17.984$$
$$M_s = 0.3443Q - 0.946$$

产沙量与径流量关系相当密切,呈幂函数关系变化,即随着径流量的增大,产沙量也在增大,其关系式为:

$$M_s = 0.049W^{0.930}$$

运用相关分析的方法,建立了不同放水流量条件下各自的经验方程(表1)。

表 1 原生地面径流量、产沙量与放水流量的关系

坡度 (°)	径流量—放水流量关系 $W-Q$	样本数	相关系数	坡度 (°)	产沙量—放水流量关系 $W-Q$	样本数	相关系数
5	$W=7.7288Q-25.38$	5	0.948	5	$M_s=0.3363Q+0.8831$	5	0.881
11	$W=8.838Q-27.258$	5	0.969	11	$M_s=0.455Q-2.3733$	5	0.968
17	$W=10.686Q-1.3139$	5	0.914	17	$M_s=0.241Q-1.3478$	5	0.850

运用相关分析的方法,建立了不同坡度条件下径流量—坡度、产沙量—坡度的经验方程,列于表 2。

表 2 原生地面径流量、产沙量与坡度的关系

放水水流 (L/min)	径流量—坡度关系 $W-S$	样本数	相关系数	放水水流 (L/min)	产沙量—坡度关系 $W-S$	样本数	相关系数
5	$W=0.5165S+29.195$	3	0.989	5	$M_s=0.2532S-0.8187$	3	0.913
10	$W=4.1839S+29.167$	3	0.984	10	$M_s=0.2046S-0.3679$	3	0.913
15	$W=4.7531S+37.308$	3	0.964	15	$M_s=0.2737S+0.2353$	3	0.972
20	$W=4.2648S+110.68$	3	0.992	20	$M_s=0.7234S-0.6412$	3	0.986
25	$W=10.694S+153.59$	3	0.997	25	$M_s=1.1987S-1.39$	3	0.927

由不同数据分别建立原生地面坡度为 5°、11°、17°时不同放水流量条件下的径流产沙关系式,如表 3~表 5 所示。

表 3 5°原生地面径流产沙关系

放水流量 (L/min)	产沙—径流关系 M_s-W	样本数	相关系数
5	$M_s=0.0209W+0.0107$	12	0.986
10	$M_s=0.0158W-0.0366$	15	0.976
15	$M_s=0.026W+0.0976$	18	0.992
20	$M_s=0.0226W+0.0078$	19	0.976
25	$M_s=0.031W+0.1865$	17	0.983

表4 11°原生地面径流产沙关系

放水流量 （L/min）	产沙—径流关系 $M_s - W$	样本数	相关系数
5	$M_s = 0.0365W - 0.0462$	14	0.97
10	$M_s = 0.0326W + 0.0684$	19	0.997
15	$M_s = 0.0303W + 0.4131$	19	0.954
20	$M_s = 0.0304W + 1.9747$	14	0.98
25	$M_s = 0.0493W + 1.1313$	11	0.982

表5 17°原生地面径流产沙关系

放水流量 （L/min）	产沙—径流关系 $M_s - W$	样本数	相关系数
5	$M_s = 0.01024W - 0.4439$	9	0.937
10	$M_s = 0.0218W + 0.7319$	19	0.854
15	$M_s = 0.0231W + 1.1646$	16	0.981
20	$M_s = 0.033W + 0.6605$	16	0.933
25	$M_s = 0.0804W + 1.4548$	23	0.983

3 意义

根据冲刷侵蚀的产沙模型，以东胜煤田未经人为扰动的、摞荒的原生地面为自然侵蚀本底值的作用对象，采用野外放水冲刷实验，确定了原生地面的侵蚀产沙规律。利用冲刷侵蚀的产沙模型，得到径流量、产沙量与放水流量，以及径流量、产沙量与坡度的关系均呈线性相关，即随着坡度与放水流量的增大，径流量和产沙量也在线性增加，径流量与产沙量之间呈幂函数关系变化。

参考文献

[1] 王文龙,李占斌,李鹏,等. 神府东胜煤田原生地面放水冲刷试验研究. 农业工程学报,2005,21(增刊):59-62.

土地经济的宏观分区模型

1 背景

随着国土资源内涵的不断扩展,"土地管理"的范畴也在不断地扩大,目前已经由过去的单纯土壤"物质点"的管理(农业部门的土肥问题)到土地"几何面"的管理(土地局成立),进而向国土"自然综合体"的管理(国土资源部成立)方向发展。体现了由"数量管护"向"质量管护",再向"生态管护"不断过渡的重要理念。马仁会等[1]通过公式分析了土地经济系数宏观分区的计算方法。

2 公式

分等指数[2]:

$$G_i = \sum (\alpha_{tj} \, CL_{ij} \beta_j K_{lj} K_{ej})$$

经济系数:

$$K_{ej} = \alpha_j / A_j$$

式中, G_i 为样点的农用地分等指数; K_{ej} 为样点的第 j 种指定作物土地经济系数; α_j 为样点第 j 种指定作物"产量–成本"指数; A_j 为第 j 种指定作物"产量–成本"指数的省级二级区内最大值; CL_{ij} 为第 i 个分等单元第 j 种指定作物和自然质量分; β_j 为 j 种作物的产量比系数; K_{lj} 为第 j 种作物的土地利用系数; α_{tj} 为第 j 种指定作物的光温(气候)生产潜力指数。

土地经济系数计算采用《农用地分等规程》规定的方法[2],即:

$$K_c = \frac{a}{A} \qquad a = \frac{Y_j}{C_j}$$

式中, K_c 为土地经济系数; a 为产量成本指数; A 为区域内 a 的最大值; Y_j 为第 j 种指定作物的单位面积产量; C_j 为第 j 种指定作物单位面积的投入成本。

农业经济效益的高低实际上就是农业劳动生产率的高低。所以在计算土地经济系数时,引入劳动生产率的概念,不仅理论明确,又容易计量。符合系数定义及目标的约束条件。土地经济系数定义如下:

$$K_c = \frac{t}{T}$$

式中，t 为"劳动生产率指数（农业产值/投入劳动力数）"；T 为可比区域"劳动生产率"指数的最大值。

农业增加值 = 农业总产出−农业中间消耗。算式为：

$$K_{ci} = \frac{a_i}{A}, i = 1, \cdots, n; a_i = \frac{V_{tai}}{I_{ai}}, A = (a_i)_{max}; I_a = V_{ta} - V_{a1}$$

式中，V_{a1} 为农业（农林牧渔）增加值；V_{ta} 为农业（农林牧渔）总产值；I_a 为农业中间消耗；K_c 为经济系数。

以种植业产值除以种植业中间消耗作为种植业效益指标。种植业中间消耗包括用种量、肥料、农膜、农药、材料费、作业费等。经标准化处理，得到土地经济系数。算式如下：

$$K_{ci} = \frac{a_i}{A}, i = 1, \cdots, n; a_i = \frac{V_{pi}}{I_{pi}}, A = (a_i)_{max}; I_p = V_p - V_{ap}$$

式中，V_{ap} 为种植业增加值；I_p 为种植业中间消耗；V_p 为种植业产值；K_c 为经济系数。

有效灌溉比率是指有效灌溉面积占耕地面积的比率。算式为：

$$K_{ci} = \frac{a_i}{A}, i = 1, \cdots, n; a_i = \frac{V_i}{B_i}, A = (a_i)_{max}$$

$$B_i = \frac{B'_i}{(B'_i)_{max}}, i = 1, \cdots, n$$

$$B'_i = \omega_1 P_i + \omega_2 C_i, \omega_1 = 0.5, \omega_2 = 0.5$$

$$V_i = \frac{V_{pi}}{(V_{pi})_{max}}, P_i = \frac{P_{Ii}}{(P_{Ii})_{max}}, C_i = \frac{C_{ei}}{(C_{ei})_{max}}, i = 1, \cdots, n$$

$$P_I = \frac{A_c}{A_i}$$

式中，V_p 为种植业产值；A_c 为耕地面积；A_i 为有效灌溉面积；P_I 为有效灌溉比例；C_e 为化肥折纯用量；K_c 为土地经济系数；V_i 为分县农业单位产值。

加权限定法应与利用系数同时考虑。在分等计算式中，K_l、K_c 分别给予调整。即：

$$G = \alpha\beta C_1(0.7 + 0.3K_l)(0.8 + 0.2K_c)$$

式中，G 为分等指数；α 为光温/气候生产潜力；β 为产量比系数；K_l 为土地利用系数；K_c 为土地经济系数。

设经济系数 (a/A) 为 0.1~1 之间的数值，但在使用中被认为偏小，采用三种方法修正，模拟数据检验计算结果如表1。

表 1　模拟土地经济系数修正结果比较

设定系数		0.10	0.20	0.30	0.40	0.50	0.60	0.70	0.80	0.90	1.00
加权 1	$0.7+0.3K_c$	0.73	0.76	0.79	0.82	0.85	0.88	0.91	0.94	0.97	1.00
加权 2	$0.8+0.2K_c$	0.82	0.84	0.86	0.88	0.90	0.92	0.94	0.96	0.98	1.00
开方法	$(a/A)^{1/2}$	0.32	0.45	0.55	0.63	0.71	0.77	0.84	0.89	0.95	1.00

3　意义

　　根据相关公式论述了土地经济系数的设置意义和确定目标,针对土地经济系数宏观分区,比较了逐级计算法、相关计算法、区划采样法和统计指标法四种思路及其数学处理方法,并通过实际计算进行了验证。此研究为农用地分等成果的土地经济系数平衡汇总提供了依据。

参考文献

[1]　马仁会,李强,崔俊辉,等. 土地经济系数宏观分区计算方法比较研究. 农业工程学报,2005,21(增刊):159-163.

[2]　中华人民共和国国土资源部行业标准. 农用地分等规程(TD/T)[S]. 2002.

土地利用的生态位模型

1　背景

　　土地是人类赖以生存与发展的重要资源和物质保障,在"人口—资源—环境—发展"复合系统中,土地资源处于基础地位。土地利用是人与土地相互作用下由不同的利用方式和利用强度组成的动态系统,反映了人类与自然界相互影响与交互作用最直接和最密切的关系,人类利用土地在发展经济和创造物质财富的同时,也对自然资源的结构及其生态与环境产生巨大的影响。倪九派等[1]表述在特定的情况下不同的土地利用类型占用新生境的能力,并试图建立土地利用生态位的理论框架,对土地利用变化的机理、过程及其未来的趋势进行系统的阐述。

2　公式

　　根据生态位态势理论,在土地利用系统中,各土地利用类型均具有位和势两方面的属性,并在土地利用系统中占据一定的空间,则土地利用的生态位可表示如下:

$$N_i = \frac{(W_i + Q_i)\sum_{i=1}^{n} R_i}{R_i \sum_{i=1}^{n}(W_i + Q_i)} \quad i = 1,2,3,\cdots,n$$

式中, N_i 为土地利用系统中第 i 种土地利用类型的生态位; W_i 为第 i 种土地利用类型在土地利用系统中所处的地位,一般用土地利用所能带来的经济效益、生态效益或社会效益来表示; Q_i 为第 i 种土地利用类型所能带来效益的增长潜力; R_i 为附着在第 i 种土地利用类型上的劳动力。

　　在经济欠发达地区,土地利用以追求最大的经济效益为目的,土地利用变化由土地利用的经济生态位驱动,此时土地利用的经济生态位可用土地利用所能带来的直接经济效益和潜在经济效益来表示:

$$NJ_i = \frac{(P_i + B_i) \cdot A_i \cdot \sum_{i=1}^{n} R_i}{R_i \cdot \sum_{i=1}^{n}(P_i \cdot A_i + B_i \cdot A_i)} \quad i = 1,2,3,\cdots,n$$

式中，NJ_i 为第 i 种土地利用类型的经济生态位；P_i 为第 i 种土地利用类型单位面积的经济收益；B_i 为第 i 种土地利用类型单位面积的边际收益；A_i 为第 i 种土地利用类型的面积；R_i 为附着在第 i 种土地利用类型上的劳动力。

土地利用的综合生态位表示如下：

$$NZ_i = \frac{(P_i + E_i + S_i + BP_i + BE_i + BS_i) \cdot A_i \cdot \sum_{i=1}^{n} R_i}{R_i \cdot \sum_{i=1}^{n} (P_i + E_i + S_i + BP_i + BE_i + BS_i) \cdot A_i} \quad i = 1, 2, 3, \cdots, n$$

式中，NZ_i 为第 i 种土地利用类型的综合生态位；P_i、E_i、S_i 分别为第 i 种土地利用类型单位面积的经济效益、生态效益和社会效益；BP_i，BE_i，BS_i 分别为第 i 种土地利用类型单位面积在经济效益、生态效益和社会效益三方面的边际收益；A_i 为第 i 种土地利用类型的面积；R_i 为附着在第 i 种土地利用类型上的劳动力。

在国家退耕还林政策的引导下，在坡度大于 $25°$ 的土地上，林地和草地的生态位要大于坡耕地的生态位（表1）。

表1 坡耕地、林地和草地的生态位（坡度大于 25° 的土地）

土地利用类型	经济效益（元/hm²）	生态效益（元/hm²）	社会效益（元/hm²）	生态位
坡耕地	2 625	506.5	—	0.26
林地	—	2 467.3	1 650	0.34
草地	1 250	1 895.4	1 650	0.40

3　意义

根据生态位态势理论，在此建立了土地利用生态位的理论与模型。利用土地利用的生态位模型，确定了土地利用生态位表征不同土地利用类型占用新生境的能力，土地利用变化由土地利用的综合生态位驱动，但在市场经济条件下，土地利用变化实际上是由土地利用的经济效益决定的。为实现土地资源的合理利用，必须对土地利用的综合生态位进行调控，其调控的难点是土地利用生态效益和社会效益的经济量化。土地利用生态位的调控就是通过经济手段，制定相关政策和法规，调节土地利用的经济效益、生态效益和社会效益，从而促进土地利用结构的调整，达到土地利用的整体效果最佳。

参考文献

［1］ 倪九派,魏朝富,谢德体. 土地利用的生态位及调控机制的研究. 农业工程学报,2005,21(增刊)：113−115.

土地整理的分区模型

1 背景

土地整理分区就是依据土地利用程度与社会经济发展水平的差异性,依据土地整理限制因素的差异性将整个区域划分为土地整理类型与方向相对一致的几个区域。土地整理分区的目的是为了明确每一区域土地整理的主要类型与方向,制定适合实际情况的土地整理标准,为土地整理潜力评价提供基础。张正峰和陈百明[1]通过实验对土地整理分区展开了研究。

2 公式

在此采用灰色星座聚类法进行土地分类区。具体方法如下。

(1)数据切换(左边字母):

$$\varphi_{ij} = \frac{X_{ij} - X_{j\min}}{X_{j\max} - X_{j\min}} \times 180°$$

式中,φ_{ij}为变换后的数据;X_{ij}为原始数据;$X_{j\max}$为第j个变量的最大值;$X_{j\min}$为第j个变量的最小值;$i = 1,2,3,\cdots,N$,表示样点数;$j = 1,2,3,\cdots,P$,表示指标数,表示各分类变量。

(2)对选定的指标赋权。

对每一个选定的指标,根据其对系统变化影响的程度,分别给一个权数W_j,使

$$0 \leqslant W_j \leqslant 1 \text{ 且} \sum_{j=1}^{P} W_j = 1$$

(3)计算各个样点的坐标值:

$$X_i = \sum_{j=1}^{P} W_j \cos\varphi_{ij}$$

$$Y_i = \sum_{j=1}^{P} W_j \sin\varphi_{ij}$$

式中,W_j为第j个指标的权数;X_i为第i个样点的横坐标;Y_i为第i个样点的纵坐标。

(4)绘制星座图。

根据X_i,Y_i的数值,确定每一个样点在图内星点的位置,做出反映全部样点的星点,性质相似和接近的样点聚集成星座图。

(5)计算综合指标值:

$$Z_i = \sum_{j=1}^{M} \varphi_{ij} W_j$$

式中,Z_i为综合指标值;W_j为指标权数。

根据以上步骤分别对大兴区14个乡镇的10项指标值进行极差变换,对各指标项赋权重值0.1,计算各乡镇的直角坐标,结果见表1。

表1 北京大兴区土地整理分区星座聚类坐标计算结果表

乡镇名称	X 值	Y 值	乡镇名称	X 值	Y 值
西红门镇	0.45	0.48	北臧村镇	−0.23	0.62
旧宫镇	0.28	0.43	魏善庄镇	−0.25	0.61
亦庄镇	0.67	0.33	庞各庄镇	−0.27	0.68
黄村镇	0.02	0.66	安定镇	−0.49	0.67
瀛海镇	−0.03	0.65	采育镇	0.09	0.61
青云店镇	−0.04	0.65	礼贤镇	−0.42	0.56
长子营镇	−0.09	0.67	榆垡镇	−0.31	0.74

将大兴区14个样点的坐标点绘在星座图上(见图1)。

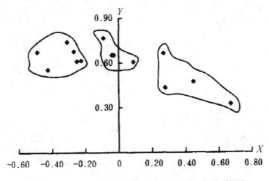

图1 北京大兴区土地整理分区星座聚类图

3 意义

在此建立了土地整理的分区模型,在各级土地整理专项规划中,可明确区域土地整理的类型与方向,制订适合实际情况的土地整理标准,进而为土地整理潜力评价提供基础。利用土地整理的分区模型,进行土地整理分区。以北京市大兴区为例,以乡镇为分区单元,根据土地整理的分区模型,采用经济社会指标与自然指标相关结合的方法,确定10项指标进行星座聚类分析,将大兴区分成北部经济发达区、东部产粮区与中南部综合发展区三个区,并分别明确了三个区域土地整理的方向。

参考文献

[1] 张正峰,陈百明. 土地整理分区研究. 农业工程学报,2005,21(增刊):123-126.

土地整理的评价模型

1　背景

　　土地整理是指以土地为对象,通过工程、生物或综合措施,把尚未利用或已破坏的土地资源或利用不充分的土地资源变为可利用的土地资源,并提高土地的利用率和产出率,是一项达到扩大再生产,形成新的固定资产和新的生产能力的投资建设活动。为了使有限的土地整理资金发挥最大的综合效益,对全国所申报的土地整理项目进行科学鉴别和选择的客观需求日趋强烈。刘洋等[1]通过实验对土地整理模糊数学评价模型及其应用展开了分析。

2　公式

　　将所有评判因素集 $U = \{u_1, u_2, u_3, \cdots, u_n\}$ 分为若干组 $U = (U_1, U_2, U_3, \cdots, U_k)$,使得

$$U = \bigcup_{i=1}^{k} U_i, U_i \cap U_k = \varphi(i \neq j)$$

则称 $U = (U_1, U_2, U_3, \cdots, U_k)$ 为第一因素集。

　　设 $U_i = \{u_1^{(i)}, u_2^{(i)}, u_3^{(i)}, \cdots, u_{ni}^{(i)}\} (i = 1, 2, \cdots, k)$,其中 $n_1 + n_2 + n_3 + \cdots + n_k = \sum_{i=1}^{k} n_i = n$,称为第二素集。

　　设评判集 $V = \{v_1, v_2, \cdots, v_m\}$,先对第二级因素集 $U_i = \{u_1^{(i)}, u_2^{(i)}, u_3^{(i)}, \cdots, u_{ni}^{(i)}\}$ 的 n_i 个因素进行单因素评判,即建立模糊映射:

$$f_i : U_i \rightarrow \Gamma(V)$$
$$u_1^{(i)} \rightarrow f_i(u_1^{(i)}) = (r_{11}^{(i)}, r_{12}^{(i)}, \cdots, r_{1m}^{(i)})$$
$$u_2^{(i)} \rightarrow f_i(u_2^{(i)}) = (r_{21}^{(i)}, r_{22}^{(i)}, \cdots, r_{2m}^{(i)})$$
$$\cdots$$
$$u_{ni}^{(i)} \rightarrow f_i(u_{ni}^{(i)}) = (r_{ni1}^{(i)}, r_{ni2}^{(i)}, \cdots, r_{nim}^{(i)})$$

　　得单因素评判矩阵为:

$$R_i = \begin{vmatrix} r_{11} & r_{12} & \cdots & r_{1m} \\ r_{21} & r_{22} & \cdots & r_{2m} \\ \cdots & \cdots & \cdots & \cdots \\ r_{n1} & r_{n2} & \cdots & r_{nm} \end{vmatrix}_{n \times m}$$

设 $U_i = \{u_1^{(i)}, u_2^{(i)}, u_3^{(i)}, \cdots, u_{ni}^{(i)}\}$ 的权重为:

$$A_i = (a_1^{(i)}, a_2^{(i)}, \cdots, a_{ni}^{(i)})$$

求得综合评判为:

$$A_i \cdot R_i = B_i (i = 1, 2, \cdots, k)$$

再对第一因素集 $U = (U_1, U_2, U_3, \cdots, U_k)$ 做综合评判,设 $U = (U_1, U_2, U_3, \cdots, U_k)$ 的权重为 $A = (a_1, a_2, a_3, \cdots, a_k)$,总评判矩阵为:

$$R = \begin{vmatrix} B_1 \\ B_2 \\ \cdots \\ B_k \end{vmatrix}$$

求得综合评判为:

$$A \cdot R = B \in \Gamma(V)$$

在此采用了层次分析法(AHP)确定权重,它是多位专家的经验判断结合适当的数学模型再进一步运算确定权重的,是一种较为合理可行的系统分析方法。最终权重值如表1所示。

表1 专家评判统计表

序号	评价指标	权重	好	较好	一般	较差	差
田块划分及上地平整工程度 ($a_1 = 0.30$)	①农业机具运行效率	0.28	2	5	1	3	1
	②平整工程量比例	0.20	4	3	4	1	0
	③对农田水利工程布局的影响	0.16	2	4	3	3	0
	④对水土保持的影响	0.12	0	5	1	2	4
	⑤光能利用效率	0.12	2	2	0	6	2
	⑥对防风的影响	0.12	3	2	5	1	1
农田水利工程度 ($a_2 = 0.35$)	①农业增产潜力	0.25	2	6	2	2	0
	②建设与运行成本节省	0.20	1	5	2	3	1
	③与当地农民生产方式的适应	0.35	4	5	1	2	0
	④改善生态环境的能力	0.20	2	4	4	2	0
道路工程 ($a_3 = 0.25$)	①道路通达度	0.70	7	4	1	0	0
	②运营和维护成本节省	0.30	1	4	1	5	1
农田防护林工程 ($a_4 = 0.10$)	①防风效果	0.42	6	3	3	0	0
	②改善生态环境的能力	0.30	5	4	3	0	0
	③占地节省	0.28	2	6	2	2	0

3　意义

根据土地整理工程特点,建立了土地整理的评价模型,这是采用模糊综合评判方法构建模型,对土地整理工程的生态、经济和社会效益进行评价,旨在为土地整理的评价提供新的方法和思路。通过该模型对湖北省咸宁市的土地整理项目的田块划分及土地平整工程、农田水利工程、道路工程、农田防护林工程等进行了评价,该评价结果与土地整理结束后的验收结果基本吻合,进一步表明运用该模型的判别基本上合理可行。

参考文献

[1]　刘洋,谭文兵,陈传波,等.土地整理模糊数学评价模型及其应用.农业工程学报,2005,21(增刊):164-166.

土地整理的效益模型

1 背景

　　土地整理是以农业资源的可持续利用为前提,以提高土地资源的综合生产能力及服务能力为目标而展开的。中国土地整理事业起步较晚,目前,土地整理项目经济评价的研究主要集中在对项目经济效益、社会效益、生态效益的概念及指标研究以及费用结构的分析上。关涛等[1]在传统"有无对比法"的基础上结合土地整理项目的特点,将项目的间接效益通过计算增量的形式引入到项目的国民经济评价中,为土地整理项目决策提供了一种有效的评价方法。

2 公式

2.1 直接增量效益

　　直接增量效益可以用以下公式计算:

$$V_{1j} = I_{1j} + I_{2j} - (L_{1j} + L_{2j})$$

式中, V_{1j} 为第 j 年的直接增量效益; I_{1j} , I_{2j} 分别为有无项目时第 j 年的产品销售收入; L_{1j} , L_{2j} 分别为有无项目时第 j 年的固定资产回收额。

　　直接增量费用计算如下

$$F_{1j} = O_{1j} + O_{2j} + O_{3j} - (P_{1j} + P_{2j} + P_{3j})$$

式中, F_{1j} 为第 j 年的直接增量费用; O_{1j} , P_{1j} 分别为有无项目时第 j 年的固定资产投资; O_{2j} , P_{2j} 分别为有无项目时第 j 年的经营成本; O_{3j} , P_{3j} 分别为有无项目时第 j 年的其他费用。项目的直接增量费用包括,项目建设期的各种固定资产投资、农业生产的经营成本和其他费用。

2.2 间接增量效益

　　(1)节水增量效益

　　通过土地整理改善项目区内原有的农田灌排设施,提高渠系水利用系数,从而节约了部分水资源,其效益的估算可以按照以下的公式进行:

$$W_1 = (a_1 s_1 - a_2 s_2) \times p$$

式中, W_1 为节水效益; a_1 为整理前每公顷耕地年均用水量; a_2 为整理后每公顷耕地年均用水量；s_1 为整理前耕地的数量；s_2 为整理后耕地的数量；p 为单位水量的价格，p 值根据当地的实际物价水平来确定。

（2）农产品加工业增量效益

综合项目间接效益和间接损失可以估算项目给当地农产品加工业带来的新增净效益。

$$W_2 = \sum_{i=1}^{n} M_i \times b_{i1} \times c_{i1} - \sum_{j=1}^{m} N_j \times b_{j2} \times c_{j2}$$

式中，W_2 为项目给农产品加工业带来的效益；M_i 为整理后农产品 i 增加的年产量；N_j 为整理后农产品 j 减少的年产量；b_{i1} 为农产品 i 增加的产量用于加工业的比例；b_{j2} 为农产品 j 减少的产量中原来用于加工业的比例；c_{i1} 为单位农产品 i 给农产品加工业带来的收益；c_{j2} 为单位农产品 j 给农产品加工业带来的收益。

（3）农产品出口企业增量效益

项目的实施除给农产品加工业带来效益外，同时促进了农产品出口业的发展，增加了当地农产品出口企业的收益，这部分效益的计算如下：

$$W_3 = \sum_{i=1}^{n} M_i \times d_{i1} \times e_{i1} - \sum_{j=1}^{m} N_j \times d_{j2} \times e_{j2}$$

式中，W_3 为项目给农产品出口业带来的效益；d_{i1} 为农产品 i 增加的产量用于出口业的比例；d_{j2} 为农产品 j 减少的产量中原来用于出口业的比例；e_{i1} 为单位农产品 i 给农产品加工业出口业带来的收益；e_{j2} 为单位农产品 j 给农产品加工业出口业带来的收益；农产品 M_i 和 M_j 分别表示土地整理项目实施后产量上升和下降的农产品。

（4）给交通运输业带来的效益

项目实施给当地运输业带来的效益的计算如下：

$$W_4 = \sum_{i=1}^{n} M_i \times g_{i1} - \sum_{j=1}^{m} N_j \times g_{j2}$$

式中，W_4 为项目给运输业带来的效益；g_{i1} 为单位农产品 i 的运费；g_{j2} 为单位农产品 j 的运费；农产品 M_i 和 N_j 的含义同上。

（5）间接增量收益

项目的间接增量效益是以上各项增量效益的总和，即

$$V_{2j} = W_{1j} + W_{2j} + W_{3j} + W_{4j}$$

式中，V_{2j} 为项目在第 j 年给社会带来的总间接增量效益。

2.3 国民经济盈利能力

项目的国民经济效益指项目实施后给项目区带来的直接增量效益和间接增量效益的总和扣除各项费用后的收益，用现金流量指标表示为：

$$NV_j = V_{1j} + V_{2j} - F_{1j}$$

式中，NV_j 为项目在第 j 年产生的净现金流量。

项目在生命周期内的总效益用项目增量经济净现值表示，其反映了由于项目实施对国

民经济所做贡献的增量绝对指标,用社会折现率将项目生命周期内各年的净效益增量折算到建设初期的现值之和:

$$ENPV = \sum_{j=1}^{n} \frac{NV_j}{(1+i)^n}$$

式中, $ENPV$ 为项目增量经济净现值; n 为项目的生命周期; i 为社会折现率。

3　意义

根据土地整理的效益模型,从土地整理项目的特点出发,提出在"有无对比法"基础上,结合项目间接效益计算,对土地整理项目进行国民经济评价的方法,并结合福建晋江九十九溪土地整理项目做了国民经济评价的实例分析。通过土地整理的效益模型的应用,确定了有项目和无项目情况下各项费用和效益。利用土地整理的效益模型,计算得到项目实施情况下增量投资产生的增量经济净现值、增量经济内部收益率等指标,以判断项目在经济上的合理性。

参考文献

[1]　关涛,慎勇扬,余万军,等. 土地整理项目国民经济评价方法研究. 农业工程学报,2005,21(增刊):146-149.

微型冷库的围护结构模型

1 背景

目前在中国农业产业结构中,以单体农户为主体的生产模式决定了中国整个果蔬流通领域中冷藏链产地贮藏必须采取小型化道路,在过去的研究中则没有重视这一点。而市场化的要求则促进了微型冷库的发展,微型冷库的数量从 1998 年的 2500 座左右发展到 2001 年的 8500 座左右。刘斌等[1]通过对微型冷库有限生命周期内的经济性分析,计算了其围护结构的经济保温层厚度,并讨论了不同保温结构对微型冷库降温性能的影响。

2 公式

对微型冷库在其生命周期内的费用做出如下计算:

$$Y = FW_{insu}P_{insu} + nn_1\frac{W}{1000}P_e + C_1\frac{W}{1000} + C_2$$

式中,F 为围护结构的外表面积,m^2;W_{insu} 为保温层厚度,m;P_{insu} 为每立方米围护结构价格,RMB/m^3;n 为微型冷库生命周期,即运行年份;n_1 为每年运行的小时数;W 为制冷机组的功率,W;P_e 为电价,$RMB/(kWh)$;C_1 为制冷机组每千瓦所需要的价格,RMB/kW 系数;C_2 为机组基价,在小制冷量范围内 C_1 和 C_2 是常数,

对于制冷机组的功率可按下式计算[2]:

$$W = \frac{Q}{X} = \frac{2 \times \left(\dfrac{V}{h} + 2\overline{Vh}\right) \times \dfrac{\Delta t}{R_0 + \dfrac{W_{insu}}{\lambda_{insu}}} + q_v V + Q_f}{X}$$

式中,X 为机组制冷系数;V 为库容,m^3;h 为库体高度,m;Δt 为库内外温差,$℃$;R_0 为除保温材料外的其他结构热阻,$(m^2 \cdot ℃)/W$;λ_{insu} 为保温材料的导热系数,$W/(m \cdot ℃)$;q_v 为单位库容果蔬的呼吸热,W/m^3;Q_f 为设备热负荷。

微型冷库在生命周期内费用与其影响因素之间的关系表示为:

$$Y = FW_{insu}P_{insu} + (nn_1P_e + C_1)\frac{2 \times \left(\dfrac{V}{h} + 2\overline{Vh}\right) \times \dfrac{\Delta t}{R_0 + \dfrac{W_{insu}}{\lambda_{insu}}} + q_v V + Q_f}{1000X} + C_2$$

通过对保温层厚度 W_{insu} 进行求导则可以得出生命周期内费用最少时保温层的厚度,称之为经济保温层厚度,即

$$W_{insu} = \left(\overline{\frac{(nn_1 P_e + C_1)\Delta t}{100 X \lambda W_{insu} P_{insu}}} - R_0 \right) \lambda_{insu}$$

降温期间微型冷库内温度变化的瞬时能量平衡方程表示为:

$$m_{Cp} = \frac{dt}{df} = Q_{win} + Q_0$$

式中, m 为库内空气质量,kg; Cp 为空气的定压比热,J/(kg·℃); Q_0 为冷库内的冷量,W, 即制冷机组制冷量减去设备负荷; Q_{win} 为冷库围护结构内壁面热负荷,W; t 为库内瞬时温度,℃; f 为时间,s。

对于 Q_{win} 可按下式进行计算[2]:

$$Q_{win} = F \times \frac{t_0 - t}{\frac{1}{a_1} + 1.13 \times \frac{\overline{Tf}}{\lambda}}$$

式中, a_1 为库内壁面的对流换热系数,W/m²; T 为保温材料的热扩散系数(导温系数),m²/s; λ 为保温材料的导热系数,W/(m·℃)

图1至图4显示不同因素对降温性能的影响。

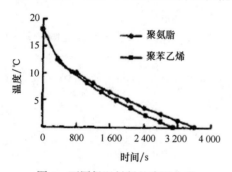

图1 不同保温材料的降温曲线

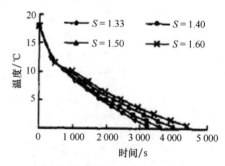

图2 不同体形系数的降温曲线

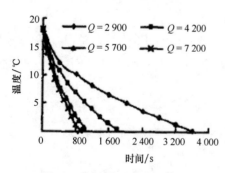

图3 不同制冷量的降温曲线

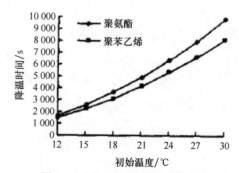

图4 不同初始温度的降温曲线

3 意义

在此建立了微型冷库的围护结构模型,确定了在有限生命周期内的微型冷库经济性能,得到了微型冷库在使用年限不同时的经济保温层厚度计算公式。通过微型冷库的围护结构模型,表明了围护结构的变化对微型冷库降温性能的影响。应用微型冷库围护结构模型的计算结果,表明降温性能与围护结构的参数具有紧密的联系,而与库体容积的关系最小。保温层的材料及形状影响着微型冷库的降温性能,一般而言,随着保温材料的导温系数的降低降温时间延长,改变制冷机组的蓄热系数频率可以用来降低库内温度波动。

参考文献

[1] 刘斌,杨昭,谭晶莹,等.围护结构特性对微型冷库降温性能影响的研究.农业工程学报,2005,21(增刊):235-237.

[2] 刘斌.微型冷库系统的优化研究[D].天津:天津大学,2003.

土壤水分的空间变异模型

1 背景

陕西渭北旱塬是中国著名的优质商品化苹果生产基地,该区自然条件除与世界其他苹果优生区相似之外,还具有海拔高(800~1 200 m)、昼夜温差大(16.6±0.5℃)、土层深厚(最深处可达 200 m)、质地疏松、无环境污染等独特优势。刘贤赵和李涛[1]从土地利用类型的尺度上,运用地统计学的理论和方法研究渭北塬区苹果基地 3 种主要土地利用类型(苹果地、农用地、苜蓿地)不同层次土壤水分的空间变异性。

2 公式

在研究区域中,考虑所有分隔距离上任意两空间点间土壤水分的空间变异性特征,可用半方差函数描述:

$$r(h) = \frac{1}{2N(h)} \sum_{i=1}^{N(h)} [Z(i+h) - Z(i)]^2$$

式中,$r(h)$ 为半方差函数;h 为两样本间的分隔距离;$N(h)$ 为间距为 h 时的样本对总数;$Z(i)$,$Z(i+h)$ 分别是随机变量在空间位置 i 和 $(i+h)$ 上的取值。

通过最优回归分析及多种线型比较筛选后,不同土地类型土壤水分的半变异函数适合采用如下球状模型:

$$r(h) = \begin{cases} 0 & h = 0 \\ c_0 + c[1.5(h/a) - 0.5(h/a)^3] & 0 < h \le a \\ c_0 + c & h \ge a \end{cases}$$

式中,c_0 为块金值,$(c_0 + c)$ 为基台值,a 为变程,c 为拱高或结构性方差。

图 1、图 2 和图 3 分别是 0~20 cm、60~80 cm 和 280~300 cm 土层中不同土地利用类型的变异函数曲线,有效地揭示了 3 种土地利用类型土壤水分的空间自相关特性。渭北旱塬塬面 3 种土地利用类型之间存在明显差异,从农用地、苜蓿地到苹果地,土壤水分状况逐渐变差(表 1)。

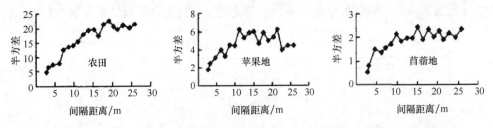

图 1 不同土地利用类型 0~20 cm 土层土壤水分变异函数

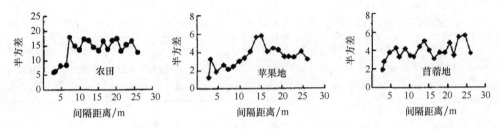

图 2 不同土地利用类型 60~80 cm 土层土壤水分变异函数

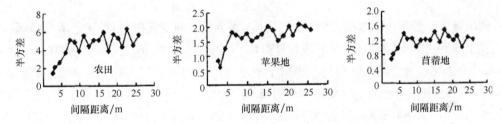

图 3 不同土地利用类型 280~300 cm 土层土壤水分变异函数

表 1 塬面不同土地利用类型土壤水分统计描述

土层深度	利用类型	平均值/%	中值/%	标准差	变异系数/%	最大值	最小值	偏度系数	峰度系数
0~20 cm	农用地	15.57	16.35	4.42	26.94	21.08	7.98	−0.54	2.00
	苹果地	10.40	10.95	2.19	21.01	13.47	6.67	−0.39	1.94
	苜蓿地	11.06	10.72	1.36	12.27	14.50	8.88	0.82	3.19
60~80 cm	农用地	16.79	18.59	3.79	22.60	20.81	8.10	−0.92	2.57
	苹果地	10.52	10.63	1.87	17.79	13.80	6.94	−0.51	2.56
	苜蓿地	12.17	11.76	1.98	16.30	15.90	9.18	0.16	1.73
280~300 cm	农用地	13.01	12.65	2.15	16.56	18.66	9.83	1.11	3.85
	苹果地	9.35	9.36	2.21	12.91	12.32	7.48	0.57	2.96
	苜蓿地	10.93	10.93	1.09	10.01	12.92	8.94	−0.04	2.08

3 种土地利用类型土壤水分变异函数的理论模型及其拟合参数结果见表 2。

表 2　不同土地利用方式土壤水分空间变异函数理论模型及相关参数

土层深度	土地类型	模型	块金值(C_0)	基台值(C_0+C)	$C_0/(C_0+C)$/%	变程/m	分维类 D	决定系数 R^2
0~20 cm	农用地	SPH	1.20	20.50	5.91	16.1	1.99	0.8299
	苹果地	SPH	0.48	5.29	9.07	10.0	1.81	0.3221
	苜蓿地	SPH	0.21	2.09	10.05	9.97	1.76	0.5957
60~80 cm	农用地	SPH	0.35	14.85	2.36	7.91	1.91	0.3266
	苹果地	SPH	0.34	4.05	8.40	12.1	1.80	0.3698
	苜蓿地	SPH	0.65	4.00	16.25	5.54	1.78	0.3056
280~300 cm	农用地	SPH	0.34	4.81	7.07	9.86	1.88	0.4713
	苹果地	SPH	0.11	1.79	6.15	6.13	1.82	0.5034
	苜蓿地	SPH	0.19	1.28	14.84	5.52	1.76	0.3199

3　意义

用地统计学的理论和方法,在此建立了土壤水分的空间变异模型,得到了渭北旱塬区 3 种主要土地利用类型(农用地、苹果地和苜蓿地)3 个土层深度(0~20 cm、60~80 cm、280~300 cm)的土壤水分空间变化趋势。根据土壤水分的空间变异模型和变异函数,计算结果表明,3 种土地利用类型的土壤水分具有明显的空间变异特性。在 0~20 cm 土层,空间变异性尺度为 9~16 m,60~80 cm 土层为 5~12 m,280~300 cm 土层为 5~10 m,空间变异性程度随尺度变化。根据土壤水分的空间变异模型和各向异性的计算表明,农地和苜蓿地在表层(0~20 cm)具有明显的各向异性,而苹果地的土壤水分含量接近各向同性。

参考文献

[1]　刘贤赵,李涛. 渭北旱塬苹果基地土壤水分空间变异性研究. 农业工程学报,2005,21(增刊):33-38.

灌溉调度的优化模型

1　背景

水资源短缺已成为人类无法回避的全球性资源危机。随着雨水资源化的诞生,其不可替代的开发利用潜力已被越来越多的人所接受,它的迅速发展已经对水资源学科提出了一系列新的科研课题,其理论研究将成为水资源科学新的生长点。在我国,特别是在丘陵山区,雨水集蓄利用符合可持续发展战略的综合发展模式,已成为缓解当地水资源紧缺、加快山丘区农村经济发展和群众早日脱贫致富奔小康的根本途径。仇锦先等[1]通过实验对新沂市丘陵山区雨水集蓄利用灌溉调度进行了优化分析。

2　公式

选择弃水量最少作为系统优化目标,而把供水量最大、外引水量最少等目标作为约束条件,则目标函数可表述如下:

$$W = \min \sum_{k=1}^{m} \sum_{t=1}^{n} DL(t, k)$$

式中,W 为系统总弃水量;$DL(t, k)$ 为第 k 子系统第 t 时段的弃水量列向量;t 为时段;n 为时段总数;k 为子系统号;m 为子系统总数。

供水量最大约束表示为:

$$W_1 = \max \sum_{k=1}^{m} \sum_{t=1}^{n} WQ(t, k)$$

式中,$WQ(t, k)$ 为第 k 子系统第 t 时段的供水量列向量。

系统外引水量最少约束表示为:

$$W_2 = \min \sum_{k=1}^{m} \sum_{t=1}^{n} OI(t, k)$$

式中,$OI(t, k)$ 为第 k 子系统第 t 时段的外引水量列向量。

水库水量平衡约束表示为:

$$V_{(t+1,k)}^i = V_{(t,k)}^i + OI_{(t,k)}^i + QI_{(t,k)}^i - WQ_{(t,k)}^i - DL_{(t,k)}^i - LS_{(t,k)}^i$$
$$+ T(XI_{(t,k)}^i + DI_{(t,k)}^i - DO_{(t,k)}^i - XO_{(t,k)}^i)$$

式中,$V_{(t,k)}^i$,$V_{(t+1,k)}^i$ 分别表示第 k 子系统水库 i 在 t 时段初、末蓄水量列向量;$OI_{(t,k)}^i$ 为第 k

子系统第 t 时段从系统外调入水库 i 的水量列向量; $QI^i_{(t,k)}$ 为第 k 子系统第 t 时段流入水库 i 的当地地表水资源量列向量; $LS^i_{(t,k)}$ 为第 k 子系统第 t 时段水库 i 的损失水量列向量; T 为水库关联系数。

各子系统(分区)用水水量平衡约束表示为:

$$WQ_{(t,k)} + WD_{(t,k)} = WN_{(t,k)}$$

$$WQ_{(t,k)} = WN_{(t,k)} - WD_{(t,k)} = GB_{(t,k)} + QG_{(t,k)} + GX_{(t,k)}$$

式中, $WD_{(t,k)}$, $WN_{(t,k)}$ 分别表示第 k 子系统第 t 时段的缺水列向量和需水列向量; $GB_{(t,k)}$ 为第 k 子系统第 t 时段当地地表径流的供水列向量; $QG_{(t,k)}$ 为第 k 子系统第 t 时段通过调引外水而产生的直接供水列向量; $GX_{(t,k)}$ 为第 k 子系统第 t 时段当地地下水的供水列向量。

串联水库基本单元第 t 时段的水量平衡方程为:

$$V_{(t+1,k)} = V_{(t,k)} + OI_{(t,k)} + QI_{(t,k)} - WQ_{(t,k)} - DL_{(t,k)} - LS_{(t,k)}$$

以灌区在75%频率下为例,分别采用一般模拟模型与自优化模拟模型进行各分区水量决策调度,对比分析结果如表1所示。

表1　灌溉调度优化结果对比分析表

分区名称	WN	QI	CI	OI	DI	XI	DO	XO	DL
沭东岗岭区Ⅰ	2 567.3	2 497.3	63.2/63.3	6.7/73.5	0/638.1	0/0	0/0	0/704.9	0/0
沂北分区Ⅱ	5 578.1	2 891	1 098.4/780.7	1 989.0/1 381.5	0/695.3	0/704.9	0/638.1	0/237.1	400.3/0
高阿分区Ⅲ	4 763.6	3 233.5	707.0/593.5	1 316.8/1 394.8	0/237.1	0/0	0/0	0/695.3	493.5/0
合计	12 909.0	8 621.8	1 868.7/1 437.5	3 312.5/2 849.8	0/1 570.5	0/704.9	0/638.1	0/1 637.3	893.8/0

3　意义

根据灌溉调度的优化模型,结合新沂市山丘区雨水集蓄利用规划的实例,优化了雨水利用的灌溉调度。采用灌溉调度的优化模型,达到了预期目的,实现了丘陵山区雨水集蓄利用灌溉系统的优化调度过程。通过灌溉调度的优化模型的任何优化决策结果都是一种理想值,应用中能否实现,还取决于管理水平和技术手段等因素。所以,如何寻求雨水集蓄利用灌溉系统调度中能够实现满意解,有待于以后进一步研究与完善。

参考文献

[1] 仇锦先,程吉林,谢亚军,等. 新沂市丘陵山区雨水集蓄利用灌溉调度优化研究. 农业工程学报, 2005,21(增刊):23-28.

土壤的入渗模型

1 背景

近 10 多年来,随着中国农业产业结构的不断调整,中国北方的果林种植面积大大增加,果林的灌溉用水量在农业用水中也占有较大比重。因此研究和开发具有水土保持作用的果林节水灌溉方法与技术,对于缓解中国北方水资源紧缺局面、提高水资源的高效利用、促进国民经济的可持续发展,具有重要的意义。马娟娟等[1]通过实验对蓄水坑灌条件下变水头作用的垂直一维土壤入渗参数进行了试验研究。

2 公式

根据试验观测数据按下式计算入渗率:

$$i_{f_i} = \frac{(h_i - h_{i-1}) \times A_1}{A_2 \times \Delta t_i}$$

式中, i_{f_i} 为第 i 时刻的土壤入渗率,cm³/(min·cm²); h_i , h_{i-1} 分别为第 i 和第 $i-1$ 时刻的马氏筒水位高度,cm; A_1 为马氏筒的断面面积,cm²; A_2 为土柱的断面面积,cm²; Δt_i 为第 i 时刻和第 $i-1$ 时刻的时间差,min。

土壤入渗率与时间的变化关系按 Kostiakov 入渗模型进行数学拟合:

$$i_f = kt^\alpha$$

式中, k 为入渗系数,cm³/(min·cm²); α 为入渗指数。

变化趋势的显著性水平分析采用下列公式:

$$\Delta k_i = k_i - k_{i-1}$$
$$k_{ri} = (\Delta k_i / k_{i-1}) \times 100\%$$

式中, Δk_i 为第 i 个入渗水头作用下入渗系数 k_i 与其相邻的前一个入渗水头作用下的入渗系数 k_{i-1} 的差,即两相邻入渗水头作用下的入渗系数增量; k_{ri} 为两相邻入渗水头作用下的入渗系数相对增量,%。

入渗指数随入渗水头的变化存在着较小的波动性,但总的趋势是一条接近水平的直线,其拟合结果为:

$$\alpha = -0.0009h - 0.6292$$

对 40 组不同入渗水头的土壤入渗过程进行拟合,求相应土壤入渗系数 k 和入渗指数 α,相关系数均在 0.95 以上。取同一入渗水头作用下的土壤入渗系数 k 和入渗指数 α 的平均值,结果见表 1 和图 1。

表 1　不同入渗水头下的 k,α 拟合值

水头（cm）	5	10	15	20	25	30	35	40	45	50	55	60
$k\left[\text{cm}^3/(\text{min}\cdot\text{cm}^2)\right]$	0.487	0.493	0.558	0.587	0.600	0.700	0.709	0.736	0.661	0.495	0.546	0.563
α	-0.646	-0.626	-0.646	-0.630	-0.645	-0.651	-0.679	-0.675	-0.677	-0.653	-0.670	-0.684

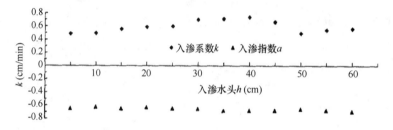

图 1　入渗水头 h 对入渗系数 k 及入渗指数 α 值的影响

由图 1 可以看出,入渗水头对入渗系数有不同程度的影响,其随入渗水头的变化有较小的波动。

两相邻入渗水头作用下的入渗系数增量和相对增量见表 2。

表 2　入渗系数增量 Δk_i 和相对增量 k_{ri}

两相邻入渗水头（cm）	5~10	10~15	15~20	20~25	25~30	30~35	35~40	40~45	45~50	50~55	55~60
$\Delta k_i\left[\text{cm}^3/(\text{cm}\cdot\text{min})\right]$	0.006	0.065	0.029	0.013	0.100	0.009	0.027	-0.075	-0.166	0.051	0.017
k_{ri}（%）	1.23	13.18	5.20	2.21	16.67	1.28	3.80	-10.19	-25.11	10.30	3.11

3　意义

在此建立了土壤的入渗模型,确定垂直土柱在不同水头作用下的土壤入渗参数。根据土壤的入渗模型,计算结果表明入渗水头对入渗系数有较为显著的影响,入渗系数随入渗水头的变化呈现出相对平稳与显著性变化的交替变化趋势。同时,入渗水头对入渗指数也有一定的影响,但其变化范围较小。土壤入渗模型的应用,对蓄水坑灌条件下的变水头入渗及土壤水分运动特性的进一步研究具有重要价值。

参考文献

[1] 马娟娟,孙西欢,李占斌. 蓄水坑灌条件下变水头作用的垂直一维土壤入渗参数试验研究. 农业工程学报,2005,21(增刊):88-91.

油菜的持续受渍模型

1 背景

　　涝渍是多雨湿润地区客观存在的自然现象,较高强度的集中降水或历时较长的一般连续降水是造成涝渍的动力性因素,而地势低洼、排水不畅的低平地或洼地则是产生涝渍现象的当然场所。长期以来的生产实践和研究表明,涝渍地域的农业发展受制于涝渍,农业生产大起大落在于涝、不高不稳在于渍。根据涝渍发生情况,可将涝渍相随的作用形式分为持续受渍型和涝渍综合型。朱建强等[1]结合相关公式对油菜持续受渍进行了试验研究。

2 公式

　　油菜各阶段对持续受渍的敏感性可用敏感因子(CS_i)[2]或减产百分数(P_d)表示:

$$CS_i = \frac{Y_0 - Y_i}{Y_0} \text{ 或 } P_d = \frac{Y_0 - Y}{Y_0} \times 100\%$$

式中,CS_i为第i个生育阶段的作物敏感因子,又称作物减产系数;Y_0为作物不受渍的产量;Y_i为作物第i阶段受渍后得到的产量。

　　地下水超标水位与作物相对产量的关系表示为:

$$R_y = f(SEW_x)$$

式中,R_y为作物相对产量,%;SEW_x为超标水位及其持续时间累积值,cm·d。

　　持续时间的累积值与作物相对产量的关系可表示为:

$$SEW_x = \sum_{i=1}^{n} (X - x_i)$$

式中,n为SEW_x计算分析期,由充分受渍期和地下水降到地表以下80 cm所需时间两部分组成,以天计,d;x_i为第i天地下水埋深,cm;X为用于计算分析的地下水埋深基准值,考虑到作物根系主要分布在30 cm土层内,本研究中取$X = 30$ cm。

　　2001—2002年度以中油821油菜为试验材料所得的持续受渍试验结果如表1所示。

表1 不同阶段受渍试验结果

处理	生育期	受渍试验时间	3 m² 平均产量（g）	减产（%）
CK	全生育期		653.7	0
1	苗期	2002-01-06 至 01-15	478.5	26.80
2	蕾期	2002-02-22 至 03-33	498.0	23.82
3	花期	2002-03-10 至 03-19	394.9	39.59
4	花果期	2002-03-19 至 03-28	474.4	27.41
5	结果期	2002-04-01 至 04-10	616.5	5.69

2003 年春季进行的油菜多过程持续受渍试验结果列于表2。

表2 油菜多过程持续受渍试验结果

试验处理	受渍试验时间	有效角果数（个）		千粒重（g）	平均产量（kg/hm²）	减产（%）
		主花序上	第一分枝上			
CK		72.3	233.4	3.62	1981.7	0
(3,3,1)	03-27 至 04-01	72.1	215.4	3.55	1835.0	7.0
(3,5,1)	03-27 至 04-03	70.7	223.2	3.53	1819.3	8.2
(3,7,1)	03-27 至 04-05	64.6	195.8	3.50	1815.7	8.4
(3,3,2)	03-27 至 04-07	63.7	193.1	3.33	1677.3	15.4
(3,5,2)	03-27 至 04-11	67.8	174.3	3.27	1669.3	15.8
(3,7,2)	03-27 至 04-15	63.7	170.5	3.33	1661.0	16.2
(3,3,3)	03-27 至 04-13	64.1	178.0	3.30	1345.7	32.1
(3,5,3)	03-27 至 04-19	61.2	164.6	3.23	1305.3	34.1
(3,7,3)	03-27 至 04-25	61.4	144.4	3.13	1251.7	36.8

统计分析，R_y 与 SEW_{30} 之间亦有显著线性相关关系，如图1所示。

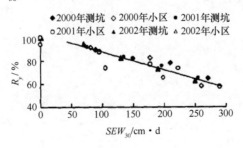

图1 R_y 与 SEW_{30} 关系图

237

3 意义

在此建立了油菜的持续受渍模型,探索了易涝易渍地区油菜田的排水管理,利用测坑进行了油菜持续受渍试验。应用油菜的持续受渍模型,计算结果可知,油菜花期和花果期持续受渍对产量影响最为敏感,花果期持续受渍胁迫影响油菜正常开花结实,导致有效角果数减少、产量下降。通过油菜的持续受渍模型的计算结果可得到,春季短期(7d 以内)受渍对油菜产量影响不大,减产小于 10.0%,当连续发生 2~3 个受渍过程时则对产量有显著影响,减产幅度达 15.4%~36.8%,因此搞好春季排水管理对油菜生产具有重要意义。

参考文献

[1] 朱建强,程伦国,吴立仁,等. 油菜持续受渍试验研究. 农业工程学报,2005,21(增刊):63-67.
[2] 武汉水利电力大学. 中华人民共和国行业标准 SL109-95,农田排水试验规范[S]. 北京:中国水利水电出版社,1997,11-15,48.

棉田土壤水分的利用效率模型

1 背景

近年来,随着我国农业节水灌溉的深入发展,如何充分利用降雨、减少地下水资源的开采、提高作物的水分利用效率已被提高到非常重要的地位。而棉花作为我国主要的经济作物,其各生育期需水量的具体要求,除因其各阶段棉株生育情况不同外,主要需视当时土壤水分的供应是否适宜以及气候、土质情况等来决定。陈金平等[1]研究了棉花田间生育期土壤水分的变化规律和不同生育阶段的灌溉对产量和土壤水分利用效率的影响,以期充分利用雨水,提高田间水分的生产力。

2 公式

棉花的阶段耗水量采用下面的公式计算:

$$\Delta Q = Q_g + Q_雨 - (W_末 - W_初)$$

式中,ΔQ 为棉花的阶段耗水量,mm;Q_g 为棉花的阶段灌水量,mm;$Q_雨$ 为阶段降雨量,mm;$W_末$ 为阶段末土层的土壤储水量,mm;$W_初$ 为阶段初土层的土壤储水量,mm。

$W_末$ 和 $W_初$ 的计算公式为:

$$W = rvh$$

式中,W 为测试土层的水分储量,mm;r 为测试土层平均含水率,%;v 为测试土层平均土壤容重,g/cm^3;h 为土层厚度,mm。

对产量与不同生育阶段耗水量进行回归分析:

$$y = m_1 x_1 + m_2 x_2 \cdots + m_i x_i + b$$

式中,y 为棉花产量;m_i 为各生育阶段耗水量对产量的影响系数;x_i 为不同生育阶段耗水量;b 为常数。

通过分析,得出其回归方程为:

$$y = 0.24x_1 + 1.48x_2 - 0.12x_3 - 0.33x_4 - 163.27, r^2 = 0.95$$

棉花田间生育期土壤含水率变化特征如图 1 所示。

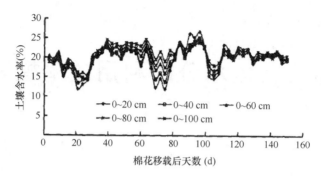

图1 棉花生育期间土壤含水率变化

棉花生育阶段土层储水量面积累积结果如图2所示。

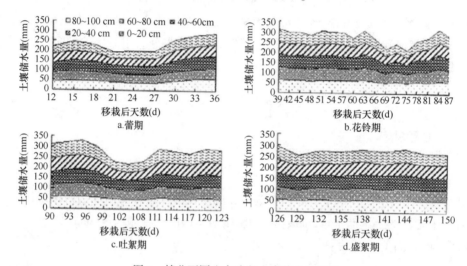

图2 棉花不同生育阶段土壤蓄水量动态

3 意义

在此建立了棉田土壤水分的利用效率模型,探明棉花生育期间土壤水分对产量的影响,确定了在豫东平原棉田的土壤水分状况和灌溉情况。利用棉田土壤水分的利用效率模型,计算结果表明,豫东平原棉花生育期间土壤含水率存在3个低谷,分别出现在蕾期后期、花铃期后期和吐絮期中期,即棉花移栽后的21~27 d、69~75 d 和 102~108 d。通过棉田土壤水分的利用效率模型可以看出,从棉花蕾期至花铃期土壤储水量应逐步增加到较高的水平,但在花铃期进行适时、适量的灌溉,同时控制盛絮期的耗水量,这有利于提高产量和土壤水分的利用效率(WUE)。

参考文献

[1] 陈金平,王和洲,周新国,等. 豫东平原棉田土壤水分变化规律和灌溉试验研究. 农业工程学报, 2005,21(增刊):29-32.

西葫芦种子的耐盐模型

1　背景

西葫芦为设施蔬菜栽培中仅次于黄瓜的瓜类蔬菜,特别是在日光温室越冬茬西葫芦栽培中,以黑籽南瓜做砧木进行嫁接栽培,已成为关键的配套技术之一,对提高西葫芦耐低温性和防止土传病害等具有重要作用。近些年来,设施蔬菜栽培土壤盐渍化程度不断加重,导致蔬菜产量下降,品质变劣,甚至危及日光温室蔬菜的可持续生产。王广印等[1]旨在比较黑籽南瓜和西葫芦种子萌发期的耐盐性,以便为设施抗盐栽培提供理论依据。

2　公式

试验材料使用云南黑籽南瓜种子和"早青一代"西葫芦种子,在不同浓度 NaCl 溶液中浸泡 6 h,再用以下公式计算各个指标。

发芽率(Gp)= n_1/N_1 × 100%(n_1 为发芽种子数,N_1 为种子总数)

发芽势(Gv)= n/N × 100%(n 为规定天数内发芽种子数,N 为种子总数)

发芽指数(Gi)= $\sum Gt/Dt$(Gt 为在第 t 天的发芽数,Dt 为相应的天数)

活力指数(Vi)= Gi × S(S 为胚根的平均鲜重)

随 NaCl 胁迫浓度增大,对发芽率的影响是西葫芦大于黑籽南瓜。令发芽率分别为 75%、50%、25%,代入各自方程式计算出种子发芽盐胁迫浓度的适宜值、临界值、极限值,并进行比较(表1)。

表 1　黑籽南瓜和西葫芦种子发芽率(y)与 NaCl 浓度(x)的关系

植物种类	r	回归方程	最适值(mmol/L)	临界值(mmol/L)	极限值(mmol/L)
西葫芦	-0.970	$y=91.65-0.452x$	50.66	101.32	151.98
黑籽南瓜	-0.952	$y=101.80-0.578x$	43.98	87.95	132.00

NaCl 胁迫对西葫芦和黑籽南瓜种子发芽势的影响基本上是一致的,随 NaCl 浓度的增大,种子发芽势降低,都呈显著的负相关关系,进一步回归分析得出各自的回归方程(表2)。

表 2　黑籽南瓜和西葫芦种子发芽势(y)与 NaCl 浓度(x)的关系

植物种类	r	回归方程	最适值(mmol/L)	临界值(mmol/L)	极限值(mmol/L)
西葫芦	−0.850	$y = 74.99 - 0.460x$	40.73	81.46	122.40
黑籽南瓜	−0.940	$y = 72.78 - 0.415x$	43.80	87.60	131.40

　　黑籽南瓜和西葫芦种子活力指数随盐浓度变化趋势是一致的,即随盐浓度的增大,活力指数都减小,活力指数与盐浓度呈显著的负相关关系,进一步回归分析得出各自的回归方程(表 3)。

表 3　黑籽南瓜和西葫芦种子活力指数(y)与 NaCl 浓度(x)的关系

植物种类	r	回归方程	最适值(mmol/L)	临界值(mmol/L)	极限值(mmol/L)
西葫芦	−0.803	$y = 58.32 - 0.369x$	39.50	78.9	118.40
黑籽南瓜	−0.850	$y = 74.81 - 0.460x$	40.68	81.35	122.03

3　意义

　　在此建立了西葫芦种子的耐盐模型,计算确定了发芽率、发芽势、发芽指数和活力指数,然后用不同浓度的 NaCl 胁迫处理黑籽南瓜和西葫芦种子,观察其发芽情况,进行对比分析。利用西葫芦种子的耐盐模型,计算结果可知黑籽南瓜种子萌发对盐水生境的适应性比西葫芦强,黑籽南瓜种子萌发的 NaCl 胁迫浓度适宜值为 50.66 mmol/L,而西葫芦为 43.98mmol/L。以种子盐水发芽作为耐盐指标已有报道,尽管植物各个生长时期的耐盐机制或方式可能不同,但西葫芦和黑籽南瓜发芽期的耐盐力与其他生育阶段的耐盐力之间相关性到底有多大,还有待进一步试验研究。

参考文献

[1]　王广印,韩世栋,赵一鹏. NaCl 胁迫对黑籽南瓜和西葫芦种子萌发影响的对比研究. 农业工程学报, 2005,21(增刊):96−98.

温室黄瓜的高效灌溉模型

1 背景

国内外有关蔬菜灌溉指标的研究较多,主要集中在灌溉土壤水分下限即灌水始点的研究上,而且多局限于不同水分处理对蔬菜产量影响的研究上,没有明确蔬菜不同生育期的灌溉指标,在黄瓜结果期灌溉指标方面的研究报道也较少。邹志荣[1]对设施条件下黄瓜结果期进行了不同的灌溉上限处理,通过对其生长发育动态、产量、品质及水分利用效率的研究,以期确定适宜的节水高效灌溉量化指标,为其节水丰产栽培及可控条件下智能化管理提供理论依据和技术参数。

2 公式

试验土壤灌溉下限统一设为田间持水量的 75%($75\%\theta_f$),设以下 5 个土壤灌溉上限处理分别为:G1($80\%\theta_f$),G2($85\%\theta_f$),G3($90\%\theta_f$),G4($95\%\theta_f$),G5($100\%\theta_f$)。

灌水量公式为:

$$M_{滴灌} = r \times p \times h \times \theta_f \times (q_1 - q_2)/\eta$$

式中,r 为土壤容重,1.36 g/cm³;p 为土壤湿润比,取 100%;h 为灌水计划湿润层,取 0.4 m;θ_f 为田间持水量,为 24%;q_1、q_2 分别为土壤水分上限、土壤水分下限(以相对田间持水量的百分比表示);η 为水分利用系数,滴灌取 0.9。

随灌溉上限的增加,株高同样逐渐增加,经回归分析,株高与灌溉上限呈线性关系,秋茬与春茬的回归方程及决定系数分别为:

$$y_{秋} = 1.748x + 258.73, R^2 = 0.9789$$

$$y_{春} = 3.393x + 246.79, R^2 = 0.9833$$

叶面积逐渐扩展,经回归分析,叶面积与灌溉上限也呈线性关系,秋茬与春茬的回归方程及决定系数分别为:

$$y_{秋} = 1.13x + 609.52, R^2 = 0.9235$$

$$y_{春} = 0.818x + 605.77, R^2 = 0.9583$$

茎粗则是先增加后减小,处理 G3 达最大值,经回归分析,茎粗与灌溉上限呈三次曲线关系,秋茬与春茬的回归方程及决定系数分别为:

$$y_秋 = -0.0013x^3 + 0.0001x^2 + 0.0372x + 0.6264, R^2 = 0.9941$$

$$y_春 = -0.0049x^3 + 0.0333x^2 - 0.0488x + 0.6686, R^2 = 0.9046$$

小区产量处理 G3 最高,除了秋茬与处理 G4 不显著外,与其他处理均达显著水平,经回归分析,与灌溉上限呈二次曲线关系,秋茬和春茬的回归方程及决定系数分别为:

$$y_秋 = -1.5264x^2 + 9.3396x + 29.142, R^2 = 0.9896$$

$$y_春 = -1.7479x^2 + 10.942x + 25.85, R^2 = 0.977$$

小区灌水量与灌溉上限呈显著线性关系,秋茬和春茬的回归方程及决定系数分别为:

$$y_秋 = 0.05x + 1.242, R^2 = 0.9232$$

$$y_春 = 0.045x + 1.137, R^2 = 0.9792$$

水分利用效率与灌溉上限呈二次曲线关系,秋茬和春茬的回归方程及决定系数分别为:

$$y_秋 = -0.06x^3 - 0.7179x^2 + 5.4521x + 25.372, R^2 = 0.9993$$

$$y_春 = -1.094x^2 + 5.8137x + 24.178, R^2 = 0.9991$$

由表 1 可以看出,处理 G3 小区瓜条数最多,秋茬与处理 G2 和 G4 之间差异不显著,春茬与处理 G4 之间不显著外,与其他处理之间均达显著水平;小区产量处理 G3 最高,除了秋茬与处理 G4 不显著外,与其他处理均达显著水平。

表 1　不同灌溉上限对温室黄瓜结果期产量、灌水量和水分利用效率的影响

处理	小区瓜条数(个)		小区产量(kg)		小区灌水量(m²)		水分利用效率(kg/m³)	
	Ⅰ	Ⅱ	Ⅰ	Ⅱ	Ⅰ	Ⅱ	Ⅰ	Ⅱ
G1	202.00	205.41	35.37	37.15	1.18	1.29	30.03	28.91
G2	213.50	209.47	40.09	41.25	1.22	1.32	32.99	31.37
G3	220.79	216.36	42.95	43.65	1.28	1.42	33.56	31.87
G4	218.48	215.48	42.30	42.24	1.33	1.46	31.93	29.85
G5	203.50	207.24	36.54	37.56	1.35	1.47	27.17	25.91

3　意义

根据温室黄瓜的高效灌溉模型,计算得到不同土壤灌溉上限处理、不同栽培季节温室黄瓜结果期生长发育动态、产量、品质及水分利用效率。利用温室黄瓜的高效灌溉模型,计算结果可知,90%田间持水量为黄瓜结果期较适宜的节水灌溉上限指标,较 100%田间持水量灌溉上限处理而言,春茬和秋茬的单瓜重增加、品质好,产量和水分利用效率也较高。因此,通过温室黄瓜的高效灌溉模型,可知不论秋茬还是春茬,处理 G3 即 90% 田间持水量的

土壤灌溉上限条件下,植株生长健壮,根系发育良好,平均根径较粗,根系活力较强,叶片具有较适宜的细胞汁液浓度和叶水势,水分利用效率较高,有利于瓜条的生长发育。

参考文献

[1] 邹志荣,李清明,贺忠群. 不同灌溉上限对温室黄瓜结瓜期生长动态、产量及品质的影响. 农业工程学报,2005,21(增刊):77-81.

温室黄瓜的光合生产模型

1 背景

作物生长模拟模型作为监控农业生态系统和指导作物生产的有力工具和方法,已在科研领域和实际生产中得到越来越广泛的应用。运用适宜的作物生长模拟模型,科学合理地安排生产和调控作物生长环境的微气候要素,对充分发挥设施农业优质高效的生产功能具有重要作用。孙忠富等[1]是在 TOMSIM 的基础上,根据中国的温室黄瓜实验数据,确定模型的相关参数,以建立适合中国温室环境的温室黄瓜生长发育模拟模型。

2 公式

群体叶面积常用单位土地面积上的叶面积总量来表示,即叶面积指数 LAI,通常由比叶面积(SLA)模拟。

$$LAI = SLA \cdot LDW$$

式中,LAI 为叶面积指数,m^2/m^2,LDW 为叶片干重,g/m^2。

叶片光合速率可以简便地以单位叶面积上的光合速率表示。通常的方法是以叶片所吸收的太阳辐射的指数曲线来描述叶片光合作用对所吸收光的反应,这里采用负指数函数模型描述:

$$P_g = P_{g \cdot max}[1 - \exp(-\varepsilon \cdot PAR/P_{g \cdot max})]$$

式中,P_{gd} 为叶片光合速率,$kg/(hm^2 \cdot h)$,取决于作物冠层对光的吸收,主要由入射光和叶面积指数(LAI)决定;$P_{g \cdot max}$ 为最大叶片光合速率,$kg/(hm^2 \cdot h)$,为待确定参数之一;ε 为光转换因子,即最大初始光利用率;PAR 为光合有效辐射,$J/(m^2 \cdot s)$。

光合作用形成的碳水化合物中有一部分被用于呼吸消耗,以维持有机体现有的生理和生化状态的过程,称为维持呼吸。这种呼吸与植物的生命活动有关,用于维持各器官的细胞结构,为温度和不同器官生物量的函数,可用下式计算:

$$R_m(T) = (MAINT_{1v} \cdot W_{1v} + MAINT_{st} \cdot W_{st} + MAINT_{rt} \cdot W_{rt} + MAINT_{fr} \cdot W_{fr})Q_{10,c}^{[0,1(T-T_1)]}$$

式中,$R_m(T)$ 为在温度 $T°C$ 下的维持呼吸速率,$g/(m^2 \cdot d)$;$MAINT$ 为在参考温度 $T_1(°C)$ 下的维持呼吸速率,$g/(m^2 \cdot d)$;W 为叶片、茎秆、果实和根的干物重,g/m^2;$Q_{10,c}$ 为呼吸作用的温度系数,反映对温度的敏感程度。

植株冠层每日总光合同化量减去呼吸消耗,即为植株干物质日积累量,计算如下:

$$dW/dt = C_f(P_{gd} - R_m)$$

式中,dW/dt 为作物生长速率,$g/(m^2 \cdot d)$;P_{gd} 为作物总同化速率,$g/(m^2 \cdot d)$;R_m 为维持呼吸速率,$g/(m^2 \cdot d)$;C_f 为待定参数,是从碳水化合物向干物质转换的系数。

不同光照处理对黄瓜植株光合生产和干物质积累的影响不仅体现在实际温室生产中,也在模型的模拟结果中得到了较好的体现(表1)。

表1   温室黄瓜在不同光照处理下总干物质生产观测值和模拟值比较

项目	观测值(g/m^2)	模拟值 A(g/m^2)	模拟值 B(g/m^2)
处理 I	432	426	438
处理 II	156	168	171
减少百分比(%)	64	61	61

3   意义

在参考国内外园艺作物生长发育模拟模型研究的基础上,结合温室黄瓜试验数据,确定模型参数,建立了温室黄瓜的光合生产模型,这就是温室黄瓜光合生产与干物质积累模拟模型,其中包括光合、呼吸和干物质生产等子模型。通过温室黄瓜的光合生产模型,对温室黄瓜进行活体定株观测和取样测量,在不同播种期(春季和秋季)和不同处理光强(100%光照和33%光照)下验证模型的准确性,表明模型具有较高的精确性、灵敏性和实用性。

参考文献

[1]   孙忠富,陈晴,王迎春. 不同光照条件下温室黄瓜干物质生产模拟与试验研究. 农业工程学报,2005,21(增刊):50-52.

温室黄瓜的生长发育模型

1 背景

近年来,随着农村产业结构的调整,中国设施农业获得了飞速发展,设施总面积已居世界之首,现代大型温室在全国各地有了一定的发展,这些温室配备完善的环境调控设施,能够根据作物生长发育的要求调控温室小气候和水肥营养环境,在适宜的生长环境下,作物的生长发育特点与普通设施栽培也有了较大变化。陈春宏和向邦银[1]在大型温室的栽培生产实践中,研究了环境因子的变化特点及黄瓜的生长发育规律,旨在为建立大型温室栽培条件下黄瓜生长模型提供参数,进而开发标准化栽培管理辅助决策系统,实现"数字种植"。

2 公式

黄瓜产量随采收周次的变化呈二次多项式:

$$y = -0.0712x^2 + 2.0928x, R^2 = 0.9985$$

与茎一样,现代大型温室栽培条件下黄瓜叶片生长发育也非常迅速,基本每天增加一片真叶,从出叶到叶片完全长成(叶面积不再变化)仅需 9 d 左右,随机选取 5 株黄瓜,测量第 10 张真叶叶面积的变化情况,测量结果如图 1 所示。

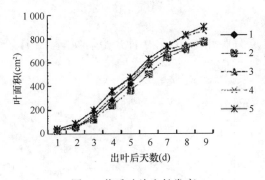

图 1 黄瓜叶片生长发育

黄瓜果实的发育也非常快,试验随机取了 5 个黄瓜果实,从开花后,每天测量果实的长度和果径,直到采收,然后根据果实体积折算成果重,结果如图 2 所示。

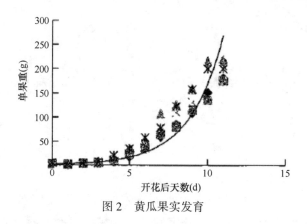

图 2　黄瓜果实发育

在黄瓜的整个生长时期,定期取样,对黄瓜干物质的累积情况及其在各器官的分配情况进行了研究,黄瓜整个生长期干物质累积如图 3 所示。

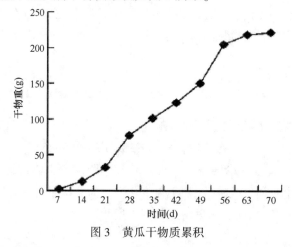

图 3　黄瓜干物质累积

黄瓜 9 月 8 日定植,9 月底开花,10 月 9 日开始采收,至 12 月初结束,共采收 8 周,每周产量及产量累计情况如图 4 所示。

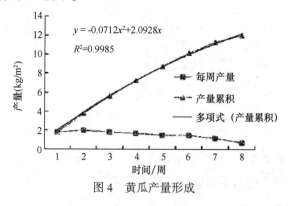

图 4　黄瓜产量形成

3 意义

在此建立了温室黄瓜的生长发育模型,确定了标准化栽培管理辅助决策系统,实现"数字种植"。根据温室黄瓜的生长发育模型,通过现代化的温室设施,可调控温室小气候环境,与室外相比,温室内的温湿度变化比较平缓,温度保持在20℃上下,相对湿度基本保持在80%左右,为作物提供了良好的生长环境。应用温室黄瓜的生长发育模型,计算结果表明,在大型温室栽培条件下,黄瓜各器官的生长发育速度很快,茎的平均生长速度达8 cm/d,叶片长成仅需10 d,果实从开花到采收也仅需12 d左右的时间,这为黄瓜获得高产奠定了基础。

参考文献

[1] 陈春宏,向邦银. 大型温室黄瓜生长发育特性研究. 农业工程学报,2005.21(增刊):189-193.

温室的保温效果模型

1　背景

保温节能是降低温室运行成本的重要途径,日光温室多采用草帘等外保温措施,大型温室实施外保温有实际困难,采用铝箔作为二层幕具有一定节能效果,但也存在一定局限性。山西农大在改进内保温幕材料、结构方面开展了一些工作,王俊玲和温祥珍[1]在此基础上提出双层内保温的措施,即在有活动内保温幕的基础上,增加固定式内保温幕,并将其用于一个 2 000 m² 的温室,保证了番茄、仙人掌等喜温蔬菜安全越冬,于翌年 3 月进行了相关效果测定和研究工作。

2　公式

固定内保温在温度较低的天气条件下保温效果更显著,相关分析证实这一结果。

$$y = 0.9234x + 2.3939, r = 0.9968$$

式中,y 代表固定内保温幕内温度,x 代表温室内温度。

2004 年 3 月中旬夜间气温观测结果见表 1。

表 1　固定幕保温效果　　　　单位:℃

处理	位置	固定幕白天打开夜间覆盖(03-12)				固定幕全天覆盖(03-13)			
		平均夜温	最高夜温	最低夜温	下降幅度	平均夜温	最高夜温	最低夜温	下降幅度
地膜固定幕	东北	13.9	20.4	10.4	10.0	14.6	22.4	10.8	11.6
	西北	14.2	20.4	10.5	9.9	14.7	22.6	10.4	12.2
	北中	13.7	20.1	10.0	10.1	14.4	22.4	10.2	12.2
	东中	13.7	19.9	10.2	9.7	14.4	22.0	9.4	12.6
	中中	13.7	20.0	10.0	10.0	14.4	22.2	10.3	11.9
	西中	13.8	20.2	10.0	10.2	14.4	22.3	10.2	12.1
	东南	13.0	19.6	9.2	10.4	13.7	21.4	9.6	11.8
	西南	13.3	20.0	9.6	10.4	14.0	21.8	9.8	12.0
	南中	13.2	19.8	9.5	10.3	13.9	21.7	9.8	11.9
	平均	13.6	20.0	9.9	10.1	14.3	22.1	10.1	12.0

处理	位置	固定幕白天打开夜间覆盖(03-12)				固定幕全天覆盖(03-13)			
		平均夜温	最高夜温	最低夜温	下降幅度	平均夜温	最高夜温	最低夜温	下降幅度
对照	北	12.7	20.2	9.0	11.2	13.3	20.2	10.0	10.2
	中	12.2	19.9	8.4	11.5	12.9	20.2	9.2	11.0
	南	11.8	19.7	8.0	11.7	12.5	20.4	8.9	11.5
	平均	12.2	19.9	8.5	11.5	12.9	20.3	9.4	10.9

为进一步了解热量的变化,在3月中旬测定了不同处理间温度的垂直分布,即在距地面0.5 m、1.0 m、1.5 m处进行了温度测定,每小时观测一次,结果见图1。

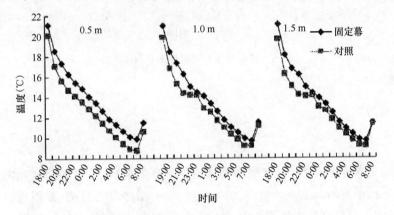

图1 固定幕及对照夜间温度垂直变化

为了解固定幕在白天的提温效果,在3月12—13日测定了温度日变化(图2)。

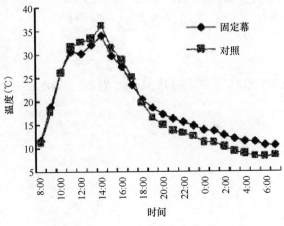

图2 固定幕及对照温度日变化(03-12)

　　一般认为固定幕覆盖后会提高环境空气湿度,引致病害的发生和加重,而测定结果表明:固定幕内空气湿度明显低于对照,即前者平均相对湿度为86%,对照为96%,具体如图3所示。

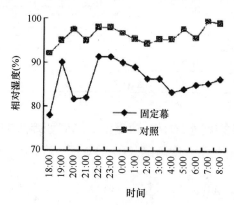

图3　固定幕及对照湿度变化(03-13)

3　意义

　　根据温室的保温效果模型,在有活动式内保温幕的前提下,增加固定式内保温幕提高保温效果。通过温室的保温效果模型,结果表明,这一措施是可行的,采用地膜作为固定幕材料,在3月中旬可提高幕内气温1.0~3.1℃,各部位平均提高1.4℃。利用温室的保温效果模型,计算表明可将凌晨时的最低温度提高1.4℃,并且在低温条件下,表现出更好的保温性。应用温室的保温效果模型可知,幕内热量的传递方向主要是向南侧和周边。地膜作为固定式内保温幕成本低,节能效果好,易实施,但对室内光照产生一定不利影响。

参考文献

[1]　王俊玲,温祥珍.地膜作为温室固定保温幕效果研究.农业工程学报,2005,21(增刊):208-210.

土壤调理剂对甘蓝的效果模型

1 背景

土壤是人类赖以生存的最基本的物质资源,是农业生产的基础。如何利用有限的土地资源,在保证土地可持续利用的前提下,生产优质、安全的蔬菜产品,成为各国农业科技工作者研究的重要课题。基于此,人们提出使用土壤调理剂来改善土壤状况,提高土壤肥力。陈之群和孙治强[1]通过研究施用"免深耕"调理剂处理后的土壤理化性质及甘蓝生理特性等的变化,探索该调理剂在蔬菜栽培上的应用效果。

2 公式

从相关试验可以看出,施用土壤调理剂后降低了土壤容重,增加了孔隙度,这种改变有利于改变土壤的水分状况,使土壤透水率提高,这使得甘蓝的根系活力增强。同时,施用土地调理剂提高了甘蓝对光强的适应性。从结果可以看出,Gs 曲线的变化趋势与 Tr 曲线的变化趋势大致相同。

7:00—10:00 相同处理的 Gs 与 Pn 的相关性方程为:

$$dw2P_n = 0.1959G_s - 44.946, R^2 = 0.9996$$

$$dw1P_n = 0.1187G_s - 19.896, R^2 = 0.9432$$

$$CKP_n = 0.1831G_s - 37.886, R^2 = 0.9537$$

式中, $dw1$ 表示处理 1:喷施一次调理剂; $dw2$ 表示处理 2:喷施二次调理剂; CK 表示对照组, P_n 表示甘蓝光合速率, G_s 表示甘蓝气孔导度。

11:00—15:00 相同处理的 Gs 与 Pn 的相关性方程为:

$$dw2P_n = -0.008G_s + 27.416, R^2 = 0.1269$$

$$dw1P_n = 0。0075G_s + 21.121, R^2 = 0.038$$

$$CKP_n = -0.0198G_s + 32.171, R^2 = 0.1111$$

说明在这一时间段内,孔性限制已不是光合作用的主要限制因子,而非孔性限制成为光合作用的主要限制因子。

对不同处理根系活力进行新复极差测验,结果如表1所示。

表1　不同处理甘蓝根系活力差异显著性检测

处理	均值	5%显著水平	1%极显著水平
dw2	0.643	a	A
dw1	0.632	a	A
CK	0.589	b	B

对不同处理的甘蓝进行光合速率测定的结果如图1所示。

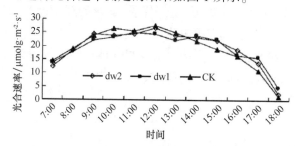

图1　不同处理的甘蓝光合速率日变化

对不同处理的甘蓝进行气孔导度测定的结果如图2所示。

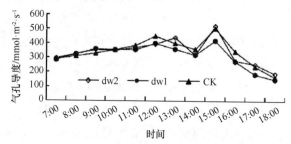

图2　不同处理的甘蓝气孔导度日变化

3　意义

在此建立了土壤调理剂对甘蓝的效果模型,确定了土壤调理剂对土壤结构性质和甘蓝根系活力、光合指标的影响。通过土壤调理剂对甘蓝的效果模型,计算结果表明,施用调理剂后,处理两次、处理一次分别使20 cm和30 cm土层的容重下降7.3%、1.9%和4.6%、1.3%,孔隙度分别提高9.3%、2.8%和5.9%、1.9%。与对照相比,处理两次后的阳离子交换量在 0~27 cm、27~45 cm 土层分别增加 5.7% 和 10.9%。甘蓝的根系活力,处理与对照相比达到 1% 的显著差异水平。同时,改变了 Pn 的光合日变化曲线,提高了甘蓝对光强的适应能力,光合能力加强。

参考文献

[1] 陈之群,孙治强. 土壤调理剂对土壤理化性质及甘蓝生理特性的影响. 农业工程学报,2005,21(增刊):53-56.

温室番茄的发育动态模型

1 背景

由于温室长季节栽培番茄生长期较长,约9~10个月,而且其所处的环境与露地栽培有所不同,因此,温室小气候,尤其是温度对番茄生长发育的影响较大。目前发育动态模拟模型在棉花等大田作物报道较多。徐刚等[1]在国内外有关发育量化研究及已有的温室番茄生物学知识的基础上,通过对影响温室番茄发育期的环境因子的分析,建立了一个较为合理、精度较高、便于实际应用、具有明确生物学意义、适于各品种温室番茄的发育动态模拟模型。

2 公式

生长度日(GDD)的表示方法为:

$$GDD = \sum (T_d - T_b) , T_d > T_b$$

式中, T_b 为发育基点温度,番茄 $T_b = 10℃$; T_d 为日平均温度。

生育阶段有效积温(A_i)为:

$$A_i = \sum (T_d - T_b)$$

式中, i 为生育阶段,用1、2、3、4、5、6、7分别表示幼苗期、定植期、开花坐果期、果实膨大期、果实采收初期、果实采收盛期和果实采收末期。

发育速率(DVR)的表示方法为:

$$DVR = (T_i - T_b) /A_i$$

式中, T_i 为一个生育阶段的日平均温度。

发育进程(DVP)的表示方法为:

$$DVP(i + 1) = DVP(i) + DVR\Delta t$$

式中, DVP 为生育进程, Δt 为1 d。设定 $DVP(0)= 0$ 。

$RMSE$ 计算方法如下:

$$RMSE = \sqrt{\frac{\sum_{i=1}^{n} (OBS_i - SIM_i)^2}{n}}$$

式中, OBS_i 为观测值, SIM_i 为模拟值, n 为样本容量。

根据文献资料和本试验处理 1~6 的试验资料确定模型中各生育阶段生长度日值,如图 1 所示。

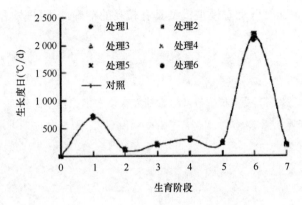

图 1　温室番茄各生育阶段的生长度日

应用建立的模型分别预测处理 7~9 番茄各生育期并与实际观测值进行比较,然后应用 $RMSE$ 对其进行统计分析,结果如表 1 所示。

表 1　温室番茄各生育阶段的预测误差表

发育阶段	处理 7			处理 8			处理 9			$RMSE$
	模拟值 (d)	观测值 (d)	误差 (d)	模拟值 (d)	观测值 (d)	误差 (d)	模拟值 (d)	观测值 (d)	误差 (d)	(d)
幼苗期	41	43	−2	42	45	−3	43	40	3	2.7
定植期	7	8	−1	8	9	−1	9	8	1	1
开花坐果期	9	8	1	9	7	2	7	9	−2	1.7
果实膨大期	24	26	−2	25	27	−2	22	25	−3	2.4
果实采收初期	22	22	0	23	21	2	25	24	1	1.3
果实采收盛期	168	175	−7	165	176	−11	159	169	−10	9.4
果实采收末期	11	10	1	9	12	−3	10	13	−3	2.5
整个生育期	282	292	−10	281	297	−16	275	288	−13	13.2

3　意义

在此建立了温室番茄的发育动态模型,利用番茄生物学特性、发育阶段有效积温恒定的原理和多年的栽培经验,对温室长季节栽培番茄的发育阶段进行划分,其生长发育阶段包括播种期、幼苗期、开花坐果期、果实膨大期、果实采收初期、果实采收盛期和果实采收末期。根据温室番茄的发育动态模型,计算得到了发育阶段有效积温参数,模拟了温室番茄长季节栽培的发育动态,系统地预测了番茄发育阶段。通过对温室番茄的发育动态模型的检验结果表明,温室番茄发育动态模拟模型具有较高的精确性、机理性和实用性。

参考文献

[1] 徐刚,张昌伟,李德翠,等. 温室长季节栽培番茄发育动态模拟模型的研究. 农业工程学报,2005, 21(增刊):243-246.

植物病害的图像特征模型

1 背景

在温室栽培中,作物经常会遭到病虫害侵染,由于缺乏有效的监测诊断方法和科学的防治,过量且不当地喷洒农药,给温室农产品造成严重污染,严重地影响了设施农业的绿色化生产。利用计算机视觉技术对作物生长进行监控和病虫害诊断,以达到人工智能防治目的,这对实现温室的安全、绿色化生产具有重要意义。崔艳丽等[1]以颜色作为植物病害图像特征参数提取为主要研究内容,利用计算机视觉技术对植物病变特征进行了色度学方面的研究。

2 公式

色度 H 和饱和度 S 转换公式如下:

$$I = \frac{R + G + B}{3}$$

$$\begin{cases} H = W, B \leqslant G \\ H = 2\pi - W, B > G \end{cases}$$

$$S = 1 - \frac{3\min(R,G,B)}{R + G + B}$$

式中, $W = \cos^{-1}\left(\dfrac{2R - G - B}{2\left[(R-G)^2 + (R-B)(G-B)\right]^2} \right)$, R、G、B 分别代表红,绿,蓝三原色的刺激值。

为了解决叶片大小对色调特征值有效性的影响,通过以下公式把直方图的叶片本身部分变换成百分率直方图。

$$pp(bk) = P(bk) \Big/ \sum_{k=n}^{m} P(bk)$$

叶片本身的 H 值在 $n \sim m$ 之间,这样就解决了叶片大小对颜色特征提取的影响。

为了找出能够区分病害的颜色特征值,利用直方图的统计特征分别计算色调 H 的均值、方差、偏度、峰值、能量、熵等几个特征参数,计算公式如下:

$$\bar{b} = \sum_{b=1} bp(b)$$

$$b_k = \frac{1}{\sigma_b^3} \sum_{b=1} (b - b)^3 p(\bar{b})$$

$$\sigma_b^2 = \sum_{b=1} (b - \bar{b})^2 p(b)$$

$$b_F = \frac{1}{\sigma_b^4} \sum_{b=1} (b - b)^4 p(\bar{b}) - 3$$

$$b_N = \sum_{b=1} [p(b)]^2$$

$$b_E = \sum_{b=1} p(b) \lg [p(b)]$$

式中, $\bar{b}$ 为均值, b_k 为偏值, σ_b^2 为方差, b_F 为峰值, b_N 为能量, b_E 为熵。

如果将叶片的色调值在 $m \sim n$ 之间每隔两点取值可得到 a 个特征参数,以这 a 个特征参数作为分类器的输入特征矢量,略去其他分析结果,有效色调分布情况如统计表1。

表1　色调分布情况统计表

项目	色调分布范围	色调(60~80)	色调(42~50)
正常叶片	45~84	(71~81)%	(2~8)%
角斑病	38~83	(44~63)%	(24~29)%
斑疹病	41~82	(62~77)%	(11~19)%

利用直方图的统计特征分别计算色调 H 的均值、方差、偏度、峰值、能量、熵等几个特征参数,其统计结果如图1所示。

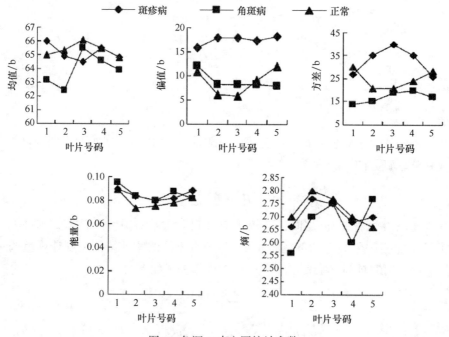

图1　色调 H 直方图统计参数

3　意义

在此运用计算机图像处理技术对生产中常见的两种黄瓜病做了研究,比较了几种常见的色度学系统,以色调 H 作为颜色特征参数,建立了植物病害的图像特征模型。根据植物病害的图像特征模型,以色调直方图统计特征参数的计算结果和百分率直方图的区间值特征作为区分病变叶片与正常叶片的重要依据。应用植物病害的图像特征模型计算结果发现,色调 H 偏度可以较为明显地区分不同病变情况,在进一步研究不同色调区域病变叶片和正常叶片的色调分布情况时,发现在色调(48~50)和(45~47)区间,区分正常叶片与病变叶片的效果最好。该研究为后期的模式识别提供了重要的特征参数。

参考文献

[1]　崔艳丽,程鹏飞,董晓志,等. 温室植物病害的图像处理及特征值提取方法的研究. 农业工程学报, 2005,21(增刊):32-35.

蔬菜氮素的颜色模型

1 背景

氮素肥料过度施用会导致蔬菜产品与环境的污染,此问题越来越受到世界各国的关注。如何在确保蔬菜作物高产优质的同时降低环境污染是当前蔬菜生产所急需克服的难题,而传统的氮素诊断方法不仅耗时耗力,且时效性差。因而建立快速、准确、简便易行的蔬菜作物氮素营养诊断方法,对于改善蔬菜生产的科学施肥管理水平具有重要意义。蔡鸿昌等[1]对基于作物叶片颜色图像识别的蔬菜作物氮素诊断研究的发展现状以及应用前景进行了综述。

2 公式

在作物图像处理中常用的模型有以下几种:

(1)RGB 模型

其是一种最常用的颜色系统,存在各分量相关性强等缺点,但由于其直接根据镜头成像定义,因而适合作为色度识别的依据。

(2)HSI 颜色模型

HSI 彩色模型的 H、S、I 的计算公式如下:

$$I = (R + G + B)/3$$

$$S = 1 - 3[\min(R,G,B)]/(R + G + B)$$

$$H = \begin{cases} \theta, B \leqslant G \\ 360 - \theta, B > G \end{cases}$$

式中, $\theta = \cos^{-1}\{[(R - G) + (R - B)]/2[(R - G)^2 + (R - B)(G - B)^{1/2}]\}$, $\theta \leqslant H \leqslant 360(R = 0, G = 120, B = 240)$; $0 \leqslant S \leqslant 100, 0 \leqslant I \leqslant 765$。

(3)La*b* 颜色模型

La*b* 与 RGB 之间的转化关系如下:

$$\begin{bmatrix} X \\ Y \\ Z \end{bmatrix} = \begin{bmatrix} 0.490 & 0.310 & 0.200 \\ 0.177 & 0.813 & 0.011 \\ 0.00 & 0.010 & 0.990 \end{bmatrix} \begin{bmatrix} R \\ G \\ B \end{bmatrix}$$

$$L = 25\,(100Y/Y_0)^{1/3} - 16$$
$$a^* = 500\,[(X/X_0)^{1/3} - (Y/Y_0)^{1/3}]$$
$$b^* = 200\,[(Y/Y_0)^{1/3} - (Z/Z_0)^{1/3}]$$

为了最小化亮度变化差异,使用了著名的非线性转换器,标定颜色坐标,将 RGB 颜色模型中的红光标准化值 r、绿光标准化值 g、蓝光标准化值 b 看作是与光照强度变化无关的比值,分别按下式计算:

$$r = R/(R + G + B)\ ,g = G/(R + G + B)\ ,b = B/(R + G + B)$$

RGB 颜色模型是一种根据人眼对不同波长的红、绿、蓝光做出锥状体细胞的敏感度描述的基础彩色模式,RGB 值表示人眼对红绿蓝三种波长色光的敏感程度,通过混合 RGB 三刺激值来产生其他颜色,R、G、B 分别为图像红、绿、蓝的亮度值,大小限定在 $0\sim1$,或者在 $0\sim55$,如图 1 所示。

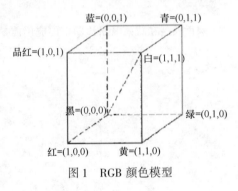

图 1　RGB 颜色模型

用一个三维空间纺锤体可以将 HSI 模型的色调、饱和度和亮度表示出来,如图 2 所示。

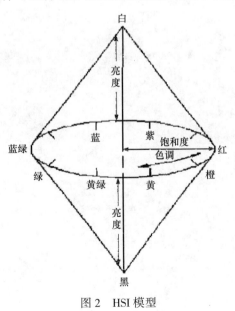

图 2　HSI 模型

265

3 意义

根据蔬菜氮素的颜色模型,对几种常用的颜色模型以及颜色模型在作物营养诊断中的应用进行分析,确定了其在蔬菜作物氮素营养诊断中的应用现状、发展趋势及前景。对蔬菜氮素的颜色模型的研究是整个作物氮素诊断研究领域的一个重要组成部分,不仅是对已有理论与方法的继承,而且是对整个作物氮素诊断研究内涵的必要补充和完善。蔬菜氮素的颜色模型是基于颜色模型的氮素精确诊断技术,也是进一步完善产量和品质预测模型的关键,对于实现蔬菜生产特别是工厂化栽培的精准化管理具有重要意义。

参考文献

[1] 蔡鸿昌,崔海信,宋卫堂,等. 颜色模型在蔬菜氮素诊断中的应用前景探讨. 农业工程学报,2005,21(增刊):113-117.

水稻的生产成本模型

1 背景

粮食生产的发展不仅涉及中国农民的经济利益,而且也关系到国家的粮食安全。中国加入 WTO 后,粮食生产不仅存在机遇,也面临着严峻的挑战。研究水稻生产成本地区性差异及其原因,对于提高水稻生产效率,最大程度降低中国水稻生产的成本,提高中国水稻的国际竞争力,促进粮农增收具有十分重要的意义。田新建等[1]采用统计分析和计量分析方法,对中国各地区水稻生产成本进行系统分析,并对影响水稻生产成本的地区性差异的生产要素进行了较为全面的计量分析。

2 公式

假设有两个地区 j 和 k , AC_j 和 AC_k 分别表示 j 和 k 地区的水稻的平均生产成本。根据假设,将 j、k 两地区的平均生产成本差异分解为生产要素投入差异、规模经济差异、农业税差异、技术水平和自然条件差异所导致的差异 [分别用 $(AC_{j1} - AC_{k1})$ 、$(AC_{j2} - AC_{k2})$ 、$(AC_{j3} - AC_{k3})$ 和 $(AC_{j4} - AC_{k4})$ 表示] 之和,则得到下式:

$$(AC_j - AC_k) = (AC_{j1} - AC_{k1}) + (AC_{j2} - AC_{k2}) + (AC_{j3} - AC_{k3}) + (AC_{j4} - AC_{k4})$$

各变量中的差异是各地区数值与全国平均值的比值,其模型形式如下:

$$\ln cst = \beta_0 + \beta_1 \ln y + \beta_2 \ln scl + \beta_3 \ln lab + \beta_4 \ln tax + \beta_5 \ln material + \mu$$

式中, cst 为水稻的单位成本差异; y 为单产水平差异; scl 为种植规模差异; tax 为单位产品税收差异; lab 为水稻单产用工费用差异; $material$ 为粮食单产物质投入差异; μ 为其他差异。

对各省(区)的早籼稻、中籼稻、晚籼稻和粳稻的时间序列数据所组成的混合数据,采用最小二乘法分别对模型进行估计(为消除自相关问题,使用了一阶自回归),得到表 1 中的结果。

表1　中国水稻生产成本差异模型估计结果

变量	系数	早籼稻参数	中籼稻参数	晚籼稻参数	粳稻参数
常数项	β_0	0.067 (0.742)	−0.233 (−1.327)	0.023 (2.527)**	−0.017 (−0.854)
ln$y$	β_1	−0.197 (−3.145)***	−0.211 (−2.984)***	−0.127 (−2.386)**	−0.225 (−4.396)***
lnscl	β_2	−0.017 (−0.461)	−0.058 (−0.881)	−0.035 (−0.231)	−0.002 (−2.651)**
lnlab	β_3	0.452 (3.632)***	0.532 (2.772)**	0.577 (4.654)***	0.344 (3.853)***
lntax	β_4	0.027 (3.172)***	0.057 (4.186)***	0.019 (2.871)***	0.064 (2.231)**
ln$material$	β_5	0.279 (2.726)**	0.376 (3.371)***	0.241 (4.385)***	0.288 (6.385)***
$AR(1)$		0.679 (11.098)***	0.421 (39.022)***	0.562 (28.173)***	0.327 (22.524)***
修正的 R^2		0.721	0.612	0.432	0.554
F 统计量		19.681	33.547	44.143	22.781

注:***表示1%的显著水平,**表示5%的显著水平,没有*标记表示不显著。

3　意义

根据水稻的生产成本模型,确定了中国水稻生产成本地区性差异的原因,并提出相关的政策建议,以期为降低中国水稻生产成本,促进水稻主产区农民增收,提高中国水稻生产的国际竞争力提供参考。采用水稻的生产成本模型,通过计算表明,水稻的单产水平与其单位生产成本呈现正相关,提高单产水平有利于降低水稻的单位生产成本。而水稻的单产水平是自然条件和技术水平的综合反映,应采用新的栽培和育种等技术,提高水稻单产水平,降低其生产成本。

参考文献

[1]　田新建,秦富,李明洋. 中国水稻生产成本地区性差异成因的实证分析. 农业工程学报,2005,21(增刊):247-250.

生物质燃气的燃烧模型

1 背景

物质气化是以农作物秸秆、林业废弃物等为原料,在缺氧或无氧环境中通过热化学反应制取可燃性气体的技术。生物质气化技术自推广以来在短短几年内获得了突飞猛进的发展。生物质气化技术的应用不仅解决了农村秸秆资源浪费和生活用能短缺的问题,在禁止秸秆荒烧和环境保护方面也发挥了积极作用,同时生物质气化技术也促进了我国农村燃气化进程。李刚等[1]通过相关模型进行了 BCT-1 型生物质燃气燃烧器的研制。

2 公式

由于生物质气化过程中一般以空气作为气化介质,造成其燃气成分中 CO_2、N_2 含量偏高致使燃气热值下降,固定床生物质燃气的低位热值为 4 000~5 200 k J/m³。生物质气化燃气中主要成分构成如表1。

表 1 生物质燃气主要成分及计算取值

成分	CO	CH₄	H₂	CO₂	N₂
含量(%)	18~23	2	15	12~14	49~56
计算取值(%)	20	2	15	12	50

生物质燃气燃烧时的火焰传播速度 U_{dx}:

$$U_{dx} = (1 - 0.01N_2 - 0.012CO_2) \frac{\sum\limits_{i=1} \frac{x_i U_{cl}^i}{l_i}}{\sum \frac{x_i}{l_i}} = 0.884 \text{ m/s}$$

式中, N_2 为 N_2 占混合气体中的体积百分数,%; CO_2 为 CO_2 占混合气体中的体积百分数,%; U_{cl}^i 为各单一可燃气体的最大火焰传播速度,m/s; x_i 为可燃混合气体中(不含惰性气体)单一可燃成分的体积百分数,%; l_i 为对于各单一可燃气体—空气混合物中,达到最大火焰传播速度时,该可燃气体占混合物中的容积百分数,%。

根据生物质燃气的可燃组分并参照各单组分可燃气体着火浓度极限由以下公式得生物质燃气着火浓度极限 L（%）和燃烧理论空气量 V（m³/m³）。

$$L = \frac{100}{\sum \frac{x_i}{L_i} 100 + \sum \frac{x_i}{L_i}\left(\frac{D}{100 - D}\right)} \left(1 + \frac{D}{100 - D}\right) \times 100\%$$

式中，x_i 为不考虑惰性气体时各单一可燃气体成分的体积百分数，%；L_i 为不考虑惰性气体时各单一可燃气体的着火浓度极限（上限或下限），%；D 为惰性气体在生物质燃气中所占的体积百分数，%。

代入各单一可燃气体的着火浓度的上限和下限，求得生物质燃气的着火浓度的下限和上限为：

$$L_{\text{下}} = 15.3\% , \quad L_{\text{上}} = 80.6\%$$

燃烧理论空气气量为：

$$V = 0.0476\left[0.5CO + 0.5H_2 + 1.5H_2S + \sum\left(m + \frac{n}{4}\right)C_mH_n - O_2\right]$$

2001 年河南省节能检测中心依据 GB15316 对 BCT-1 型燃烧器性能进行了技术测试，测试表明在正常燃烧情况下燃烧效率达到 98%，点火油耗小于 0.005 L/次，但其排烟氧气含量较高，系统热损失偏高。燃烧器基本性能测试结果如表 2。

表 2　BCT-1 型生物质燃气燃烧器基本性能指标

点火油耗（L/次）	点火持续时间(s)	火焰温度（℃）	燃烧效率（%）	烟气成分			
				CO（$\times 10^{-6}$）	O_2（%）	N_2（%）	CO_2（%）
<0.005	25	1 150	98	1	3	65	32

3　意义

根据生物质燃气的燃烧模型，确定了生物质燃气的基本燃烧特性，并给出了 BCT-1 型生物质燃气燃烧器的基本结构。利用生物质燃气的燃烧模型，决定了 BCT-1 型生物质燃气燃烧器采用鼓风扩散式燃烧，使用柴油作为点火介质，燃烧过程实现自动控制，而且该燃烧器适用于多种生物质气化燃气。通过生物质燃气的燃烧模型的计算结果表明，该燃烧器在稳定工作条件下燃烧效率为 98%，烟气 CO 含量小于 1×10^{-6}，各项性能指标达到燃气燃烧器的基本要求。

参考文献

[1] 李刚,杨群发,炊密杏,等. BCT-1 型生物质燃气燃烧器的研制. 农业工程学报,2006,22(1): 107-109.

中国稻谷的等温线模型

1 背景

国内对食品及农产品的等温线研究较少,在贮藏加工中主要引用国外的数据,直至 20 世纪 80—90 年代才开始重视食品等温线的研究工作。对稻谷等温线拟合模型的研究也仅限制在修正 Henderson、修正 Chung-Pfost 及修正 Halsey 模型等几种常用模型,所研究的稻谷类型和等温线的数据比较少,没有普遍适用于中国稻谷的最佳拟合模型及其参数。胡坤和张家年[1]通过实验对稻谷水分吸附与解吸等温线拟合模型的选择及其参数进行了优化。

2 公式

拟合稻谷吸附与解吸等温线最常用的 5 个数学模型见表 1。STYE 模型中 P_s 是液态水的饱和蒸汽压,在 0~200℃范围内可由下式计算:

$$\ln P_s = \frac{C_5}{T_k} + C_6 + C_7 T_k + C_8 T_k^2 + C_9 T_k^3 + C_{10} T_k$$

式中,$C_5 = -5.8002206 \times 10^3$,$C_6 = -5.5162560 \times 10^0$,$C_7 = -4.8640239 \times 10^{-2}$,$C_8 = 4.1764768 \times 10^{-5}$,$C_9 = -1.4454093 \times 10^{-8}$,$C_{10} = 6.5459673 \times 10^0$;$T_k$ 为热力学温度,K;T 为温度,℃;a_w 为水分活度;M 为平衡含水率;C_1、C_2、C_3、C_4 为参数。

表 1 拟合模型的名称及其表达式

模型名称及简称	模型表达式
修正 Chung-Pfost 模型(MCPE)	$a_w = \exp\left[-\dfrac{C_1}{T+C_2}\exp(-C_3 M)\right]$
修正 Henderson 模型(MHNE)	$a_w = 1 - \exp\left[-C_1(T+C_2)M^{C_3}\right]$
修正 Oswin 模型(MONE)	$a_w = \dfrac{1}{1+\left(\dfrac{C_1+C_2 T^{C_3}}{M}\right)}$
修正 Halsey 模型(MHYE)	$a_w = \exp\left[-\exp(C_1+C_2 T)M^{-C_3}\right]$
Strohman-Yoerger 模型(STYE)	$a_w = \exp\left[C_1 \exp(-C_2 M)\ln P_s - C_3 \exp(-C_4 M)\right]$

为比较这 5 个模型的优劣,采用表 2 中的 5 个参数误差判断标准,表中 a_{wi} 为试验测定的水分活度,a_{wi} 为理论计算值,$\overline{a_{wi}}$ 为平均值。R^2、RSS、SEE 为统计学判断标准,R^2 越大、RSS 越小、SEE 越小则模型与等温线拟合得越好;MRD、RMS 表示观测值与模型理论值的平均偏差程度,其值越小,理论值与观测值越吻合,模型也就越能代表等温浅的特性。

表 2   评价模型拟合效果的指标名称及表达式

名称及简称	表达式
决定系数 R²(R-square)	$R^2 = 1 - \dfrac{\sum\limits_{i=1}^{m}(a_{wi} - a_{wi})^2}{\sum\limits_{i=1}^{m}(a_{wi} - \overline{a_{wi}})^2}$
残差平方和 (residual sum-of-square, RSS)	$RSS = \sum\limits_{i=1}^{m}(a_{wi} - a_{wi})^2$
估计标准差 (standard error of estimate, SEE)	$SEE = \dfrac{\sum\limits_{i=1}^{m}(a_{wi} - a_{wi})^2}{df}$
平均相对偏差 (meanrelative deviation, MRD)	$MRD = \dfrac{1}{m}\sum\limits_{i=1}^{m}\dfrac{a_{wi} - a_{wi}}{a_{wi}}$
平均误差平方和的平方根 (root mean square error, RMS)	$RMS = \left[\dfrac{1}{m}\sum\limits_{i=1}^{m}\left(\dfrac{a_{wi} - a_{wi}}{a_{wi}}\right)^2\right]^{\frac{1}{2}}$

3   意义

根据 5 种最常用的数学模型对中国不同类型的稻谷吸附与解吸等温线数据的拟合效果,以确定最佳拟合模型及其参数。测定中国不同类型稻谷的吸附与解吸等温线数据,用非线性回归进行统计分析并评价数学模型的拟合程度,建立了中国稻谷的等温线模型。通过中国稻谷的等温线模型,计算可知美国农业工程学会(ASAE)推荐的修正 Chung-Pfost 模型及其参数并不能与中国稻谷的吸附与解吸等温线数据很好地拟合。而 Stro hman-Yoerger 模型最适于拟合籼稻、粳稻的吸附与解吸等温线及糯稻的吸附等温线,修正 Oswin 模型最适合拟合糯稻的解吸等温线。

参考文献

[1]   胡坤,张家年. 稻谷水分吸附与解吸等温线拟合模型的选择及其参数优化. 农业工程学报,2006, 22(1):153-356.

机械手的奇异性模型

1 背景

世界各国均致力于农业机器人的开发与研究,一些用于移植秧苗、扦插、育苗、收获等作业的农业机器人已研制成功并有小批量生产。番茄收获机器人是农业机器人的重要类型,属于机械手系列机器人,奇异性是机械手的重要运动学特性。梁喜凤和王永维[1]采用阻尼最小二乘法,并以雅可比矩阵条件数一个较小上界作为计算阻尼系数的依据并进行自适应调整,进行冗余度番茄收获机械手奇异性分析与处理。

2 公式

为描述番茄收获机械手各杆件的特征参数和相互之间的运动关系,采用 Denavit-Hartenberg 方法设定杆件坐标系。机械手杆件编号从基座至末端执行器依次为 $0,1,2,\cdots,7$。根据连杆坐标系的设置,通过齐次变换,得到相邻杆件之间的齐次变换矩阵为:

$$_i^{i-1}T = \begin{bmatrix} c\theta_i & -s\theta_i & 0 & T_{i-1} \\ s\theta_i cT_{i-1} & c\theta_i cT_{i-1} & -sT_{i-1} & -d_i sT_{i-1} \\ s\theta_i sT_{i-1} & c\theta_i cT_{i-1} & cT_{i-1} & d_i cT_{i-1} \\ 0 & 0 & 0 & 1 \end{bmatrix}$$

$$= \begin{bmatrix} R & P \\ 0 & 1 \end{bmatrix} \quad (i = 1,2,\cdots,7)$$

式中, $c\theta_i$ 表示 $\cos\theta_i$; $s\theta_i$ 表示 $\sin\theta_i$; cT_{i-1} 表示 $\cos T_{i-1}$; sT_{i-1} 表示 $\sin T_{i-1}$; $_i^{i-1}T$ 表示连杆坐标系 $\{i\}$ 相对于连杆坐标系 $\{i-1\}$ 的变换矩阵; T_{i-1} 表示从 z_{i-1} 到 z_i 绕 x_{i-1} 旋转的角度(逆时针方向为正); d_i 表示从 x_{i-1} 到 x_i 沿 z_i 测量的距离; θ_i 表示从 x_{i-1} 到 x_i 绕 z_i 旋转的角度(逆时针方向为正); R 表示末端执行器相对基坐标系的姿态矩阵; P 表示末端执行器相对基坐标系的位置向量。

雅可比矩阵是建立各杆件速度与末端执行器合成速度之间关系的传递矩阵。番茄收获机械手关节 1 和 2 为移动关节,根据齐次变换矩阵,得到雅可比矩阵的第 1 和第 2 列为:

$$J_i = \begin{bmatrix} z_i \\ 0 \end{bmatrix} \quad (i = 1,2)$$

关节 3~7 为转动关节,则雅可比矩阵的第 3~7 列为:

$$J_i = \begin{bmatrix} z_i \times {}^iP_n^0 \\ z_i \end{bmatrix} = \begin{bmatrix} z_i \times ({}^0_iR\,{}^iP_n) \\ z_i \end{bmatrix} \quad (i = 3,4,\cdots,7)$$

式中, J_i 为雅可比矩阵的第 i 列; z_i 为坐标系 $\{i\}$ 的 z 轴单位向量(在基坐标系 $\{0\}$ 中表示的); ${}^iP_n$ 为末端执行器坐标原点相对坐标系 $\{i\}$ 的位置矢量在基坐标系 $\{0\}$ 中的变换矩阵,即 ${}^iP_n = {}^0_iR\,{}^iP_n$; ${}^0_iR$ 为坐标系 $\{i\}$ 相对于基坐标系 $\{0\}$ 的旋转变换矩阵。则雅可比矩阵为:

$$J(q) = [J_1,J_2,J_3,J_4,J_5,J_6,J_7]^T_{6\times7}$$

设在任一位形番茄收获机械手雅可比矩阵的秩 $rank[J(q)] = 6$,根据矩阵的奇异值分解理论,对雅可比矩阵进行奇异值分解为:

$$J(q) = U\Sigma V$$

式中, $U \in R^{6\times6}$; $R \in R^{7\times7}$; $\Sigma = diag(e_1,e_2,\cdots,e_6) \in R^{6\times7}$

$e_1 \geq e_2 \geq \cdots \geq e_6 \geq 0$ 为雅可比矩阵的奇异值,则可操作度 w 的值为:

$$w = e_1e_2\cdots e_6$$

根据机械手机构形式与坐标系设定,番茄收获机械手运动学方程为:

$$r = {}^0_7T = {}^0_1T\,{}^1_2T\cdots{}^6_7T = f(q)$$

式中, r 为末端执行器的位姿矩阵, $r = [r_1,r_2,\cdots,r_6]$; q 为关节变量, $q = [q_1,q_2,\cdots,q_7]^T$;两边微分得末端执行器的速度为:

$$\dot{r} = J(q)\dot{q}$$

式中, $\dot{r}$ 为末端执行器的速度, $\dot{r} \in R^6$; $J(q)$ 为番茄收获机械手的雅可比矩阵,6×7 阶; $\dot{q}$ 为各关节运动速度, $\dot{q} \in R^7$ 。

番茄收获机械手的雅可比矩阵 $J(q)$ 为 6×7 阶非方阵,其逆矩阵不存在。根据末端执行器速度公式,关节速度最小范数解为:

$$q = J^+(q)r$$

式中, $J^+(q)$ 为 $J(q)$ 的 Moore-Penrose 广义逆矩阵。

在任意时刻 t_i ,如果 $rank[J(q)] = 6$, $J^+(q) = J(q_i)^T[J(q_i)J(q_i)^T]^{-1}$,当 $rank[J(q)] < 6$, $J(q_i)J(q_i)^T$ 为奇异矩阵,因此 $J^+(q)$ 不存在。此时通过在奇异位形附近引入阻尼项 $k\parallel\dot{q}\parallel^2$,并考虑最小二乘问题,求解以下方程,即:

$$\underset{q}{Min} \parallel r - J(q)\dot{q} \parallel^2 + k \parallel \dot{q} \parallel^2$$

得到关节速度的近似解为:

$$\dot{q} = J^+_p(q)\dot{r}$$

式中, $J^+_p(q)$ 为阻尼伪逆矩阵。

$$J^+_p(q) = J^T(q)[J(q)J^T(q) + kI]^{-1}$$

式中, k 为阻尼系数; I 为单位矩阵, $I \in R^{6\times6}$ 。

阻尼系数 k 的取法是很重要的,这里使用基于雅可比矩阵条件数上界来计算阻尼系数并进行自适应调整。雅可比矩阵条件数的上界定义为:

$$\bar{k}[J(q)] = \left(\frac{2}{m}\right)^{m/2} \frac{\|J(q)\|_F^m}{det[J(q)J^T(q)]}$$

$$= \left(\frac{2}{m}\right)^{m/2} \frac{\|J(q)\|_F^m}{w}$$

式中,$\|J(q)\|_F$ 为雅可比矩阵 $J(q)$ 的 Frobenius 范数;m 为末端执行器空间自由度数。

k 值的计算方法为:

$$k = k_0 \left(1 - \frac{\bar{k}_0}{K}\right)$$

式中,k_0 为阻尼系数的最大值(通常由实验确定);$\bar{k}_0$ 为给定条件数的门限值(通常由实验确定);w 为机械手的可操作度,用雅可比矩阵表示为 $w = \overline{det[J(q)J^T(q)]}$。

3　意义

为解决番茄收获机械手的奇异性问题,在此建立了机械手的奇异性模型,确定了机械手雅可比矩阵的奇异值和可操作度,利用阻尼最小二乘法对其奇异性进行处理与仿真试验。通过机械手的奇异性模型的计算可知,番茄收获机械手经奇异性处理后,阻尼伪逆矩阵的最小奇异值远离零位置,各关节运动速度和位移变化平缓,奇异位形消失,系统工作平稳,番茄收获机械手满足作业要求。番茄收获机械手研究是一门综合技术,在其控制方法、路径规划等方面还有待于进一步研究。

参考文献

[1]　梁喜凤,王永维. 番茄收获机械手奇异性分析与处理. 农业工程学报,2006,22(1):85-88.

稻麸蛋白的水解优化模型

1 背景

中国每年稻谷总产量在 $1.8 \times 10^8 \sim 2.0 \times 10^8$ t 左右,占全国粮食总产量的 42%,占世界稻谷总产量的 35% 左右,但在加工过程中有近 $1\,000 \times 10^4$ t 的稻麸未被食品工业利用。从营养角度看,稻麸中含有 12%~15% 蛋白质,同时,稻麸蛋白中的赖氨酸、蛋氨酸、色氨酸含量较高,因此,提取米糠分离蛋白将有极好的经济性和实用性。徐红华等[1]根据米糠细胞壁的特点,通过对糖酶、蛋白酶的筛选,最终选定纤维素酶、复合蛋白酶与植酸酶进行复配,通过配料试验确定其最佳配比,同时以蛋白质收率为指标,水解度为参考指标,优化水解工艺。

2 公式

在配料试验中,每个分量的贡献都要表示成配料或合成的比例。每个分量的比例必须是非负的,而且它们的总和必须是 1,这就决定了配料回归设计是一种受特殊约束的回归设计问题,假定用 z_1、z_2、$\cdots$、z_m 表示配料系统中 m 种成分各占的百分比,则其配料条件为:

$$z_i \geq 0 (i = 1, 2, \cdots, m), \quad z_1 + z_2 + \cdots + z_m = 1$$

然后,把 m 个因素换成 $m-1$ 个独立变量进行旋转设计。依据表 1 条件,利用转换矩阵所得的转换方程为:

$$Z_1 = 0.6329 - 0.06050X_1 + 0.06404X_2$$
$$Z_2 = 0.1392 + 0.0605X_1 + 0.00464X_2$$
$$Z_2 = 0.2279 - 0.06868X_2$$

表 1 纤维素酶、复合蛋白酶及植酸酶在配料试验中的添加范围

	添加范围		
	纤维素酶(%)	蛋白酶(%)	植酸酶(%)
上限	3.80	0.90	1.30
下限	1.30	0.20	0.50
中心	2.50	0.55	0.90
间隔(h_i)	1.30	0.35	0.40

续表

	配料比		
	Z_1	Z_2	Z_3
中心	0.6329	0.1392	0.2279
间隔	0.3291	0.0886	0.1013

利用旋转试验设计的专用软件,得到稻麸蛋白收率 y 的回归方程:

$$y = 70.76 + 1.58X_1 + 2.40X_2 - 0.90X_1^2 + 1.28X_1X_2 + 0.38X_2^2$$

对上式回归模型中的系数进行显著性检验,结果如表2。

表2 t 检验结果

系数	t_0	t_1	t_2	t_{11}	t_{12}	t_{22}
t 检验值	35.313	5.083	7.722	2.896	2.912	1.223

查得 $t_{0.01}(10) = 3.169$,$t_{0.05}(10) = 2.228$,$t_{0.1}(10) = 1.812$,上面各值除了 t_{22} 外,其他回归系数都在不同程度上显著,因此回归方程可写为:

$$y = 70.76 + 1.58X_1 + 2.40X_2 - 0.9X_1^2 + 1.28X_1X_2$$

3 意义

对配料试验进行设计,采用纤维素酶、复合蛋白酶、植酸酶提取米糠分离蛋白,建立了稻麸蛋白的水解优化模型,这是复合酶配合比例与蛋白得率之间的数学模型。应用稻麸蛋白的水解优化模型,根据其计算结果可确定最佳配比为:纤维素酶 65.84%、蛋白酶 18.52%、植酸酶 15.64%,最佳反应条件为:复合酶温度 45℃、底物浓度 20%、酶添加量 4%、pH 值 5.5、水解时间 2 h,最终蛋白收率可在 86% 以上。因此,稻麸蛋白的水解优化模型就是采用配料试验建立多种酶系的复配模型,避免了目前多种酶复配时的盲目性。并且通过稻麸蛋白的水解优化模型可以优化和预测各种酶的配比量。

参考文献

[1] 徐红华,王雪飞,于国平. 复合酶法提取稻麸蛋白工艺的优化. 农业工程学报,2005,22(1):157-160.

高水分稻谷颗粒的运动模型

1 背景

国内外,有关高水分稻谷烘干前处理技术和工艺研究方面的报道很少。当稻谷水分高于 20%时,其容重、粒径、摩擦角、流动性、悬浮速度等物理性能参数均发生了较大变化,且联合收割机收获的稻谷水分越高,混入的碎禾叶、碎禾秆也会增多,使清理分级更加困难。王继焕和刘启觉[1]在研究高水分稻谷物理特性的基础上,设计了组合清理机,并运用生产试验和现场检测的方法,对高水分稻谷组合清理机的技术和工作参数进行分析和优化,与烘干生产线配套使用,可保证烘干机的正常工作。

2 公式

在清理机工作时,稻谷与筛板之间存在相对滑动,因而存在摩擦阻力。取稻谷颗粒为研究对象,可得谷粒的运动微分方程如下:

$$m\ddot{x} = (f_1 + f_2)\cos\alpha_1 - F_1\sin\alpha_2$$

$$m\ddot{y} = F_2\cos\alpha_2 + (f_1 + f_2)\sin\alpha_1 + F_2 - mg$$

式中,m 为谷粒的质量,kg;g 为重力加速度,m/s^2;α_1 为筛板倾角,(°);α_2 为振动电机的安装角,(°),可在运行中进行调节;F_1 为筛板振动时,作用在颗粒上的机械力,N,其值与振动电机的激振力有关;F_2 为穿过筛板的气流对颗粒的作用力,N,方向垂直向上;f_1 为谷粒与筛板间的摩擦力,N,随稻谷的含水率的增加而增加;f_2 为由谷粒表面存在的自由水分而产生的附加黏滞力,N,与含水率有关;W_s 为物料自身的重力,N。

当物料悬浮时,物料与筛板脱离接触,受力分析如图 1 所示。

由受力分析可知:

$$F_2 = W_s - W_a$$

$$F_2 = \frac{1}{2}CA\rho V_0^2$$

$$W_s - W_a = \frac{\pi}{6}d_s^3(\rho_s - \rho)g$$

式中,W_s 为物料自身的重力,N;W_a 为空气对物料的浮力,N;C 为绕流阻力系数;A 为物料

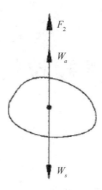

图 1　物料悬浮时的受力分析

的迎风面面积，m^2；V_0 为气流绕流物料时的相对速度，m/s；d_s 为物料的当量粒径，m；ρ_s，ρ 分别是物料与空气的密度，kg/m^3。

3　意义

在此建立了稻谷颗粒的运动模型，确定了高水分稻谷清理技术。而针对现有稻谷清理设备不适合处理高水分稻谷的现状，应用稻谷颗粒的运动模型，设计了稻谷组合清理机。根据稻谷颗粒的运动模型，运用生产试验和现场检测的方法，表明处理量与稻谷水分、设备吸风量、筛孔尺寸及分布、筛板倾角及分布、振动频率等参数之间的联系与相互作用。采用稻谷颗粒的运动模型，计算可知当稻谷含水率高于 20% 时，组合清理机的筛孔尺寸按上层 50×50、中层 30×30、下层 15×15 分布，筛板倾角按上层 21°、中层 17°、下层 13°布置，并且穿过筛孔的实际风速为稻谷悬浮速度的 1.1～1.2 倍时，这时处理量较大，清理效果较好。

参考文献

［1］　王继焕，刘启觉. 高水分稻谷组合清理机设计与试验研究. 农业工程学报，2006，22（1）：102-106.

薄膜的气体透过模型

1 背景

自发气调包装(以下简称 MAP),由于具有较好的抑制果实生理代谢,延缓衰老,保持品质,延长贮藏期等优点,被国内外广泛用于新鲜果蔬的贮藏保鲜上。近几十年来国外利用计算机技术开发了一些 MAP 设计数学模型,试图为果蔬 MAP 的最佳设计提供一条更具指导意义的新途径。张长峰等[1]以低密度聚乙烯薄膜(LDPE)为材料,根据气体透过薄膜的机理,建立了 MAP 系统中气体透过数学模型。

2 公式

在一定的时间间隔内,薄膜袋中气体总体积的瞬时变化量可以表示为:

$$\frac{\mathrm{d}V}{\mathrm{d}t} = \frac{A}{L} \sum_{i=1}^{3} K_i (Z_i P_o - X_i P) = 1,2,3$$

以袋中气体 i 为研究对象,探讨其浓度随时间变化的趋势,根据上式有:

$$V_{(i,t+\Delta t)} = V_{(i,t)} + \frac{A\Delta t}{L} K_i (Z_i P_o - X_i P)$$

由于:

$$V_{(i,t)} = X_{(i,t)} V_t \ , \ V_{(i,t+\Delta t)} = X_{(i,t+\Delta t)} V_{(t+\Delta t)}$$

故有:

$$X_{(i,t+\Delta t)} V_{(t+\Delta t)} = X_{(i,t)} V_t + \frac{A\Delta t}{L} K_i (Z_i P_o - X_i P)$$

又由于:

$$V_{(t+\Delta t)} = V_t + \frac{A\Delta t}{L} \sum_{i=1}^{3} K_i (Z_i P_o - X_i P)$$

所以得到:

$$X_{(t+\Delta t)} = \frac{X_{(i,t)} \left[V_{(t+\Delta t)} - \frac{A\Delta t}{L} \sum_{i=1}^{3} K_i (Z_i P_o - X_i P) \right] + \frac{A\Delta t}{L} K_i (Z_i P_o - X_i P)}{V_{(t+\Delta t)}}$$

即:

$$X_{(i,t+\Delta t)} = X_{(i,t)} - \frac{A\Delta t}{LV_{(t+\Delta t)}}\left[K_i(Z_iP_o - X_iP) - X_i\sum_{i=1}^{3}K_i(Z_iP_o - X_iP) \right]$$

亦即:

$$\Delta X_i = \frac{A\Delta t}{LV_{(t+\Delta t)}}\left[K_i(Z_iP_o - X_iP) - X_i\sum_{i=1}^{3}K_i(Z_iP_o - X_iP) \right]$$

当 $\Delta t \to 0$ 时,则有:

$$\frac{\mathrm{d}X_i}{\mathrm{d}t} = \frac{A\Delta t}{LV_t}\left[K_i(Z_iP_o - X_iP) - X_i\sum_{i=1}^{3}K_i(Z_iP_o - X_iP) \right]$$

由于模型中时间 t 是连续的,为便于计算机运算,将其离散化求其数值解。模型离散化后的差分方程为:

$$V_{(t+\Delta t)} = V_t + \frac{A\Delta t}{L}\sum_{i=1}^{3}K_i(Z_iP_o - X_iP)$$

$$X_{(i,t+\Delta t)} = X_{(i,t)} + \frac{A\Delta t}{LV_t}\left[K_i(Z_iP_o - X_{(i,t)}P) - X_{(i,t)}\sum_{i=1}^{3}K_i(Z_iP_o - X_{(i,t)}P) \right]$$

取时间步长 $\Delta t = 1h$,可得到:

$$V_{t+1} = V_t + \frac{A\Delta t}{LV}\sum_{i=1}^{3}K_i(Z_iP_o - X_iP)$$

$$X_{(i,t+1)} = X_{(i,t)} + \frac{A\Delta t}{LV_t}\left[K_i(Z_iP_o - X_{(i,t)}P) - X_{(i,t)}\sum_{i=1}^{3}K_i(Z_iP_o - X_{(i,t)}P) \right]$$

式中,A 为薄膜表面积,m^2;L 为薄膜厚度,m;V 为薄膜袋内气体体积,m^3;t 为取样时间,h;K 为薄膜透气系数,$m^3 \cdot m/(m^2 \cdot s \cdot Pa)$;$X$、$Z$ 为薄膜袋内外气体浓度,无量纲;P、P_o 为薄膜袋内外气压,Pa;1、2、3 分别表示 O_2、CO_2、N_2。

3 意义

根据薄膜的气体透过模型,提出了更接近于气调包装条件下薄膜透气系数测算的新方法。新的测算方法是先假设一系列薄膜透气系数值,并逐一代入气调包装数学模型中,计算出相应时刻的气体浓度值,并将该计算值与包装中气体浓度实测值比较,当两者差的平方和最小时,对应的薄膜透气系数假设值即为测算值。通过薄膜的气体透过模型的计算结果表明,新方法测定的透气系数能客观地反映气调包装条件下薄膜的透气系数。

参考文献

[1] 张长峰,徐步前,吴光旭. 更接近于气调包装条件下薄膜透气系数的测算方法. 农业工程学报,2006,22(1):15-18.

灌溉蓄水的工程规模模型

1 背景

受众多因素影响,灌区来水的时空分配通常与用水需求不一致,对此常采用适当的工程措施,如修建水库、田间蓄水等,对来水进行调蓄。尹正杰等[1]根据作物不同生育阶段的灌水周期来确定研究的时段步长;以一定的运行规则,通过顺时序和逆时序模拟初定出一个合适的工程规模范围,在该范围内以一定的步长离散工程规模作为已知量并逐个代回模型,确定工程规模。

2 公式

设土壤适宜含水率的上限为 θ_{max} ,一般取田间持水率;下限为 θ_{min} ,为保持作物正常生长所需的土壤最小含水率,一般用占田间持水率的百分数计(取 60%)。两者之间为有效水分。土壤有效水分(SAWS)容量除与土壤特性有关外,还与作物根系层深度相关,计算公式为:

$$W = W_{max} - W_{min} = 100H(\theta_{max} - \theta_{min})$$

式中,W 为土壤有效水分容量,mm;W_{max} 为土壤有效水分容量上限,mm;W_{min} 为有效水分容量下限,mm;H 为根系层深度,m。

对于泉源来水,年际之间存在自相关性,年内变化不显著。在此建立霍泉出流量预测的自回归模型,模型表达式为:

$$\begin{cases} z_t = h_1 z_{t-1} + X_t = 0.847 z_{t-1} + 0.2716 a_t \\ y_t = \mu + z_t = -0.0557 + z_t \\ R_t = Exp(y_t) + 2.78 \end{cases}$$

式中,z_t 为零均值化后的对数正态系列,开始迭代时取 $z_0 = 0$;h_1 为自回归系数;X_t 为噪音项;a_t 为标准正态分布随机数;y_t 为对数正态系列;μ 为 y_t 的均值;R_t 为预测泉源出流量;t 为时段序号。

对灌溉用水的随机分析提出一个考虑随机性又考虑周期性的时间序列模型:

$$Z_t = S_t + X_t$$

式中,Z_t 为灌溉需水,mm;S_t 为周期分量;X_t 为实测数据减去周期分量后的随机分量;t 为

旬编号。利用灌区 15 年的灌溉试验数据,得到冬小麦旬灌溉需水量的周期和随机分量分别为:

$$\begin{cases} S_t = 16.811 + 9.275\cos(2c_t/25) - 13.499\sin(2c_t/25) \\ X_t = 0.532X_{t-1} + a_t \end{cases}$$

同样方法可得到夏玉米旬灌溉需水量的随机模型:

$$\begin{cases} S_t = 39.684 - 29.373\cos(2c_t/25) + 0.372\sin(2c_t/1) \\ X_t = 0.404X_{t-1} + 4.611a_t \end{cases}$$

假设来水在全灌区均匀分配,分析单位面积(hm^2)所需的蓄水池规模。对蓄水池顺时序模拟,其递推方程为:

$$V_t = V_{t-1} + R_t - Z_t (t = 1, 2, \cdots, N)$$

式中,V_t 为 t 时段末的水池蓄水量,$V_0 = 0$;N 为时段总数目。

该方程表示从调节起始期水池无蓄水开始,余多少水就蓄多少水。在这种运行规则下,灌区不存在弃水,这样求得的值最大,为容量上限。再对蓄水池逆时序模拟,其递推方程为:

$$V_t = V_{t+1} + Z_t - R_t$$

为计算作物产量,引入了作物阶段水分生产函数,实验证明 Jensen 模型较适合灌区,模型为:

$$\frac{Y_a}{Y_m} = \prod_{i=1}^{n} \left[\frac{ET_{ai}}{ET_{mi}} \right]^{\lambda_i}$$

式中,Y_a 为作物实际产量,kg/hm^2;Y_m 为作物充分灌溉时的潜在最大产量,kg/hm^2;ET_{ai}、ET_{mi} 分别为作物第 i 生育阶段的实际腾发量和潜在最大腾发量,mm;λ_i 为阶段敏感系数;n 为作物生育阶段总数。

将灌区有无蓄水池时的收益相减,即得规模为 V 时蓄水池的效益,将蓄水池设计运行期内各年的效益累加即得工程总效益 B:

$$B = \sum_{i=1}^{m} \left[B_i / (1 + r)^i \right]$$

式中,B_i 为第 i 年的蓄水工程效益;r 为折现率(取 10%);m 为工程设计运行期(取 40 年)。

3　意义

针对灌区缺乏调蓄的实际情况,建立了灌溉蓄水的工程模型,这是一个优选田间灌溉蓄水工程规模的模型。根据灌溉蓄水的工程规模模型,考虑灌区来水与用水的随机性,以旬为分析时段单元,生成泉源来水和灌溉需水的人工长系列,基于蒙特卡罗(MonteCarlo)方法,模拟计算了不同规模的蓄水工程在设计运行期内对灌溉区农业的增产效益,以净效益最大为标准优选田间蓄水池规模。通过灌溉蓄水的工程规模模型,计算结果表明,对于单位灌溉面积最优的蓄水工程规模为 2 100 m³,相应的灌溉可靠度提高到 95.0%。

参考文献

[1]　尹正杰,王小林,胡铁松,等. 灌区田间灌溉蓄水工程的规模优选. 农业工程学报,2006,22(1):53-57.

坚果壳的慢速热解模型

1 背景

花生壳和葵花瓜子壳是两种坚果壳,属于日常生活废弃物,形成垃圾,污染环境。研究发现热解这类坚果壳类的生物质得到的产物可用作燃料式化工原料等。采用普遍适用的一阶和 n 阶动力学机理函数来描述它们的热解动力学过程,发现效果并不好。为此,蔡均等[1]提出了一种新的经验动力学机理函数,它能有效描述上述坚果壳类生物质的慢速热解动力学过程。

2 公式

一类模型假定在热解过程中,挥发份和固体产物的产出比例始终保持一致。反应图式如下:

$$F \xrightarrow{k} (1-x)V + xS$$

式中,F 为热解反应原料;V 为挥发份;S 为固体产物;k 为热解反应速率;x 为固体产物的生成系数,其定义如下:

$$x = 固体产物的质量/发生热解反应的生物质质量$$

还有一类模型认为固体产物和挥发份是通过竞争反应的形式产生的。相应的反应图式如下:

$$F \overset{k_1}{\underset{k_2}{<}} \overset{V}{\underset{S}{}}$$

其中,k_1 和 k_2 为热解反应速率。

热解反应速率采用 Arrhenius 定律,考虑恒定升温速率的情况,动力学模型方程如下:

$$\frac{dw_F}{dT} = -\left[\frac{A_1}{U}\exp\left(\frac{E_1}{RT}\right) + \frac{A_2}{U}\exp\left(\frac{E_2}{RT}\right)\right]f(w_F)$$

$$\frac{dw_V}{dT} = \frac{A_1}{U}\exp\left(\frac{E_1}{RT}\right)f(w_F)$$

$$\frac{dw_S}{dT} = \frac{A_2}{U}\exp\left(\frac{E_2}{RT}\right)f(w_F)$$

$$\frac{dw_R}{dT} = -\frac{A_1}{U}\exp\left(\frac{E_1}{RT}\right)f(w_F)$$

初始条件为：

$$T = T_0 \ , \ w_F = w_R = 1 \ , \ w_V = w_S = 0$$

式中，w_F、w_V、w_S、w_R 分别为未热解的原料，挥发份，固体产物及热解剩余物（包括固体产物及未热解完的原料）的质量分数；A_1、A_2 为频率因子；E_1、E_2 为活化能；R 为理想气体常数；T 为绝对温度；U 为升温速率；T_0 为热解初始温度；$f(w_F)$ 为动力学机理函数。

有学者提出在理想机理函数上引入一个"调节函数"来代表真实的动力学机理函数，称为经验动力学机理函数，即

$$h(w) = f(w)a(w)$$

式中，$h(w)$ 为真实的动力学机理函数；$f(w)$ 为经典动力学机理函数；$a(w)$ 为调节函数。表 1 列出较为常用的动力学机理函数。

表 1 动力学机理函数

模式	符号	指数范围	$f(w)$
相界面模型	Rn	$n = 2,3$	$nw^{1-1/n}$
成核与生长模型	Am	$n = 1.5,2,3,4$	$nw(-\ln w)^{1-1/n}$
一维扩散	$D1$	—	$1/[2(1-w)]$
二维扩散	$D2$	—	$(-\ln w)^{-1}$
三维扩散（Jander）	$D3$	—	$3/2w^{2/3}(1-w^{1/3})^{-1}$
四维扩散（Ginstling-Brounshtein）	$D4$	—	$3/2(w^{-1/3}-1)^{-1}$
经验动力学机理函数	JMA	n 为分数	$nw(-\ln w)^{1-1/n}$
	Ro	n 为分数	w^n
	$SB(m,n)$	n,m 为分数	$(1-w)^n W^m$
	$CJM(m,n,q)$	n,m 及 q 为分数	$(1-qw)^m w^n$

在 $SB(m,n)$ 的基础上，首次提出引入一个松弛参数 q，得到一个新的经验动力学机理函数：

$$f(w) = (1 - qw)^m w^n$$

热重实验测定的是剩余物随热解温度的变化。剩余物的计算值与实验值的差值平方和为：

$$O.F. = \sum_{i=1}^{n_d} \left(W_{R,cal,i} - w_{R,\exp,i}\right)^2$$

式中,*cal* 为计算值;*exp* 为实测值;n_d 为实验点的个数。

采用竞争型热解反应动力学模型,动力学机理函数分别采用一阶和 $CJM\,(m,n,q)$ 动力学机理函数。采用模式搜索法对模型进行求解。结果如表2所示。表中还给出各模型预测与实测值间的相关系数。

表 2　动力学参数及相关系数

	实验样品	A_1/s^{-1}	$E_1/\mathrm{kJ \cdot mol^{-1}}$	A_2/s^{-1}	$E_2/\mathrm{kJ \cdot mol^{-1}}$	m	n	q	相关系数
花生壳	一阶模型	2291	69.676	2881	72.855	–	–	–	0.9978
	$CJM(m,n,q)$模型	4756	69.383	2824	69.430	0.396	1.864	0.898	0.9993
葵花瓜子壳	一阶模型	4759	72.856	9954	80.296	–	–	–	0.9963
	$CJM(m,n,q)$模型	2938	69.617	3165	73.398	1.031	0.218	0.834	0.9994

纵坐标剩余物质量分数的定义如下:
$$剩余物质量分数=剩余物质量/初始生物质原料质量$$
$$=未热解生物质和固体产物质量/初始生物质原料质量$$

3　意义

为研究坚果壳生物质的慢速热解动力学过程,建立了坚果壳的慢速热解模型,确定了两类坚果壳类生物质(花生壳和葵花瓜子壳)在低升温速率下惰性气体的热重变化。坚果壳的慢速热解模型,描述坚果壳生物质的热解过程。坚果壳的慢速热解模型是竞争型热解反应动力学模型,是在原有动力学机理函数的基础上得到的一种新的经验动力学机理函数。利用现代优化技术——模式搜索法,对实验数据进行了动力学分析,通过坚果壳的慢速热解模型的计算结果表明:新动力学机理函数能有效描述坚果壳类生物质的慢速热解动力学过程。

参考文献

[1]　蔡均,易维明,何芳,等.坚果壳类生物质慢速热解动力学分析.农业工程学报,2006,22(1):119-122.

旱井沉沙池的结构模型

1　背景

黄土干旱山区利用雨水资源发展集流农业,具有悠久的历史,经历了初级、中级和高级三个阶段。利用现代蓄水、节水与高效种植技术相结合而形成的"旱井(窖窖)农业",由集流场、引水段、浑水澄清部分(沉沙池)、贮水部分(旱井)和节水灌溉等部分组成。由集流场汇集的雨水,通常会携带一定的悬移质,直接影响旱水井的水质和清淤量,因此须设沉沙池进行澄清。段喜明等[1]对晋西黄土区旱井沉沙池结构形式进行了试验设计。

2　公式

沉沙池的长、宽、深分别以 L、B、H 表示,则标准粒径泥沙的沉降时间为:

$$t_c = \frac{H}{v_c}, \quad v_c = 0.563 D_c^2 (V - 1)$$

式中,v_c 为设计标准粒径泥沙的沉速,m/s;D_c 为设计标准粒径,mm;V 为泥沙颗粒密度;H 为沉沙池水深,m。

设沉沙池的入池流量(对应为集流场的产流量) 为 $Q(\mathrm{m^3/s})$,则泥沙颗粒的水平运移速度为 $v = \frac{Q}{BH}$,在池长 L 范围内的运行时间为:

$$t_L = \frac{L}{v} = \frac{BHL}{Q}$$

由设计条件 $t_c = t_L$,则有:

$$L = \frac{Q}{Bv_c}$$

根据目前已有的经验,以池深 0.6~0.8 m,长宽比为 2∶1 较适宜。故沉沙池的设计尺寸为 $L = \overline{2H/v_c}$,$B = 1/2L$,$H = 0.6 \sim 0.8 \mathrm{~m}$。

根据试验区的工作环境条件,给出 6 种不同结构形式的沉沙池(见图 1)。沉沙池四壁为单砖平铺,砂浆抹面;内部隔板为单砖立砌,砂浆抹面,接缝处确保不漏水。

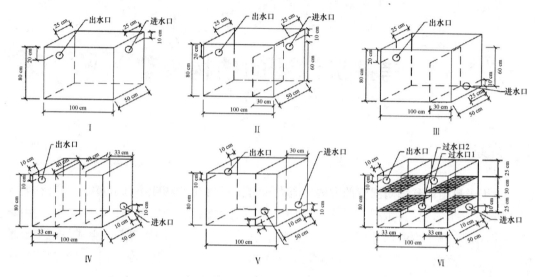

图1　沉沙池不同结构形式设计图(Ⅰ~Ⅵ)

3　意义

　　针对旱井集雨系统中急需解决的沉沙减淤问题,考虑到研究区的具体条件,在分析沉沙池中泥沙运移规律的基础上,设计出6种简单、实用的沉沙池结构形式。利用人工降雨试验,通过旱井沉沙池的结构模型,计算得出,在系列变雨强条件下,在以5°左右的裸露夯实黄土面(保持土面初始含水率8%~15%,干容重1.40~1.60 g/cm³)作为人工集流场时,均以第Ⅴ和第Ⅵ种沉沙池的沉沙效果较好,沉沙效率分别为89.38%和92.28%,比对照提高约20%,是一种合理的结构形式。此研究为今后旱井沉沙池的应用做了有益的探讨。

参考文献

[1]　段喜明,冯浩,吴普特. 晋西黄土区旱井沉沙池结构形式试验设计. 农业工程学报,2006,22(1): 182-185.

烤烟房的空气湿度模型

1 背景

采用干湿球测量相对湿度的方法(干湿球测湿法)在生产实践中的应用非常广泛,它是通过测量温度来间接测量相对湿度的,而温度测量技术已很成熟,所以和其他测湿法相比,干湿球测湿法具有性能稳定可靠、维护性好、成本低的特点。从国内外公开发表的研究报道来看,风速(湿球表面的空气流动速度)对干湿球测湿法测量精度的影响已有较多、较深入的研究,而环境温度对测量精度是否有影响却未见报道。黄晓因和周平[1]结合相关公式对烤烟房空气相对湿度计算方法展开了研究。

2 公式

由道尔顿蒸发定律可知,水分蒸发质量与周围空气的水汽饱和差及蒸发面积成正比,与当时的大气压力成反比,因此,蒸发质量公式可写成:

$$M = cs(E - e)/P \tag{1}$$

式中,M 为水分蒸发的质量;E 为湿球温度对应的饱和水汽压,hPa;e 为空气中的实际水汽压,hPa;c 为空气和湿球间的水分交换系数;s 为蒸发面积,cm²;P 为大气压力,hPa。

湿球因表面蒸发所消耗的热量为:

$$Q_1 = ML = cs(E - e)L/P \tag{2}$$

式中,Q_1 为蒸发耗热;L 为蒸发潜热。

此外,由于湿球温度一般要低于周围空气的温度,根据热平衡原理,周围空气将向湿球传递热量。由牛顿热传导公式,温差导致空气对湿球的传热量 Q_2 为:

$$Q_2 = hs(t - t_w) \tag{3}$$

式中,Q_2 为空气向湿球传递的热量;h 为热量交换系数;t 为干球温度;t_w 为湿球温度。

当湿球温度稳定时,蒸发耗热 Q_1 和空气向湿球的传导热 Q_2 就达到了平衡状态,即

$$Q_1 = Q_2$$

于是:

$$cs(E - e)L/P = hs(t - t_w) \tag{4}$$

故

$$e = E - (h/cL)P(t - t_w) \tag{5}$$

若设 $A = h/cL$（A 通常称为干湿球系数），则上式可简写为：

$$e = E - AP(t - t_w) \tag{6}$$

由上式可进一步确定空气的相对湿度：

$$U = \frac{e}{e_w} \times 100\% = \frac{E - AP(t - t_w)}{e_w} \times 100\% \tag{7}$$

式中，e_w 为干球温度下的饱和水汽压，hPa。

上式即为国际、国内一直沿用的干湿球法计算相对湿度的数学模型。其中，干湿球系数 A 采用以下拟合公式来计算：

$$A = 10^{-5}(65 + \frac{6.75}{v}) \tag{8}$$

式中，v 为流过湿球表面的空气流速。

从式(7)中可以看出，在 U 的计算中，A 是一个关键因子。而式(8)表示干湿球系数 A 仅与 V 有关，而与环境温度(干球湿度 t)无关。

设 A 与变元 v 和变化 t 的关系为：

$$A = A(v, t)$$

通过测量数据和相关方程组，最后可以得到：

$$A = A(v, t) = 0.649 \times 10^{-3} + \frac{0.068 \times 10^{-3}}{v} + 0.072 \times 10^{-3} \times t^3 \tag{9}$$

3 意义

采用烤烟房的空气湿度模型,将干湿球法获得的相对湿度值与基准仪器测量得到的相对湿度值相比,有较大差异,当温度较高且相对湿度较低时差异更明显。为此,根据烤烟房的空气湿度模型,在温度、湿度控制室内,获得了干湿球系数与风速、环境温度相关的试验数据。烤烟房的空气湿度模型是利用函数逼近理论和最小二乘法,得到的干湿球系数 A 新的数据融合计算公式。通过烤烟房的空气湿度模型,计算得到的结论是:风速在 0.2~4 m/s、温度在 40~70℃ 和相对湿度大于 40%R.H 的范围内,使用此公式获得 A 值后再计算出的相对湿度值,其误差小于 1.5%R.H。

参考文献

[1] 黄晓因,周平. 烤烟房空气相对湿度计算方法研究. 农业工程学报,2006,22(1):164-166.

水与空气的热质交换模型

1 背景

近年来,随着环保和节能要求的不断提高,利用水与空气之间的热质交换的蒸发冷却技术和冷却干燥技术在国民经济诸多领域的应用越来越受到重视并有快速发展之势。宋垚臻[1]在建立空气与水顺流直接接触的任意热质交换过程模型的基础上,利用能量分析的基本方法,推导出揭示空气与水顺流进行热质交换时,空气与水的状态参数与过程的无因次量传质单元数 NTU_m、传热单元数 NTU_h 和水气比 U 之间内在规律的通用方程组,并给出计算方法。

2 公式

如图 1 所示,在淋水层内沿空气流动方向上 x 处的微元距离 dx 上,设空气温度变化为 dt_a,空气含湿量变化为 dd_a,水温变化为 dt_w,则水传递到空气中的显热量为:

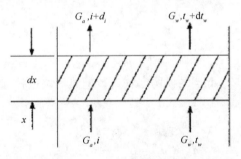

图 1   空气与水顺流直接接触热质交换模型

$$dQ_X = G_a C_{pa} dt_a = T(t_{was} - t_a)dF = T(t_w - t_a)dF$$

其中, $$dF = b \cdot S \cdot dx$$

式中, dQ_X 为淋水层内沿空气流动方向上 x 处水传递到空气中的显热量,kW; G_a 为空气流量,kg/s; C_{pa} 为空气定压比热,kJ/kg ℃; dt_a 为微元体内沿空气流动方向空气温升,℃; T 为空气对流换热系数,kW/m²℃; t_{was} 为淋水层内沿空气流动方向上 x 处水表面饱和空气温度,℃; t_a 为淋水层内沿空气流动方向上 x 处空气温度,℃; dF 为淋水层内沿空气流动方向

上 x 处微元体内空气与水的接触面积,m^2;t_w 为淋水层内沿空气流动方向上 x 处水温,℃;b 为单位体积内空气与水的接触面积,m^2/m^3;S 为沿空气流动方向 x 处的横截面积,m^2;dx 为沿空气流动方向 x 处微元体的长度,m。

水传递到空气中的潜热量为:

$$dQ_q = VK_d(d_{was} - d_a)dF$$

式中,dQ_q 为淋水层内沿空气流动方向上 x 处水传递到空气中的潜热量,kW;V 为水汽化潜热,kJ/kg;K_d 为以含湿量差为推动力的质交换系数,kg/m^2s;d_{was} 为淋水层内沿空气流动方向上 x 处饱和空气的含湿量,kg/kg;d_a 为淋水层内沿空气流动方向上 x 处空气的含湿量,kg/kg。

由于水与空气之间的热质交换,使空气通过微元体后能量增量为:

$$G_a di = dQ_X + dQ_q = T(t_w - t_a)dF + VK_d(d_{was} - d_a)dF$$

式中,di 为淋水层内沿空气流动方向上 x 处空气的焓增,kg/kg。

根据能量守恒原理,进入微元体的能量值之和等于流出微元体的能量值之和,于是有:

$$T(t_w - t_a)dF + VK_d(d_{was} - d_a)dF = -G_w C_{pw} dt_w$$

式中,G_w 为水流量,kg/s;C_{pw} 为水定压比热,kJ/kg℃;dt_w 为微元体内沿空气流动方向水温升,℃。

由以上各式可得:

$$dt_a = m(t_w - t_a)dx$$
$$dt_w = -m_1(t_w - t_a)dx - m_2(d_{ws} - d_a)dx$$

其中,
$$m = TbS/(G_a C_{pa})$$
$$m_1 = TbS/(G_w C_{pw})$$
$$m_2 = VK_d bS/(G_w C_{pw})$$

若水温不变,即 $dt_w = 0$,$di = 0$,说明空气进行绝热等焓过程,此时 $t_w \cong t_{as}$,$d_{was} \cong d_{as}$,于是根据以上两式可得:

$$t_a - t_{as} = (t_{a1} - t_{as})e^{-mx}$$
$$d_{as} - d_a = T(t_a - t_{as})/VK_d$$

式中,t_{as} 为饱和空气温度,℃;d_{as} 为饱和空气含湿量,kg/kg。

于是假设在水温变化时空气温度与水温度之差也是某一指数函数,且具有以下形式:

$$t_a - t_w = n_1 e^{-n_2 x}$$

式中,n_1、n_2 为系数,可由边界条件求得。

由上式:

$$dt_a - dt_w = -n_1 n_2 e^{-n_2 x} dx$$

从空气进口处到 x 处积分,整理后有:

$$t_a = t_{a1} - m(n_1/n_2)(1 - e^{-n_2 x})$$

整理后有：

$$d_{was} - d_a = (m_1 + m)/m_2(t_a - t_w) - n_1 n_2/m_2 e^{-n_2 x}$$

根据边界条件：

$$x = 0 \text{ 时}, t_a = t_{a1}, t_w = t_{w1}, d_{was} = d_{was}(t_{w1}), d_a = d_{a1}$$

$$x = L \text{ 时}, t_a = t_{a2}, t_w = t_{w2}, d_{was} = d_{was}(t_{w2}), d_a = d_{a2}$$

由以上三式得：

$$t_{a2} = t_{a1} - m(n_1/n_2)(1 - e^{-n_2 L})$$

$$d_{was}(t_{w1}) - d_{a1} = (m_1 + m)/m_2(t_{a1} - t_{w1}) - n_1 n_2/m_2$$

$$d_{was}(t_{w2}) - d_{a2} = (m_1 + m)/m_2(t_{a2} - t_{w2}) - n_1 n_2/m_2 e^{-n_2 L}$$

其中，

$$n_1 = t_{a1} - t_{w1}$$

$$n_2 = L^{-1} \ln[(t_{a1} - t_{w1})/(t_{a2} - t_{w2})]$$

式中，L 为沿空气流动方向空气与水热质交换的长度，m。

把 m、m_1、m_2 的表达式分别代入以上三式，整理后有：

$$t_{a2} = t_{a1} - TbSL/\{G_a C_{pa} \ln[(t_{a1} - t_{w1})/(t_{a2} - t_{w2})]\}[(t_{a1} - t_{w1})/(t_{a2} - t_{w2})]$$

$$d_{was}(t_{w1}) - d_{a1} = (t_{a1} - t_{w1})\{T/(VK_d)[1 + G_w C_{pw}/(G_a C_{pa})]$$
$$- \ln[(t_{a1} - t_{w1})/(t_{a2} - t_{w2})]G_w C_{pw}/(VK_d bSL)\}$$

$$d_{was}(t_{w2}) - d_{a2} = (t_{a2} - t_{w2})\{T/(VK_d)[1 + G_w C_{pw}/(G_a C_{pa})]$$
$$- \ln[(t_{a1} - t_{w1})/(t_{a2} - t_{w2})]G_w C_{pw}/(VK_d bSL)\}$$

定义传质单元数 $NTU_m = K_d bSL/G_a$，传热单元数 $NTU_h = TbSL/(G_a C_{pa})$；水气比 $U = G_w/G_a$，则以上三式可写成：

$$t_{a2} = t_{a1} - \frac{NTU_h}{\ln\left[\dfrac{t_{a1} - t_{w1}}{t_{a2} - t_{w2}}\right]}[(t_{a1} - t_{w1}) - (t_{a2} - t_{w2})]$$

$$d_{was}(t_{w1}) - d_{a1} = (t_{a1} - t_{w1})\left\{\frac{NTU_h}{NTU_m}(\frac{C_{pa}}{V})[1 + U(\frac{C_{pw}}{C_{pa}})] - \ln(\frac{t_{a1} - t_{w1}}{t_{a2} - t_{w2}}) \times (\frac{U}{NTU_m})(\frac{C_{pw}}{V})\right\}$$

$$d_{was}(t_{w2}) - d_{a2} = (t_{a2} - t_{w2})\left\{\frac{NTU_h}{NTU_m}(\frac{C_{pa}}{V})[1 + U(\frac{C_{pw}}{C_{pa}})] - \ln(\frac{t_{a1} - t_{w1}}{t_{a2} - t_{w2}}) \times (\frac{U}{NTU_m})(\frac{C_{pw}}{V})\right\}$$

对整个热质交换过程，由于空气和水与外界无能量和质量交换，所以空气失去（获得）的能量等于水获得（失去）的能量，于是有：

$$1.01 t_{a2} + (2500 + 1.84 t_{a2})d_{a2} - 1.0 t_{a1} - (2500 + 1.84 t_{a1})d_{a1} = U C_{pw}(t_{w1} - t_{w2})$$

式中，t_{a1} 为空气进口温度，℃；d_{a1} 为空气进口含湿量，kg/kg；t_{a2} 为空气出口温度，℃；d_{a2} 为空气出口含湿量，kg/kg；t_{w1} 为水进口温度，℃；t_{w2} 为水出口温度，℃；$d_{was}(t_{w1})$ 为温度为 t_{w1} 的饱和湿空气的含湿量，kg/kg；$d_{was}(t_{w2})$ 为温度为 t_{w2} 的饱和湿空气的含湿量，kg/kg。

根据热交换效率系数和接触系数的定义：

$$Z_1 = 1 - (t_{as2} - t_{w2})/(t_{as1} - t_{w1})$$
$$Z_2 = 1 - (t_{a2} - t_{as2})/(t_{a1} - t_{as1})$$

式中, Z_1 为热交换效率系数; Z_2 为接触系数; t_{as1} 为空气进口饱和温度, ℃; t_{as2} 为空气出口饱和温度, ℃。

对于绝热等焓空气处理过程, 因为 $t_{as1} = t_{as2} = t_{w1} = t_{w2}$, 所以有:

$$Z_1 = Z_2 = (t_{a1} - t_{a2})/(t_{a1} - t_{as1})$$

则可得:

$$Z_1 = Z_2 = 1 - e^{-TbSL/(G_a C_{pa})}$$

3　意义

在此建设了水与空气的热质交换模型, 确定了空气与水顺流直接接触热质交换过程的能量, 得到了在空气与水顺流进行热质交换时, 空气与水的状态参数与热质交换过程的无因次量传质单元数 NTU_m 、传热单数元数 NTU_h 和水气比 U 之间内在规律的通用方程组, 并给出了利用 MATLAB 软件求解方程组的计算方法。应用水与空气的热质交换模型, 计算表明, 在空气与水进口状态参数一定的情况下, 热质交换过程的 NTU_m 、NTU_h 、U 之间存在内在关系; 顺流时, 进口条件一定, U 有一最小值; 当 U 一定时, NTU_m 增加到一定值后, 对热质交换过程已基本没有影响; 当 NTU_m 一定时, 有一最佳 U 值, 此时空气温降最大。

参考文献

[1]　宋㞢臻. 空气与水顺流直接接触热质交换过程模型计算及分析. 农业工程学报, 2006, 22(1): 6-10.

离心泵射流自吸装置设计模型

1 背景

离心泵射流自吸装置,主要适用于无电源地区和丘陵地区农作物的喷灌及排涝等场所,随着国家进一步加大对农业的投入力度和农业水资源的日益短缺以及农业现代化的迫切要求,离心泵射流自吸装置作为一种高效节水灌溉技术,一定会对中国的农业发展起到巨大的促进作用。该项目研究开发具有自主知识产权。刘建瑞等[1]通过实验进行了离心泵射流自吸装置的研究。

2 公式

2.1 离心泵的结构确定

叶轮是离心泵的心脏,叶轮的水力设计优劣是保证泵性能的关键。叶轮设计成闭式叶轮,叶片设计为扭曲形的,有利于提高泵的性能。

(1) 叶轮出口直径 D_2 比计算值增大 4.6% 的设计,由于离心泵泵体设有射流器回流孔,增加了泵的水力损失,同时泵的扬程会降低。根据经验公式计算叶轮出口直径 D_2:

$$D_2 = \frac{60u_2}{c_n}$$

增大叶轮出口直径,叶轮出口圆周速度 U_2 增加,可提高杨程和加快泵的自吸速度。

(2) 叶轮出口宽度 b_2 比计算值加大 38% 的设计,使叶片间气液分界面增大,此界面是波动的,会产生局部涡流,液体中气泡会增多,叶轮高速转动带走的气体也就增多,有利于自吸性能。根据经验公式计算叶轮出口宽度 b_2 为:

$$b_2 = \frac{Q}{Z_v D_2 c j_2 V_{m2}}$$

式中, Q 为泵的设计流量,m^3/h; Z_v 为泵的容积效率,%; D_2 为叶轮出口直径,mm; c 为圆周率; j_2 为叶片出口排挤系数; V_{m2} 为叶片出口轴面速度,m/s。

2.2 离心泵压水室的结构确定

压水室设计成环形结构,压水室储水面积比计算面积增大 3.8 倍,泵体中心线与叶轮的安装中心线相差 15 mm,这种泵体排气畅通,易气水分离,自吸性能好。

（1）压水室进口宽度：

$$b_3 = b_2 + 0.05D_2$$

（2）压水室基圆直径：

$$D_3 = (1.03 \sim 1.08)D_2$$

（3）压水室设计为环形式,各断面面积内的平均速度 V_3 相等且为：

$$V_3 = K_3 \overline{2gH}$$

式中, K_3 为速度系数。

在此压水室各断断面面积相同,通过第Ⅷ断面的流量 Q 为：

$$Q = \frac{h}{360}Q = \frac{360 - h_0}{360}Q$$

式中, h_0 为压水室隔舌安放角。

计算压水室第Ⅷ断面面积 F 为：

$$F = \frac{Q}{V_3}$$

（4）泵体射流自吸装置回流孔位置与面积的设计,回流孔面积 F 用当量圆孔直径 d 按下式计算：

$$d = K \overline{\frac{Q}{n}}$$

式中, K 为系数; Q 为泵的设计流量,m³/s; n 为泵的转速,r/min。

2.3 离心泵导叶的设计

根据经验公式确定导叶的主要几何参数：

（1）导叶基圆直径 D_{3d} ：

$$D_{3d} = D_2 + (1.03 \sim 1.08)$$

（2）导叶进口宽度 b_{3d} ：

$$b_{3d} = (5 \sim 10)b_2$$

（3）导叶进口安放角 T_3 ：

$$tgT_3 = (1.1 \sim 1.3)tgT$$

$$tgT'_2 = \frac{v_{m2}}{v_{u2}}$$

式中, T'_2 为叶轮出口绝对液流角; v_{m2} 为叶轮出口轴面速度,m/s; v_{u2} 为叶轮出口圆周分速度,m/s。

（4）导叶叶片数 z ：

$$z = \frac{csin2T_3}{ln\left[(T_3 + W_3)\frac{cosT_3}{R_3} + 1\right]}$$

式中，W_3 为导叶叶片入口宽度；R_3 为导叶基圆半径，m。

（5）导叶叶片喉部面积 F_3：

$$F_3 = \frac{Q}{Zv_3}$$

式中，v_3 为导叶叶片喉部速度，m/s。

$$v_3 = k_3 \overline{\sqrt{2gH}}$$

式中，k_3 为导叶叶片喉部速度系数。

（6）导叶扩散段

流道双向扩散，出口面积 $F_4 = h_4 \times b_4$，则有：

$$h_4 = b_4 = \frac{Q}{zv_4}$$

导叶出口速度 v_4 为：

$$v_4 = \frac{Q}{zF_4}$$

（7）导叶出口直径 D_4：

$$D_4 = (1.3 \sim 1.5)D_3$$

离心泵设计计算的主要几何参数见表1。

表 1   离心泵设计计算的主要几何参数

泵几何参数（mm）								叶片数（片）		叶片出口角（°）
D_2	b_2	D_3	b_3	D_{3d}	b_{3d}	D_4	b_4	Z	Z_d	U_2
92	6	100	14	100	14	150	14	6	5	30

2.4   射流器的设计

（1）确定喷嘴出口直径 d_1：

$$d_1 = \sqrt{\frac{4Q}{ch_1 2gT \dfrac{\Delta P_0}{d_0}}}$$

式中，h_1 为喷嘴入口流速系数，通常为 $h_1 = 0.95 - 0.975$；g 为重力加速度，m/s^2；T 为喉管入口修正系数，通常为 $T = 1 \sim 1.05$；ΔP_0 为工作压力，kgf/cm^2；d_0 为工作液体的密度，kg/m^3。

（2）确定喉管与喷嘴截面积比 m，最优面积方程为：

$$m = \frac{0.952j_1^2 j_0}{h + 0.03j_1}$$

式中，j_1、j_0 分别为液体浓度系数，通常为 $j_1 = 0.63$，$j_0 = 0.17$；h 为射流器混合后的压力与工作压力比，用以下公式计算 h 值：

$$h = \frac{\Delta P}{\Delta P_0} = \frac{H_c - [H_s] + h_c}{H + h_c + h_s - h_b}$$

式中, H_c 为射流器几何扬程, m; $[H_s]$ 为工作泵吸程, m; h_c 为射流器出口到离心泵进口之间的水头损失, m; h_s 为工作泵的吸程沿程水头损失, m; h_b 为射流器工作流量管路的水头损, m。

(3) 确定喉管直径 d_3:

$$d_3 = d_1 \overline{m}$$

3　意义

根据离心泵射流自吸装置设计模型, 确定了一种新型离心泵射流自吸装置的工作原理及结构。通过离心泵射流自吸装置设计模型, 在普通离心泵的进口处增设一个带"文氏管"的自循环射流器, 使该射流器与压水室第六断面的回流孔贯通形成自循环, 当泵运转时, 不仅可以完成自吸过程, 而且可以将自循环射流器上的阀关闭和射流器同时停止工作。因此, 采用离心泵射流自吸装置设计模型, 泵的效率提高了 3% 以上, 计算表明, 该泵不仅可以实现自吸, 泵的性能曲线稳定、平坦, 高效率区范围宽, 工况佳, 而且泵的各项技术指标均满足设计要求。

参考文献

[1]　刘建瑞, 施卫东, 叶忠明, 等. 离心泵射流自吸装置的研究. 农业工程学报, 2006, 22(2): 89-92.

喷头的射程模型

1 背景

喷头是喷灌系统中的重要部件,其水力性能和工作特性直接影响喷灌质量。喷头射程是喷灌的主要性能指标,它决定了湿润面积和喷灌强度,直接影响到喷头间距、管道间距、喷头数量及支管用量,从而直接影响到喷灌系统工程投资。脱云飞等[1]以 PY 系列喷头和 WPX 系列微喷头为例,根据牛顿第二运动定律和水力学基本理论,在无风有空气阻力的假定条件下,推导出喷头的射程理论公式,并选取典型微喷头和喷头,在室内对喷头射程影响因素进行实验,验证理论公式的可靠性。

2 公式

根据上限对数正态分布模型计算出喷洒水滴的直径为:

$$d = 0.699282 D^{0.820699} H^{-0.203538} \quad (r = 0.97)$$

式中,D 为喷嘴直径,mm;H 为工作压力,kPa。

根据摩擦阻力公式 $\left(F_d = C_d A_d \dfrac{\rho_a V^2}{2} \right)$ 建立水滴运动的方程:

$$m_d = \frac{d^2 R}{dt^2} = -\frac{1}{2} C_d A_d \rho_a \left(\frac{dR}{dt} \right)^2$$

$$m_d = \frac{d^2 Z}{dt^2} = -\frac{1}{2} C_d A_d \rho_a \left(\frac{dZ}{dt} \right)^2 \pm m_d g$$

上升的初始条件:

$$\frac{dR}{dt}\bigg|_{t=0} = V_x\,(t)_{t=0} = V_0 \cos\theta \quad \text{或} \quad \frac{dZ_1}{dt_1}\bigg|_{t_1=0} = V_{y1}\,(t_1)_{t_1=0} = V_0 \sin\theta$$

$$R\,(t, V_x)_{t=0, V_x = V_0 \cos\theta} = 0 \quad \text{或} \quad Z\,(t_1, V_{y1})_{t_1=0, V_{y1} = V_0 \sin\theta} = h$$

下降的初始条件:

$$\frac{dZ_2}{dt_2}\bigg|_{t_2=0} = V_{y2}\,(t_2)_{t_2=0} = 0$$

边界条件：

$$Q = \frac{1}{4}\mu\pi D^2 \overline{2gH} \text{ 或 } V_0 = \mu \overline{2gH}$$

式中，F_d 为水滴在空气中所受的摩擦阻力，N；C_d 为摩擦阻力系数，与雷诺数 Re 有关；A_d 为与水滴运动方向垂直的水滴迎风的投影面积，mm^2，$A_d = \frac{1}{4}\pi d^2$；ρ_a 为空气的密度；g 为重力加速度，g 取 9.8 m/s^2；m_d 为水滴的质量，kg；$m_d = \frac{1}{6}\rho_w\pi d^3$，$\rho_w$ 为水滴的密度，ρ_w 取 1×10^3 kg/m^3；V、V_x、V_y 分别为水滴在空气中运动的合速度、水平方向上的分速度、竖直方向上的分速度，m/s；H，h 分别为工作压力水头和插杆高度，m；Q、D、μ、θ 分别为喷头的出流量（m^3/s）、喷嘴直径（mm）、流量系数（取 0.95）、喷射仰角（°）；R、Z、V 分别为喷头的射程（m）、喷射高度（m）、喷嘴出口处的速度（m/s）。

令 $K = \frac{3}{4}(\frac{C_d}{d})(\frac{\rho_a}{\rho_w})$，简化为 $\frac{d^2R}{dt^2} = -K(\frac{dR}{dt})^2$，利用可降阶的微分方程解得喷头射程的方程：

$$R(t) = \frac{1}{K}\ln(1 + KV_0 t\cos\theta)$$

当水滴向上运动时，g 前面的符号取"$-$"，则有 $\frac{d^2Z_1}{dt_1^2} = -g - K(\frac{dZ_1}{dt_1})^2$，解二阶非线性微分方程得水滴向上运动的方程：

$$Z_1(t_1) = -\frac{1}{2(\frac{1}{K_g} + \arctan\frac{\overline{K}}{g})}t_1^2 + V_0 t_1\sin\theta$$

当 $t_1 = (\frac{1}{K_g} + \arctan\frac{\overline{K}}{g})V_0\sin q$ 时，水滴运动到最高点，高度为：

$$Z_{1max} = \frac{1}{2}(\frac{1}{K_g} + \arctan\frac{\overline{K}}{g})(V_0\sin\theta)^2$$

当水滴向下运动时，g 前面的符号取"$+$"，可简化为：

$$\frac{d^2Z_2}{dt_2^2} = g - K(\frac{dZ_2}{dt_2})^2$$

解二阶非线性微分方程得：

$$\frac{dV_{y2}}{dt_2} = g - KV_{y2}^2$$

分离变量解得：

$$V_{y2} = \frac{\overline{g}}{K} th(\overline{Kg}t_2)$$

因为水滴下降时随着高度的增加而速度很快达到极限速度 $\left(V = \frac{\overline{g}}{K}\right)$，且下降水滴的质量越小就愈迅速达到极限速度，取水滴下降的速度为极限速度，水滴向下运动的方程：

$$Z_2(t_2) = \frac{1}{K}\ln ch(\overline{Kg}t_2)$$

$$\frac{dZ_2}{dt_2} = \frac{\overline{g}}{K}$$

因为下降的整体高度为 $h + Z_{1max}$，水滴下降的时间 t_2 为：

$$t_2 = \frac{h + Z_{1max}}{\frac{\overline{g}}{K}}$$

水滴在空气中运动的时间：

$$t = (\frac{1}{\overline{Kg}} + \arctan\frac{\overline{K}}{g})V_0\sin\theta + \frac{h + Z_{1max}}{\frac{\overline{g}}{K}}$$

同时考虑水滴在空气中的二维运动方程和运行时间，求解喷头射程的方程为：

$$R(D,H,\theta,H,\mu) = \frac{1}{K}\ln 1 + KV_0\cos\theta$$

$$\left\{\left[\left(\frac{1}{\overline{Kg}} + \arctan\frac{\overline{K}}{g}\right)V_0\sin\theta + \frac{h + \frac{1}{2}\left(\frac{1}{\overline{Kg}} + \arctan\frac{\overline{K}}{g}\right)(V_0\sin\theta)^2}{\frac{\overline{g}}{K}}\right]\right\}$$

3 意义

在此建立了喷头的射程模型，这是在无风有空气阻力的假定条件下，根据牛顿第二运动定律和水力学基本理论，得到的喷头射程的理论公式。采用喷头的射程模型，选取典型微喷头和喷头，在室内进行了喷头射程影响因素的试验。应用喷头的射程模型，计算可知，与国内外常用的经验公式相比，该理论公式的计算值与实测值吻合较好，相对误差仅为5.05%，其物理意义明确，计算精度高，适用于各种的微喷头和喷头。

参考文献

[1]　脱云飞,杨路华,柴春岭,等.喷头射程理论公式与试验研究.农业工程学报,2006,22(1):23-26.

振动的激励源模型

1 背景

为满足消费者对车辆舒适性的要求以及降低车辆和发动机噪声对城市环境造成的污染,迫使发动机厂家努力降低发动机噪声。而发动机噪声的产生机理是十分复杂的,几乎涉及发动机的每个零部件,内部的激励主要通过机体表面向外辐射,所以研究表面振动与内部激励间的传递关系越来越受到人们重视。舒歌群和梁兴雨[1]应用信号分析中的偏相干和多重相干技术对机体表面振动和曲轴的三维振动进行研究,将不同振动激励对表面振动的偏相干关系分别求出,从而找到主要的振动激励源,为振动的控制提出方法。

2 公式

首先在一高速直喷式柴油机上进行了曲轴三维振动和机体裙部表面振动信号的采集。实验所用发动机参数列于表 1 中。

表 1　直喷式柴油机特征参数

形式	总排量(L)	各缸工作顺序
立式、直列、水冷	3.3	1-3-4-2
标定功率[kW/(r·min)]	最大扭矩[N·m/(r·min)]	缸径×行程(mm)
62.5/3200	210/2200	100×105

设一般多输入单输出系统输入为 $x(t)$,输出为 $y(t)$,条件输入 $x_{i(i-1)!}(t)$,表示除去前 $(i-1)$ 个输入的线性影响的第 i 个条件输入,可见条件输入系统各输入 $x_1(t)$, $x_{21}(t)$, $x_{321}(t)$, $\cdots$, $x_{i(i-1)!}(t)$ 不存在相关。相应条件输入情况下 $x_i(t)$ 与 $y(t)$ 的条件自功率谱分别记 $S_{ii(i-1)!}(f)$, $S_{yy.(i-1)!}(f)$; $x_i(t)$ 与 $y(t)$ 的条件互功率谱记 $S_{iy.(i-1)!}(f)$ 。依照常相干函数的定义,偏相干函数就可由条件自谱和条件互谱确定为:

$$V_{iy.(i-1)!}^2(f) = \frac{|S_{iy.(i-1)!}(f)|^2}{S_{ii.(i-1)!}(f) \cdot S_{yy.(i-1)!}(f)}$$

当系统共 q 个输入,条件谱函数可用迭代法计算得到,其迭代公式为:

$$S_{ii.r!}(f) = S_{ij.(r-1)!}(f) - L_{rj}(f) \cdot S_{ii.(r-1)!}(f)$$

$$r = 1,2,\cdots,q, i,j = r+1, r+2, \cdots, q+1$$

式中, $L_{rj}(f)$ 为条件输入系统的频响函数,表示为:

$$L_{rj}(f) = S_{rj.(r-1)!}(f) - S_{rr.(r-1)!}(f)$$

重相干函数是衡量所建立模型可靠性的依据,可用来进行多输入系统输入完备性检验。其数值应足够大,如大于 0.6,否则说明输入是不完备的。重相干函数定义为:

$$V_{yx}^2 = \frac{S_{yy}(f) - S_{nn}(f)}{S_{yy}(f)} = 1 - \prod_{i=1}^{q}\left[1 - V_{iy.(i-1)!}^2(f)\right]$$

当全部输入均为条件输入,上式可写成:

$$V_{yx}^2 = \sum_{i=1}^{q} V_{iy,(i-1)!}^2(f)$$

贡献率为第 i 个输入引起的偏相干输出功率谱在总的理想输出功率谱中所占的比率,用 $T_i(f)$ 表示贡献率,则有:

$$T_i(f) = V_{iy.(i-1)!}(f) \cdot S_{yy.(i-1)!}(f)$$

3　意义

在此建立了振动的激励源模型,确定了曲轴三维振动与表面振动的耦合关系。通过振动的激励源模型,利用曲轴三维振动测试装置对曲轴的三维振动信号和表面振动信号进行采集并进行相干处理,得到了曲轴振动与表面振动的激励关系。采用振动的激励源模型,计算结果可知,扭振能够以倍频激励的形式导致部分频率的表面振动发生;纵振和弯曲振动对裙部表面振动进行同频激励,但二者激励强度不同,纵振只在部分频率段具有激励作用,而弯振是表面振动的主要激励源。

参考文献

[1]　舒歌群,梁兴雨.曲轴三维振动与机体裙部表面振动的耦合关系研究.农业工程学报,2006,22(1):1-5.